持続可能で、再生可能な農業の中心は「土」だ。工業型農業をやめたことで、エネルギー循環、炭素循環、鉱物循環、微生物循環、水循環が戻り、人と生態系も自然な姿を取り戻した

牛だけでなく、羊も2000頭ほど飼育している

牛はその旺盛な食欲で土壌を改良してくれる

牧草地にはサバンナの草が青々と茂り、虫が増えたことで、それを
食べるためにたくさんの野鳥たちが戻ってきた。牛も羊も狭いケー
ジから解放され、ストレスなく育つので、薬漬けにする必要もない

牧場の敷地内に肉の加工施設があるので、新鮮であることはもちろん、動物福祉の基準も満たした肉を安定して供給できる

ベーコンやソーセージなどたくさんの種類の加工品も牧場内の工場で作っている

ボーンブロスは骨から作ったコラーゲンと必須栄養素がたっぷり入ったスープ。免疫や体調の改善に人気の商品だ

ミツバチが戻ってきたので、ハチミツも生産している

しっかりとした生態系が築かれているので、多少の大雨でも土壌流出が起こるようなことはない

肉加工場では200人が働いている。その多くが地元出身者だ

毎日、新鮮な卵を市場に供給している。すべてストレスフリーの鶏たちが産んだものだ

いぢじくは手積みして、ジャムなどに加工している

連日多くの観光客が牧場見学に訪れる。ツアーガイドも大切な仕事だ

ハリス家ファミリー3世代。大人たちはみな牧場内でそれぞれの仕事に責任を持って働いている

雑貨店ジェネラル・ストアは175年前に建てられた建物を改装してオープンした。食品や生活必需品、土産物が並び、いつも大勢の人で賑わっている

環境再生型《リジェネラティブ》農業の未来

ウィル・ハリス・著
Will Harris

プレシ南日子・訳
Nabiko Plessy

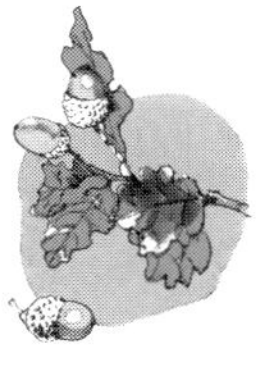

山と溪谷社

This edition published by arrangement with Viking, an imprint of Penguin Publishing Group,
a division of Penguin Random House LLC through Tuttle-Mori Agency, Inc., Tokyo

私よりも前の世代の家族に本書を捧げる。
彼らがリスクを負い、犠牲を払ってくれたおかげで、
私も後の世代に同じことをすることができる。

何よりも着手しにくく、実行に危険を伴い、成功するか定かでないこと。それは先頭に立って物事の新しい秩序を導入することだ。

——ニッコロ・マキャヴェッリ（政治思想家）

数々の役に立つ重労働と、それを行なう強さが得られんことを。

——ハリス家に伝わる祈り

目次

第3部　レジリエント・フードのための闘い

イントロダクション

農業および食料生産はどう行なわれるべきか。このことについて、ぜひ聞いてもらいたい話がある。現代を生きるほとんどの人が考える一般的な農法とは異なるが、それよりもっといい方法で、食料となる家畜や作物を育てることができるのだ。といっても、本書は専門知識を詰め込んだ科学白書ではない。むしろ物語のように読み進められるはずだ。ただし、正真正銘、事実に基づいている。これは私の一族、ジョージア州ブラフトンのハリス家の人々が、時に「いまいましいハリスの野郎」と罵《ののし》られながら、過去160年あまりにわたり経験した物語なのだ。

本書は自然と調和した昔ながらの農法とその農法に急速に取って代わった利益主導型の工業的農法、そしてこの新しい農法が土壌や家畜、アメリカの農業地帯に及ぼした恐ろしい影響についての物語でもある。こうした有害な農法を議会が法的に禁止しないのは、巨額の金が絡んでいて、拝金主義や無知、節度を欠いた行為や企業の不正がまかり通っているからだ。それでも、わずかながら一部の農家は技術の悪用が及ぼしたダメージを修復する農法を見つけ出して実践した。自然を見習い、より気配りの行き届いた、環境に優しい農業へと立ち返り、先祖が行なっていた昔ながらの農法へと回帰したのだ。

こうした農家は企業から購入した製品を使っていなかったため、彼らの農法について論文を書く農学者もいなければ、彼らがいかに良質の農産物を育てているか一般の人々に知らせるべく、広告キャンペーンが行なわれることもなかった。資産家が大枚をはたいて熱心なセールス担当者を大勢雇い、新しい小型トラックをあてがって、ほかの農家にこの知識を広めさせることもなかった。つまり、農家が立ち上がらなければ、自ら学んで得た知識を広めることはできなかったということだ。

こうした農家のひとりとして、我が家の経営するホワイト・オーク牧場が、それまでどっぷりはまり込んでいた異常な状態——飼料や薬剤を大量に与えて強引に生産量を増やそうとする手法や土壌や労働力などの資源の酷使、家畜に対する残酷な扱い、フードチェーン＊全体は大儲けしているにもかかわらず農家には利益が回ってこないシステム——からどうやって抜け出し、現在の状態に戻れたのかをみなさんに伝えたいと思う。ちなみに私たちのやり方を先駆的と言う人もいれば反抗的と言う人もいるが、私たち自身は良識ある中道と呼んでいる。我々の農場では、全体を構成する、土壌、動物、労働者というすべての要素をそれぞれ適切に扱っているからだ。

＊生産・加工・流通・販売・消費からなる食品供給の流れ

みなさんは、すべての面で私の意見に賛成というわけではないかもしれない。たとえば私は肉が好きだが、あまり好きではない人もいるだろう。私は農村のライフスタイルに慣れ親しんでいるが、都会でないと暮らしていけない人もいる。しかし、話のわかる人なら、工業的に大量生産された肥料や飼料を投入し、人間はおろか動物も口にすべきではないような食料を単式《モノ》農法《カルチャー》＊で生産し、動物たちを言うに耐えない環境に置き、労働者の尊厳を無視し、フードチェーンのほとんどの段階を独占企業が牛耳っているようなフードシステムが、うまく機能していないという意見にはおそらく同意してくれるだろう。このシステムが始まってから3世代を経た今、その影響は明らかだ。土壌と環境全体が荒廃し、何十億頭もの動物たちが苦しみ、かつては経済的に潤っていた農村がゴーストタウンと化した。そして、それぞれの世代の人々が、不当に安い値段が付けられた食べ物に絶望的なほど依存するようになったが、こうした食べ物の多くは健康を害する恐れがある。現在では、このシステムの弱点が露呈し始めている。問題に直面するとは思いもよらなかったようなさまざまな方面で、ほころびが生じているのだ。もっとも、一部のメディアの報道からは、それに気づかないかもしれない。テクノロジーが生み出した問題はテクノロジーで解決するという魅力的な約束をしているからだ。世界的な投資会社が資金をつぎ込み、安く大量に生産されるカスのような穀物や豆類を肉に似せて加工したフェイクミートや、巨大な倉庫で人工光のもと土を使わず不自然な方法で育てられたレタスをド

＊単一品種の作物または家畜だけを育てる農業形態

ローンで消費者の玄関先まで届けるというのだ。

こうした一連の状況がもたらす未来をすばらしいと思うなら、何もすることはない。よい方向に進んでいると考えていればいいだろう。だが、どうも受け入れがたいと感じるなら、あるいは迫りくる食料問題に対するこの解決策はシリコンバレーのオフィスやウォール街の廊下で考えられたものなのではないかと訝《いぶか》るなら、別の方法に変えるべきだ。

これからその「別の方法」について話そう。

我々の農場で採用している方法は、一般に「リジェネラティブ農業（環境再生型農業）」と呼ばれる農法に基づいている。もっとも、私は単に「リジェネラティブ放牧」と呼んでいるが。呼び方はさておき、このアプローチを私なりに定義するなら、飼料や肥料を大量に投入する工業的モノカルチャーの手法によって断ち切られた自然のサイクルを再開し、土壌が自然な方法で多くの作物を生み出せるようになり、農家がそれを商品に変えて自分で直接販売し、そうして得た資金で優れた農法を実践できるようになり、このサイクルを確実に永続できるようにすることといえるだろう。リジェネラティブ農業の専門家は（少なくともインターネット上に記された彼らの経歴によると）日に日に増えているようだが、ホワイト・オーク牧場は、30年近くかけて、実際に機能し、経営が成り立ち、拡張性があり、ほかの農場でも採用しうるリジェネラティブな食料生産モデルをつくりあげた一握りの農場のひとつである。というわけで、本書は夢物語ではなく、事実に基づく物語だ。しかもそれを成し遂げたのは、たいして知性も経済力もないようなひとりの男だった。

これまでしてきたことについて、ただ説明するだけでなく、実際にお見せすることもできるが、本書がリジェネラティブ農場を始めるためのガイドブックのようなものだと思ったら間違いだ（もっとも、リジェネラティブ農業を始めたいという人がいたら応援するし、いくつか役に立つアドバイスもできるだろう）。また、工場型農場の現状についても語っているが暴露本というわけではない。私はもっと幅広いメッセージを伝えたいのだ。どうすれば自分が口にしている食べ物を別の角度から見られるようになるのか。どんな人がどんなところで食物を生産しているのか。そして、残酷で理不尽な扱いを受けて不健康に育てられた農産物はどこでも安く手軽に買えるが、適切な方法で育てられた農産物はなかなか見つからず、入手しにくい――ちなみにこれは昔とは正反対だ――という今の状況は、どんな影響をもたらしているのか。現代では巨大フードビジネスが消費者と生産者の間に何重ものベールをかけ、消費者に農場や工場の現状を知られないよう、巧みに覆い隠している。そのため消費者は表面的な部分にばかり気を取られ、その裏側まで目を向けようとしない。そこで、まずはみなさんがこのベールをはがし、その奥にあるものを見られるようにしたいと思う。

家畜を育て、食肉として加工するだけでなく、ほかにもさまざまな食品をつくっている私たちの農場は、毎年何千人もの見学者を受け入れ、農場の隅から隅まで一部始終を**包み隠さず**見てもらっている。そうすることで彼らはオルタナティブ農業*1を行なっている農家を（少なくともひとつは）知ることができるし、慣行農業よりも優れた農法があることを発見し、フォークを持つ人々と農場《ファーム》を持つ人々のつながりを取り戻すことができる。そして、これまで当たり前のものとして受け入れていた現状をより批判的に見られるようになる。みなさんにも同様の経験をしてもらうことが本書の目的である。

私の願いは、みなさんに「ぜひ動物に優しい方法で飼育された牛肉や豚肉、鶏肉、羊肉などを探して実際に食べてみたい」と思ってもらうことだけではない。ただディスカウント・チェーンの食料品店以外で食品を探したり、さらには私たちのようにホリスティック*2でリジェネラティブな農法を行なっている農家から直接食品を購入したりすることを勧めたいわけでもない（もちろん購入してもらえれば光栄だが）。私はみなさんに食用作物と繊維作物の生産に回復力《レジリエンス》を持たせることが重要である理由をまず理解してもらいたいのだ。食用作物と繊維作物は、生き延び、身を守り、食料を確保するという、人間としての生活の基礎を支えている。ほとんどの人は1日3回食事をする。これらの食料は活動に必要なエネルギーを供給し、私たちの命を宿した体の健康状態を大きく左右する。自分や愛する人々が生きていく上で、食料は空気と水の次に大切な要素だ。そのため、こうしたことについて正しく理解することは何より重

*1 化学農薬や化学肥料を使用する慣行農業とは異なる方法による農業
*2 自然は全体として機能していると考えるアプローチ

要である。みなさんに伝えたいのは、現行の工業的な食料生産は**ガタ**がきていて、限界まで負荷がかかり、いつシステムが障害を起こしてもおかしくないということ、そして、この問題を解決する鍵を握っているは私たちのような農場だということだ。食料をどうやって確保するかという大変困難な問題に対する万能な解答とはいえないが、少なくとも解決策のひとつであることは確かだ。

この本を書いている間にも土壌崩壊の具体的な問題点がどんどん明らかになってきている。専門家によれば、地球ではあと60回しか収穫は得られないという。みなさんがこの本を読むころには、さらに数字は小さくなっているだろう。原因は土壌が浸食され、生物が暮らしていけなくなっているからだ。鳥インフルエンザは鶏肉の供給を脅かし、干ばつが起きれば穀類作物が不作となり、昆虫が減って受粉が十分にできなくなればナッツ類の収穫が大打撃を受ける。私の意見としては、現在の工業型農業とフードシステムの観点から見れば、これは事実だろう。このシステムは土壌と家畜を切り離し、自然の複合的なシステムを整然と細分化してテクノロジーという名の箱に閉じ込めることによって成り立っているのだから、しっぺ返しを受けて当然だ。しかもこのフードシステムは誕生してまだ約80年しかたっておらず、ごく短期間で破綻したことになる。一方、私が提唱しているシステムは、食料を生み出す自然のサイクルを元に戻し、土壌と家畜の間に生じた亀裂を修復して、さまざまなものが神秘的に関係し合っている自然と協力し合うというものだ。このシステムは数百万年に及ぶ歴史を持ち、今でも見事に機能している。そして、悪化の一途をたどる現在の状況を逆転する道を提供してくれるはずだ。

ここで気の弱い人のためにあらかじめ注意しておきたいのだが、みなさんがこれから読むこの実話に基づく物語にふさわしいテーマソングは「イーアイ・イーアイ・オー」というのどかなメロディの「ゆかいな牧場（マクドナルドじいさん）」ではなく、映画『イージー・ライダー』でも使われたハード・ロックの「Born to Be Wild《ワイルドでいこう！》」だ。社会的に受け入れられていない乱暴な言葉もいくつか使われている。誰かの神経を逆なですることもあれば、眉をひそめる人もいるだろう。これはいわゆる典型的なアメリカの農場の物語ではなく、みなさんが想像するものとは異なるかもしれない。私は共和党支持者でもなければ民主党支持者でもなく、銃規制には反対で、財政的保守主義を支持しているが、同性愛者の娘を持つ、熱心な環境保護主義者でもある。そんな私の最大の強みのひとつは「ガッツ」だ。もっとも最近ではこの言葉の意味を知る人も少なくなったらしいが。デリケートな人や何らかの形で農産物の生産にかかわっている人は、どうか気を悪くしないでほしい。一刻を争う変革は、誰かが包装紙に包んでプレゼントしてくれるものではない。ホワイト・オーク牧場で私たちの原動力になっているのは「勇気をもって」という姿勢だ。私たちのもとで働く人々には、全員この考え方を共有してもらっている。それを理解してくれる人材を探し、理解しない人は早々にふるいにかける。そんなわけで、この本がみなさんも勇気を持つ一助となるよう心から願っている。
私の世代は子どものころ十戒に従うように教えられた。今はどれくらい重視されているのかわからないが（当時は従わなければ大ごとだった）。私は学力の面ではごく平均的な生徒だったが、信仰心は人並み以下で、ついぞ十戒を理解することはなかった。というのも、10ある戒律のほとんどが禁止事項に重点を置いていることが納得できなかったのだ。人間の善良さが、彼らが何を**しないか**で決まるなんてとても信じられない。そこで私は聖書の教えに対抗し、何を**すべきか**について、自分自身の戒律をつくった。

飼育している動物たちに敬意を持って接し、彼らの尊厳を守り、本能的に行動できる環境を提供すること。

自然のサイクルを観察し、そのサイクルを阻害しない方法を学ぶこと。

土壌、水、空気の状態が以前よりもよくなるような方法を採用すること。

私が管理している土地に祖先の農法が及ぼしたダメージを修復すること。

家族に快適で健全な生活を提供すること（ここでいう家族とは遺伝学的家族だけでなくホワイト・オーク牧場で私が家族として受け入れた多くの人々も含む）。

農場と家畜がもたらす恵みの栄養を、それを必要とし、ありがたいと思ってくれる人々に提供すること。

私たちが暮らす集落の繁栄を助けること。

毎日全力で働き、すべての仕事が実を結ぶように、持っているものすべてを投資すること。

これらについて私が学んできたことを知りたい人がいれば、包み隠さずすべて教えること。

私は戒律を9個しか思いつかなかったが、9個とも100％達成できる。十戒を70％しか達

成しないよりいいかもしれない。私の戒律はどれもアメリカの伝統的農業に根差した単なる常識のように聞こえるだろう。実際、そのとおりだ。しかし、これらは現在一般的になった農法および食料生産法からの脱却でもある。今の農法が普通になったため、昔の方法に戻ることが逆に革新的だと思われるようになったのだ。私たちはホワイト・オーク牧場で始めた食料生産モデルを「革新的に伝統的《ラディカリー・トラディショナル》」と呼んでいる。ラディカルと呼ぶのは確立された現行の方法とは異なるからだ。トラディショナルというのは、かつて我々の祖先が行なっていた農法であり、ある特定の企業だけでなく、全体の利益になる農法に回帰しているからである。

　リジェネラティブ農業とレジリエントな（回復力のある）食料生産はやっと十分に注目されるようになった。そして、見る見る勢いに乗り、私より40歳も若い人々が、彼らが生まれる前に私が始めた農法の重要性に気づき、興味を持って学びたいと言ってくるようになった。私は人生半ばで、さまざまな理由により、自分の農法の間違いを解き明かして修正することが自分の仕事だと考えるようになり、それを実行した。現在はジョージア州の片田舎で、家族と共にこの絶対に成し遂げねばならない農業運動の最前線に立っている。30年近くにわたり、私はこの食料生産法がうまくいくという考えに文字どおり私の農場を賭けてきた。そのほとんどの時期は薄氷を踏む思いだったが、私の賭けは実を結びつつあり、その顛末を伝えるべき時が来たと確信している。それにこの話ができる人間は私しかいないのだ。

第1部

ジョージア州ブラフトンのいまいましいハリス一家

第1章

もうひとつのエデンの園

まずは一緒にジョージア州南西部にある私たちの農場を回り、夕方、私が何を目にしているのか見てもらいたい。動物を観察するには夕暮れ時が一番だ。日中は太陽を避けて隠れていた動物たちが外に繰り出して動き回り、それぞれの特徴を見せてくれる。すぐ目の前で、夏に出産した牛の群れが草を食んでいる。母牛と出産経験のない雌牛と赤ちゃん牛の大きな群れで、雄牛がまだ何頭か交ざっているが、問題を起こすこともなくのんびり過ごしている。一年中良質な草を食べているため毛並みがよいのだが、昨晩まとまった雨が降ったので、さらにつやが

増しているようだ。夕日を浴びた牛たちは、まるで鋳造されたばかりのコインのように輝いている。

太陽が地平線に沈むと牧場特有の不協和音が聞こえてくる。夕暮れの空気のなか、１０００頭を超える牛たちの声が鳴り響くのだ。牛の言葉を代弁するなら、今ある放牧場のごちそうはもう食べ尽くしたとでも言っているのだろう。ここの草は背が高く新鮮で、葉緑素が豊富なので父はこの色を「ブラックグリーン」と呼んでいた。色見本帳に新たに加えたいような独特な色調をしているのだ。牛たちは次なるごちそうを見つけようと舌なめずりをしている。しかし私の見たところ、待たせても大丈夫そうだ。明朝、いつもどおり次の放牧場へ移動させれば、またごちそうにありつけるのだから。

牛の放牧場を過ぎると、何時間も泥浴びをしてすっかり黄土色になった伝統的品種の豚の群れが楽しそうにブーブー鳴きながらオークの根元に鼻を突っ込んでドングリを掘り出している。そして、遠くのほうでは合わせて数百羽にのぼる鶏やホロホロチョウ、七面鳥がそれぞれコッコッコと鳴いたり、甲高い声を上げたり、くちばしで地面をつついて昆虫の幼虫をついばんだりしている。この鳥たちと一緒に暮らしている白いむく毛の番犬たちは、夜の見回りを前にワンワン吠えてウォーミングアップしている。こうした様子を目だけではなく耳でも観察しているのだ。

私は一年中一日も欠かさずこの儀式でホワイト・オーク牧場での一日を終える。ジープを柵に沿って時速8キロでのろのろ走らせ、群れを隅から隅まで観察する。ゲートを開け閉めできるようにシートベルトは外したままだ。カップホルダーにはイエローテイルのシラーズ*がたっぷり入った蓋付きのマグカップが鎮座している。ワインを飲むことに良心のかしゃくはない。この農場には何万頭もの動物が暮らし、大勢の人々が働いていて、私は彼らを見守る立場にある。そのため寝る前にワインでも引っかけないと、脳の活動を止められず、どうやって人間を含めた全員に十分な食べ物や水を与えられるか、あれこれ考え続けてしまうのだ。

マルボロの広告でおなじみの、点々と牛の姿が見える荒涼とした放牧地のような典型的なアメリカの牧場のイメージを期待してホワイト・オーク牧場に来ると、いくつか驚くことがあるだろう。第一に私たちの農場はまるで未開の地のようなのだ。ジョージア州南西部の海岸平原にあり、メキシコ湾から直線距離で130キロしか離れていないため、温暖で湿度が高く、目を見張るほど緑に恵まれている。ヤマヨモギも生えていなければ、砂ぼこりを巻き上げる突風も吹かない。このあたりは年間降水量が1295ミリもあるため、緑豊かで、草木が鬱蒼と生い茂り、広大な草原のそこかしこに広葉樹の巨木がそびえる沿岸サバンナ地帯なのだ。目を細めて見たら、セレンゲティ国立公園と見間違うかもしれない。ここでは牛だけが草を食む単調な景色は見られない。私たちの農場では牛などの大型反芻《はんすう》動物や羊や山羊といった小型反芻動

*アメリカでよく売れているオーストラリア産のフルーティなワイン

物、さまざまな品種の豚、そして鳥たちが肩を寄せ合って草を食み、鼻で地面を掘り、くちばしで地面をつついている。羊も山羊も牛も豚も、農場内にいくつもあるパドック*1や森、灌木地を定期的に転々と移動させている。この戦略的な移動は農家版のチェスといってもいいだろう。共生的に作用して、それぞれの場所に十分な牧草が生えるようにしているのだ。

　さらにみなさんは動物たちがとても健康そうなのでちょっと驚くかもしれない。うちの家畜たちはアスリートのようにたくましく、すばらしいコンディションで、生まれた日から最後の日まで、ずっと牧場を歩き回っている。私たちは日々、どうしたら動物たちのストレスを最小限に抑えられるか考えながら選択を行なっており、それが功を奏したといえるだろう。まさに自然と対立するのではなく、協力して食料を生産しているのだ。もし、みなさんが牛や羊、豚、鶏、山羊に生まれ変わるとしたら、うちの農場はおすすめだ。

　さらにもう少しよく見たらきっと驚いてもらえると思うのは、どこに目を向けても豊かさにあふれている点だ。この農場は豊穣を絵に描いたような場所である。多種多様な植物と動物の群れを見て、まるでジュラ紀のような農場だと冗談を言われることもあれば、恐れ多いことにエデンの園と呼ばれることもある。ちなみに私は生命が満ちあふれる生物群系《バイオーム》*2と呼んでいるのだが、満ちあふれているのは食料として育てている生き物だけではない。「満ちあふれる生命」には、シカやウサギ、チョウなど、触れ合いたくなるような好感の持てる生き物から、ワ

*1 家畜のための放牧地で、囲いのある比較的小さなもの
*2 植物、動物、土壌生物のまとまり

ニヤボブキャット、ヘビ、ワシなど、ディズニー映画ではあまり見かけない、かかわらないほうが無難そうなさまざまな生き物も含まれる。この農場では25年前から殺虫剤を使っておらず、自然がその潜在能力を存分に発揮できるように土地を管理しているため、あらゆるものがよく繁殖するのだ。

この豊かさが得られたのは私がほかの農家より優れていたからでもなければ、頭が切れたからでもない。それどころか、これまでの人生で一度でも独自の考えを思いついたことなどあっただろうか。しかし、リスクを恐れず決断することは確かに得意だ。そして25年前に慣行農業の慣習に従うことをやめ、別の方法で食料を生産する決意をした。

このとき考え方を変えたことで、私の周りでさまざまな変化が起きた。農場の収益も例外ではない。しかし、何があっても今の方法を変えることはないだろう。新しく始めたこの方法に20年以上もこだわり続けた結果、土壌や動物、地元の経済への貢献など、周りのあらゆることがよい方向にどんどん変わっていくのを目にしたからだ。私たちの農場は自然のサイクルとリズムに導かれ、その恵みは植物から動物、そして女性や男性へと広がっている。

私の人生の前章、つまり工業型の畜産農家だったころ、この農場はまったく様子が違っていた。牛だけを飼うモノカルチャーで、今よりも少し広い範囲で放牧し、移動は1か月に1回程度。そのほうが土壌へのダメージが少ないとほとんどの人が考えていたからだ。私の農場にも大きな肥育場《フィードロット》*1があった。ほとんどの牛はそこで安い穀物を与えられ、できるだけ早く太らされたあと、ありふれた商品《コモディティ》*2としてフードシステムの中に姿を消し、その後、その牛たちのことを耳にすることはなかった。

当時は私と一緒に働いてくれる従業員が2、3人いて、4平方キロの農場を4人だけで切り盛りしていたが、今では4倍大きくなった農場で200人近い人々が働いている。そのため昔よりもずっとにぎやかになった。熱くなりやすい人々が何十人も一緒に働いていれば、一悶着あったり、からかい合ったりするものだ。率直にいうと昔は今よりもいくらか整然としていて、型にはまった見方をする人々の目には心地よく映っただろう。ラウンドアップ*3などの化学薬品を何百リットルも定期的に散布していたため、柵沿いには不要な茂みや雑草が一切なく、人を噛んだり、刺したりする——あるいは受粉してくれるはずの——昆虫も少なかった。購入した化学薬品の説明書に書かれていたとおり、虫も殺していたからだ。それに当時はコモディティとしての肉牛だけを飼育していて、豚や鶏はいなかったため、地面を掘ったり、つついたりして穴を開けることもなければ、泥水のたまった穴にトラックのタイヤがはまり込んでしまうこともなかった。すべての面で制約が多く、少々窮屈だったが、おそらく私の顔にも今ほど苦悩の跡は見られなかっただろう。当時はまだ若かったということもあるが、眉間にしわを寄せることも少なかったからだ。工業型の食料生産には一種のセーフティネットがあり、安定して

*1 出荷する直前の家畜に飼料を与えて太らせるための施設
*2 大量生産され、誰が生産したかにかかわらず同等の価値があるとみなされる商品
*3 モンサント社が開発した除草剤。使用が禁止あるいは規制されている国もある

いてリスクが少なかったのだ。

しかし、見た目のこぎれいさは実情を反映したものではなかった。数十年にわたりこの方法で食料を生産し続けた結果、土壌を破壊し、動物たちを苦しめただけでなく、あとになって気づいたことだが、地元のコミュニティにも悪影響が及んでいたのだ。もちろん出荷用の農産物の収穫は安定し、満足な収入が得られ、快適な生活が送れたが、それは莫大な代償を伴うものだった。農場は、自然が本来の機能を果たす豊かさを失っていた。それは、さまざまな形態のあらゆる生物が共生しながら成長し、やがて死んで腐敗し、また最初からこれを繰り返すという活気あふれるサイクルの中で生み出されるものだ。私は生態系そのものから農家のビジネス、家族、地元の労働者へと波紋のように広がっていた恵みを失った。子どもたちが私と一緒に農場で働いてくれる、あるいは近くで子育てをしてくれるという望みさえも。私および、かつて父が行なっていた農法は一方通行のようなものだった。自然からひたすら奪い取り、ほとんど何も返していないからだ。しかし、永遠に自然から搾取し続けられるわけではない。

農場経営は順調で常に黒字だった。経営については父から学んだのだが、父は祖父から学んでいた。あのまま同じ方法を続けることもできただろう。だが、それまで意図せず及ぼしてきた影響の多くについて、不快に感じるようになっていた。その不快感の根底にあったのは、工業型農法ではエデンの園のような農場はつくれず、逆に破壊してしまうという考えだった。

地平線に太陽が沈んだら、続けて家畜の夜の様子を観察する。そのとき私が感じ取っていることをいくつか紹介しよう。

まず、厚く地面を覆うさまざまな草木の葉や枝がぐんぐん成長しているのに気づく。日光を浴びて絶えず光合成を行ない、エネルギーを糖やタンパク質に変えてくれる植物は宝の山であり、みなさんのお皿の上まで続く食物連鎖の最初のステップだ。

そして、大雨のあと特有のみずみずしさをはっきりと感じる。前日の雨水が、健康で微生物の豊富な土に染み込み、土が巨大なスポンジのように水を蓄えているのがわかる。やせた土地ならとっくに川や湖へ流れ込んでいるところだろう。

子牛が片時も母親のそばを離れないでいるのを見ると、群れの中で母性本能がしっかりと育まれていることがわかる。湿気により、サバンナにそびえる広葉樹の周りにうっすら雲がかかっているように見える。これはこの土地の水循環がうまくいっている証拠だ。この農場で最も長寿の生命体であるこれらの木は、非常に湿度の高い微気候＊をつくり出している。

それに私は動物の排泄物にも感謝している。牛をはじめとする家畜が牧場のあらゆるところでする糞《ふん》や尿を私は「命の通貨」と呼んでいる。この通貨は植物として始まり、家畜の腹の中で発酵し、今度は微生物のエサとなり、微生物の力を借りて土に戻るとさらに多くの植物を育てる。

＊地表の植物群落などの影響で発生する、局地的な気候のこと

いずれも農場のさまざまな要素がうまく機能していることを示すサインだ。牛飼いとして、慣行農法の何が間違っているのか何年も考え続けた末に私はこうしたサインを探すことを学んだ。そして、サインを見つけるたびに私の中のもうひとりの自分——世界の秩序が保たれていることを確認したい男——をなだめることができた。それと同時に私の中のビジネスマンも安堵した。十分に収益化できるだけの収穫があり、やりくりしていける見込みがあるとわかるからだ。どんなビジネスにとっても収益化は不可欠である。私たちは自然と闘うのではなく協働していたため、私は何よりも重要な力を持っているという安心感があった。その力とは回復力《レジリエンス》だ。世の中、不安の種は尽きないが、私や私の土地、動物、私たちが回復させた地元の小さな地域経済はきっとうまくやっていけるだろう。

これまで自分の口にしている食物がつくられた場所を訪れる機会がなかった人は、私が描写したような光景が一般的だと思うかもしれない。なんといっても、現在私たちが食べている数えきれないほどの食品は、こうした場所から来たかのようなイメージを売り込んでいるのだから。牧場を思わせるネーミングで容器に田園風景とそれらしい言葉が印刷されていれば、自然な環境や家族経営の小さな農家を思い浮かべる。しかしほとんどの場合、こうしたイメージは幻想にすぎない。顧客がイメージどおりのすばらしい環境でつくられた食品を食べていると感じられるように巨大フードビジネス（私はこの言葉を私たちが食べている食品の90%以上をコントロールする世界的な巨大産業の意味で使っている）が巧みにつくりあげたものだ。しかし、実のところ、みなさんが口にしているのはそのような食品ではない。20世紀半ばに食料生産システムが工業化し、コモディティ化し、集中化し始めて以来、それまで一般的だった田舎風ののどかな農業文化はほとんど目にしなくなり、維持することも難しくなった。現在アメリカで消費される牛肉の97％および私たちが買っている卵や鶏肉の99％は、閉鎖型の家畜飼育施設で生産されたものであり、これはかつてアメリカの農場の特徴だった小規模農家とはかけ離れている。巨大フードビジネスは彼らの商品がこうした農場から来たかのようなふりをしているが、実際にはずっと残酷で破壊的な方法に頼っているのだ。

私たちの農場、ホワイト・オーク牧場は昔ながらの農法に回帰しようとしている。10種類の家畜（牛、豚、羊、山羊、ウサギ、鶏、七面鳥、ホロホロチョウ、ガチョウ、アヒル）を育て、加工し、売るという私たちの方法は、工業型農法をたたき込まれていた私や父が行なっていたどの方法よりも、私以前に曾祖父や祖父がこの土地で行なっていた方法にさまざまな点でよく似ている。現在、私たちは牛などの家畜に彼らが進化の過程で摂取するようになったもの——母乳と牧草と干し草——を生涯にわたって与えている。そして、閉じ込め飼育＊で行動を制限するのではなく、それぞれの動物が本能に従って行動できるようにしている。そうすることで動物たちは土壌の生命力を高め、良質で糖度の高い牧草とみずみずしい飼い葉を増やすの

＊工業型農業で、効率化のために家畜を狭い場所に閉じ込めて育てる飼育法

に貢献してくれる。また、この農場で生まれた動物は私たちの手で加工しているので、ほかの誰かに飼われることはない。農場から出ていくのは、太陽と雨水、非常に健全な土壌をつくっている何兆もの微生物が生み出した食品だ。そして、食品、衣類、その他の用途に使えない部位は、もと来た大地に返し、この繁殖のサイクルをまた最初から始めることになる。

　本質的な意味で、この農場がしているのはとても単純なことだ。もちろん、日々行なっている作業はずっと複雑だが。私がこの道に進んだとき、友人や隣人からは頭がおかしくなったと思われた。彼らのほとんどはいまだにそう確信している。放牧で家畜を育て、加工し、自分たちで売るという私たちのやり方は、彼らの行なっている農場経営よりも金銭的リスクが高い。労働力の面でもずっと利便性が低く、最新の農業技術や最先端の機械に関心のある人にいわせれば、見劣りすることだろう。

　しかし、慣行農業システムが採用してきた情け容赦のない手法から脱却することで、私たちは何か別のものを生み出した。この農場は巨大フードビジネスや大型農業生産法人《ビッグ・アグ》という機械の歯車になることを拒否し、自ら小規模な食料生産機械になったのだ（ちなみに「ビッグ・アグ」とは穀物を生産するための投入材＊を農家に供給して何十億ドルも儲け、農家から農産品を買い戻すことでさらに何十億ドルも儲けている多国籍企業を指す）。6世代続く私たちの農場では、約160年の歴史のうち50年間、父の代と一時期私の代でも工業型システムを採用し

＊農産物の生産に使われる種苗、肥料、飼料、農薬、医薬品、支柱などのこと

ていた。しかし、私は考えを改め、現在この農場は自然の法則に従う生きたシステムとなっている。このシステムはホリスティックな土地管理に基づき農地《フィールド》からフォークまで、サプライチェーンのすべての段階を所有するというもので、そこで生まれるすべての価値を維持しつつ、使用する土地を劣化させるのではなく、逆に再生している。私たちの農場がアメリカ最大級の放牧牛肉生産農家となれたのは、このシステムのおかげだ。ある意味、私たちは**後ろ向きに**進化したわけだが、全農場を挙げて、農業の脱工業化、脱コモディティ化、脱集中化に努めてきた。

　私たちの農場に来るには、少々ドライブしてもらう必要があるので、そのつもりでいてほしい。アトランタから南へ車で約3時間半、アラバマ州との州境をかすめるくらい西寄りに進むと、高級レストランや映画館はおろか、ウォルマートやコストコすら見当たらなくなる。ここは田舎、それも、ど田舎なのだ。田舎というと楽観的なイメージを抱いている人もいるかもしれないので、念のため断っておくと、このあたりはとても貧しい。農場はアーリー郡とクレイ郡にまたがっているのだが、一方はアメリカで最も世帯収入が低い郡で、もう一方も大差はない。このあたりの地域経済は昔から農業に頼っているのだが、ここから15分ほど走ったところにある一番近い都市、ブレイクリーを通ると経済状況がよくわかる。街の広場はかつて農家が家畜を列車に乗せたり、農作物を市場で売ったりして活気に満ちていたが、今では空き店舗が目立ち、角には酒屋が1軒立っている。

うちの農場へ向かう途中、国道27号線沿いで、現代の工業型農業の典型的な例をいくつか目にすることだろう。南部を代表する三大商品作物であるトウモロコシや綿花、落花生を栽培する広大なモノカルチャー*農場では、作物がさまざまな成長段階を迎えているか、季節によっては収穫後で作物はすべて刈り取られ、土が露出していることだろう。畑の周りには政府の助成金を受け取って植えられたダイオウショウやテーダマツといった松の木が太い帯状に並んでいる。何年かしたら伐採され、林業のサプライチェーンに供給されるのだ。みなさんの車をトレーラーが急いで追い越してゆく。積み荷の鶏たちは、空調の効いた過密状態の飼育小屋から引きずり出され、生まれて初めて太陽を見たかと思ったら屠殺場に直行させられる。ほかの地域から来た人の多くは農業がジョージア州の中心的な産業であることを知らないが、少し走ればどれだけ盛んかわかるだろう。

ここでは、全国に出荷されている桃やピーカンなどの農産物に比べると、牛などの家畜の放牧をしている大牧場は少数派だ。そのため、私たちの農場を探しているのでなければ、縦約6・4キロ、横は一番広いところでも約1・6キロ程度のこの農場をあっという間に通り過ぎてしまうかもしれない。しかし、その豊かな色彩を見れば目を見張るはずだ。緑はもちろん、泥道の赤も見える。この煉瓦色の粘土はアメリカ南部を支える基盤であり、大雨のあとはブーツ

*単一品種の作物または家畜だけを育てる農業形態

の底にくっついて足取りが重くなる。また、ところどころに炭素が豊富なチョコレート色の土も見える。この炭素はバイオマス＊[1]が生み出したもので、自然に土を肥やしているのだ。そして、天気のよい日には空が非常に鮮やかな青色になり、偏光サングラスをも貫きそうなほどだ。

動物に気づく前に目に入ってくるのは木々だろう。サバンナの広がる高地から徐々に広葉樹の茂る低地に変わり、オークやシュガーベリー、ポプラ、ピーカンの林冠＊[2]が日差しを遮り、涼しい木陰をつくっている。すべての木のなかで最も目を引くのはテナック・オークだ。もっとも、「テナック・オーク」という言葉を知っているのはここから半径100キロ以内に住んでいる人だけだろう。一般には「ホワイト・オーク」と呼ばれている。オーク＊[3]の王様だ。最も時間をかけて成長し、最も長生きし、最も大きく育つホワイト・オークに実るドングリは人間でも食べられるくらい甘い。このあたりでスピードを落とせば家畜が見えてくるはずだ。羊たちは柵沿いに生えたヤナギハナガサをかじり、雑草が生えないようにしてくれている。山羊は生け垣に群がって葉を食べている。あるパドックでは繁殖群の牛の母親が子牛に母乳を飲ませたり、親子で一緒に牧草を食んだりしていて、周りには出産経験のない雌牛がいる。その近くにいる別の群れは、普段は雄牛の群れにいる乳離れした去勢前の雄牛たちで、太らせるためにこの農場で一番栄養が豊富な牧草を食べさせている。さらに鋭い目を持った人なら、牧草地に建てた木の小屋で豚が出産しようとしているのに気づくだろう。

＊1　特定の空間に存在する生物の総量
＊2　森林の上層部
＊3　楢、樫などブナ科コナラ属の総称

この農場で一番古く、最も豊かな土壌を誇る一角（最初にリジェネラティブ農法を始めた場所）を過ぎるとすぐに、祖父が１９２０年に建てた家がある。私はここで育ち、今では娘のジェニーとその妻のアンバーが２人の子どもと一緒に住んでいる。その先には曾祖父ジェームズ・エドワード・ハリスが１８７８年に建てた家があり、今は娘のジョディとその夫のジョンが３人の子どもたちと一緒に住んでいる。子どもながら裏庭の鶏の世話をしてくれている私の孫たちも含めると、６代続く農家であるハリス家の人々は、みなこの２軒の家で暮らしてきたことになる。続いてみなさんは幹線道路からちょっと入ったところにある、今にも倒れそうな建物に目を奪われるだろう。ここはかつて食料品や日用品を扱う店だったところで、１９００年代前半には私の祖先が自家製のコインをつくり、コミュニティで働く人々の間で流通させていたことでも知られている。ちなみにこの通貨はやがて連邦政府の知るところとなり、役人がやってきて、廃止させられた。

次にみなさんはこのあたりで唯一の新しい建物へ通じる入口を過ぎる。ここはアメリカ農務省による検査済みの食肉処理施設で、家畜を屠殺して解体している。興味のある人はぜひ中に入って、それぞれの段階でどのような作業を行なっているか見ていってほしい。この農場に隠し事はない。食肉処理施設の隣にあるフルフィルメントセンターでは、毎週約１０００件の注文を受け、アメリカ各地に商品を発送している。また、食肉加工で出た廃棄物は粉砕機で砕き、ダンプトラックでコンポストの山に運んでいる。これがやがて放牧地用の無料の天然肥料となるのだ。さらに先には売店があり、骨からつくったブロスや脂肪からつくった獣脂、有機菜園の恵みからつくったピクルスや調味料、ゼリーを販売している。そして、大容量の乾燥機を使い、以前は捨てられていたあらゆる家畜の耳や尾、気管、陰茎、食道から30種類のペット用おやつをつくっている。これら3つの施設のおかげで、ホワイト・オーク牧場はほぼ廃棄物ゼロの農場となっている。

そこからまた少し走ってファームステイ用の小屋とキャンピングカー用の駐車場を過ぎるとブラフトンの中心部に着く。比較的最近まで、このあたりを訪れる人はほとんどなく、並行する2本の大通りを歩いていても誰にも会わないことが多かった。戦後、多くの人々が農村を離れたため、ブラフトンも経済的重要性を失い、文字どおり空洞化した。何世代もの若者が去り、機会は失われ、私の知っているどの小さな農場またはコミュニティよりも激しく衰退してしまったのだ。ついこの間まで、ここで買えるものといったら切手くらいだった。ところが今では、私たちの農場の雑貨店ジェネラル・ストアが活動の拠点としてにぎわいを見せている。この店は175年前に建てられた建物を改装したもので、木製の床板と棚には食品や生活必需品、土産物が所狭しと並んでいる。従業員と顧客が集まっておしゃべりに花を咲かせ、話し声に混じって隣の納屋につながれた馬のいななきも聞こえてくる。その上、店内いっぱいに食欲をそそるランチの香りが漂っている。隣の部屋がレストランになっていて、引きも切らさずやってくる訪問者だけでなく、地元の美食家のために農場で育った食材を使ったプルド・ポーク*1や牛タンの酢漬けのタコス、グリッツのコラード添え*2を出しているのだ。野外では芝生の上で家族連れが食事をしたり、遊んだりしている。子どもたちは、ふれあいコーナーのような囲みの中で、一時的に連れてきた農場で一番柔らかくてフワフワの動物たちと遊ぶこともできる。思いもよらないところからこの農場を探し出してやってくる訪問者が年々増えているのはなぜか。私たちの仮説はおそらく間違っていないだろう。人々は合成樹脂のフローリングの空調の効いた部屋で、蛍光灯に照らされながら暮らすライフスタイルのせいで、自分たちの食べているもののほとんどがまともではないことに気づかないほど、自然から隔絶されてしまっている。これは本来あるべき姿を知らないからだ。おそらく人々はある種の帰巣本能によってこの農場へやってきて、視覚や嗅覚、聴覚、味覚を駆使し、忘れてしまったものを思い出そうとするのだろう。

こうしたさまざまな部分を見ているうちに、みなさんもピンとくるだろう。私たちの活動はいずれも相乗効果を生み出しているのだ。近代的な農業システムやフードシステムは細分化され、隔離されている。フードチェーンの一つひとつの段階が独立し、それぞれ狭い世界の中にだけ存在するようになったからだ。こうして消費者と彼らに食料を提供している農家の間に大

*1 豚肉を煮込み、細かく裂いたアメリカ南部の伝統料理
*2 コーングリッツ(白色トウモロコシの皮と胚芽を除去して挽いた粉)を煮たものに炒めたコラード(ケールに似た葉物野菜)を添えたもの

きな隔たりができてしまった。直接経験を通じてこのことを知っていなければ、私たちの活動がどれだけ革命的なことか理解しにくいだろう。私たちはバラバラになったピースを集め、そうすることで10万もの心臓が鼓動する独自の有機体を形成したわけだが、この有機体は単なる部分の寄せ集め以上の役割を果たしている。

太陽が地平線に沈むと、まともな人ならたいてい配偶者とディナーテーブルに着き、夕食をとるが、私はほとんどいつも放牧場に残り、暗すぎてヘッドライトがないと何も見えなくなるまで見回りを続ける。これは私にとって喜びだが、身内がきっと陰で言っているように、むしろ取りつかれたようになっていることもある。ひとつしか芸を持たないポニー同様、私はほかに能がない。適切な方法で食物をつくり、土地を管理すること。それが私の芸であり、生活であり、仕事であり、情熱であり、財産であり、後世に伝えられる遺産なのだ。

しかし、自然のサイクルの中にいると何か魔法のような力を感じるので、私はほんの短い時間であってもこのサイクルを当たり前のものと見なしたりはしない。これに最も近いものを無口なカウボーイなりに説明するなら、「すべて世は事もなし」という感覚だろう。火のそばや水の中、森の木漏れ日のなかに身を置きたいと感じるのと同じことだ。生命の源に心を奪われ、そこにいつまでもたたずんでいたくなる。日が長くなったり短くなったり、春になると次々に木が芽吹いたりといったリズムとより深くつながり、牛を交尾させると283日後に子牛が生まれるといった知識を深めたいと願っている人は、きっと少なくないだろう。

　これが私たちの農場が持つ美しさだ。決して金儲けにつながる美しさでもなければ世界的景勝地といったたぐいの美しさでもない。ザ・リッツ・カールトンがジョージア州ブラフトンに大急ぎでリゾートホテルを建てることはないだろうし、ここに別荘が欲しいと思う人もいないだろう。一年中快適というわけではなく、暑すぎる時期もあれば悪天候が続く時期もあり、季節によっては虫に尻を刺されることも、あまりの寒さで小便をするたびに痛みを感じることもある。しかし、この農場の美しさは自然が最高の状態で機能しているからこそ得られるものだ。人々が手つかずの自然に接したときに持つ感覚に近いものだろう。最近では、そういう機会もあまり多くはなくなったが。

　私の父ウィル・ハリス2世は、誰かが不向きなことをしているとよく「ああいう輩《やから》は土地を持つべきじゃない」と言っていた。たとえばペットを飼うべきではないとか子どもを持つべきではないというように。おそらく父は、土地を手に入れ、家畜を育て、十分に世話をできる人間は限られていると言いたかったのではないかと思う。私もそのうちのひとりだ。ただし、ほかにできることはあまりない。私がこの仕事をしているのは、連綿と続く土壌と家畜の群れの一部になれるのがうれしいからだ。そのほかのものはすべて現れては去ってゆくが、土壌と群れは未来永劫存在し続ける。植物は育っては枯れ、動物の個体も生まれては死んでいく。しかし、土壌と群れが途絶えることはない。私がこの仕事をしているもうひとつの理由は、土地を所有し、その活用法を理解して、人間が生きるのに欠かせない食料を生産するのはよいビジネスだからだ。しかも子孫に引き継げ、彼らがさらに発展させることもできる。巨大フードビジネスに吸収されて姿を消した畜産フードシステムを復活させるのは、いばらの道であり、ほとんどの人は破産する。それでも挑戦しているのは、昔のシステムに戻る方法が見つかったなら、間違いなく苦労は報われるからだ。

夜も更けると牛たちのたてるざわめきの合間にメンフクロウやミミズク、アメリカオオコノハズクの鳴き声が聞こえるようになる。夜行性の活動が盛んになり始めたのだ。私はこれまで物事がどのように改善していったのかよく考える。自分の望みどおりに農場をつくり変えたら、娘たちとその家族がここで一緒に働いてくれるようになった。自然の法則を見習い、外部への依存を減らしたところ、レジリエントな小さなフードシステムをつくりあげ、ますます不安定になっている世界の役に立つことができた。この農場で行なっているのは、火を起こして調理し、船を造ること。つまり逆境にあっても壊滅的な被害を受ける可能性を最小限に抑えるために、食料生産の一角を強化しているのだ。このあたりは今でも経済的に苦しい状況が続いているが、私たちの農場は現状を多少なりとも改善するために重要な貢献をした。私は決して信心深いとはいえないが、私が毎日見守っているこのエデンの園では、人間の意志と神の意志がぴったり一致していると確信している。こんなことは、おそらくほかではなかなか見られないだろう。

どれだけやれば十分か判断するのは、私の度量を超えている。完全に懐疑心を捨てるには年を取りすぎているし、頭も固くなりすぎた。サプライチェーンが混乱したり、工場が閉鎖されたり、大手食肉会社《ビッグ・ミート》がサイバーアタックを受けたり、異常気象が壊滅的な影響をもたらしたりといった出来事は年々増え、現在のシステムに大きな問題があることを示唆しているが、多くの人々は警告を信じようとしない。私の母がよく言っていたように「ラードは脂肪だと信じない」人もいるのだ。しかし、私は世界のすべてを修復することはできないが、修復できる部分もあるとわかっているだけでいくらか気が楽になる。使い捨てにされている耕作地を少しずつ買い取ることで、土壌の置かれた悲惨な状況を改善できるし、この農場のやり方を伝えることで、食料源となる動物の扱いを改善し、もっと多くの人々が完全に独立した農業をサポートしやすく（あるいは自らも参加しやすく）できる。このやり方は自分にぴったり合っている。私は役立たずになることを死よりも恐れているからだ。

農家で環境活動家でもある小説家のウェンデル・ベリーは、農家が自分の農地について持っている知識には計り知れない価値があるというようなことを言っている。農家は畑のこの一角は大雨に弱いとか、あの一角は雨が降らないと干上がりやすいとか、畑の反対側では落花生などの地下でできる作物が育ちにくいといったことを知り尽くしている。私は夕方、農場で長い時間を過ごし、こうしたことを学んできたので、ベリーの言いたいことを正確に理解できていると思う。農場のリズムを自分の中に取り入れすぎて、もはや自分のリズムと見分けがつかないくらいだ。このパドックにこの群れを放牧したら、草は1日持たない、あるいは午後になる前に群れを動かす必要があるといったこともわかっている。私は自分の土地との深いつながりを「場所感覚」と呼んでいる。この感覚は年を取るにつれて強くなった。私はこのもうひとつのエデンの園から離れ、遠くへ行きたいとは思わない。ずっとここにいたいのだ。

空が真っ暗になり、シフトチェンジが完了すると、キツネやフクロネズミ、スカンクやコヨーテといった捕食動物の出番だ。そして、カがチョウに取って代わる。暗くなるとここは別世界になるのだ。街灯がともるだけで、ほかは昼間と変わらない都会とは大違いだ。視力はさほど重要ではなくなり、においと音が感覚を満たす。人間は夜の動物に場所を譲る時間だ。私はジープに乗り込み、ゆっくりと家に向かう。

第2章

あるアメリカの家族農場の物語

昔はホワイト・オーク牧場について、あまり多くを語らなかった。誇りを感じていなかったからではない。むしろ先祖代々受け継がれてきたこの農場を非常に誇りに思っている。しかし、私はカウボーイとして育てられた。カウボーイは何かを熱心に語ったりはしない。私自身、ほかの人々の話に関心がないだけに、ほかの人々が私の話に興味を持つ理由などないと思っている。ところが、フードシステムが、私たちが思っているほど健全なものではなく、ほとんどの食べ物が工場でつくられていることに気づく人が増えるにつれて、状況は変わってきた。最終

製品をつくる加工工場だけでなく、その原材料を育てる膨大なモノカルチャー農場も家畜工場であり「作物工場」なのだ。人間には正真正銘の本物に惹かれる性質があるため、人々はこうしたフードチェーンとは対極にある真に個人経営のアメリカの家庭農場などについて、詳しく知りたいという衝動に駆られているのだろう。

興味をかき立てられる理由は、こういった私のような農家はまさに文字どおり珍しい人種だからかもしれない。20世紀初頭、農業従事者はアメリカの労働人口の41％を占めていたが、現在では約1％だ。この1％のうち、工業型農業システムにまったくかかわらずに農業を営んでいる人々は1％に満たないのではないかと思う。さらに1世紀半にわたり同じ土地で農業を営んでいた農家の割合はもっと少ないだろうし、そのなかで私のようになぜこの農法でなければならないか率直に発言している人はさらに少ないだろう。珍しいものは好奇心をくすぐるのだ。

農業国アメリカで農業にしがみついてやってきた一家の物語を読めば、世の中は自分たちが思っているほどひどい状態にはなっていないのだと感じられるのではないだろうか。フードシステムと農業システムが自然で正常な状態からかけ離れ、たくさんの頭を持った強欲で金儲け主義の野獣のようになったのはなぜか理解しようとすると頭がくらくらする。大規模な多国籍企業があまりにも大きな勢力となっているため、食物がどこから来ているのか知るのはとても難しいように思える。それだけに、今も農業のあるべき姿を守り続けている砦としての私たちの話を聞けば、心強く感じてもらえるのではないだろうか。

あるいは、他人にどう思われようと歯牙にもかけず、何が起こっても動じない、最後の典型的な南部のお人好しのひとりの話は新鮮に響くのかもしれない。田舎の人々――特に過疎化が進んだ地域で育った筋金入りの田舎の人々――はそもそも一般の人とは異なる。今は一部の人々の間で肉食が誤解により悪者と見なされているが、私は後ろめたいと感じることもなく食肉を生産している。そのため、発言がより辛らつに聞こえることだろう。人々を惹きつけるのは、私が政治的に正しいからではないことは確かだ。彼らは祖先の歴史の中にある何か、どこにあるか、何と呼ばれているかもわからない何かに近づくために私のところへやってくるのではないかと思う。現在ではアメリカ人の過半数が、農園や自作農場を持っていた祖先から何世代も離れ、祖先が営んでいた農業中心の生活からも遠ざかっている。血統の中に受け継がれていたものが、時間という霧のかなたに失われてしまったのだ。私は農業から1世代も離れていない。農業は常に身近なものであったし、ＤＮＡにしっかり刻まれている。それに食料生産の担い手のなかには私たちのような人間もいることを知れば、安心してもらえるのではないだろうか。

これらすべての理由から、当初は戸惑いもあったが、私は農場やそこで働く人々の物語について、より頻繁に語るようになった。そして、人々は私の話を喜んで聞いてくれることに気づき、私自身も話すのを楽しめるようになった。

アメリカ各地にある田舎道の奥に押し込められた多くの家族農場同様、私たちの農場にもアメリカの農業の歴史が色濃く残っている。19世紀後半、曾祖父はこの土地で小規模ながら安定した農場を経営し、近くの村にさまざまな種類の肉やその他の商品を供給していた。祖父はこの農場を拡大し、大農場主および地主として富を築き、店もつくった。代が変わり、父は農場の工業化を始めた。私は工業型農業を引き継ぎ、かなりうまく経営できるようになったが、あるときこのモデルをやめてもっとよい農場に変え、子孫に残せるようにした。そのおかげでハリス家の若い世代が農場に戻り、私と一緒に暮らし、ここで家庭を築くようになった。このことは、農場で成し遂げたどのような成功よりも多くの満足感を与えてくれた。

６世代にわたってこの土地をすみかとし、生活の糧としてきたハリス家の人々は、ほかの人々とは少々違っていて、私はそのことを誇りに思っている。娘たちは、もしハリス家に紋章があったら「声が大きく、大酒飲みで、負けず嫌い」と書かれているだろうと冗談を言っている。また、善かれ悪しかれ私たちはいわば戦いの才能に恵まれている。これは粘り強さと度胸と精神力を兼ね備えているという意味だ。そのせいで「いまいましいハリス一家」と罵《ののし》られることもあったが、この才能がなければ、私たちが経験してきた歴史の多くの場面を切り抜けられなかったであろうし、現在のレジリエントでリジェネラティブな農場経営もできなかっただろう。性格の話題に関連して、もうひとつ付け加えたいのは、私たちは頑として誠実さを貫く一方で、ろくでなしに対してはかなり不寛容であるということだ。しかし、私の家族は強い個性を持っているが、アメリカの一部に共通するもの、あるいは普遍的といってもよいものを象徴してもいる。私たち家族と農場は、アメリカの農業地帯の基盤を築くことに貢献したが、のちにアメリカの農業地帯を廃れさせることになる工業型の集中的コモディティ・システムに参加することで、うかつにもこの基盤にひびを入れる片棒を担いでしまった。小規模農家の完全なる自立性と引き替えに大規模化に伴う安定を手にしたが、その結果として、土壌や家畜、コミュニティに劣化と荒廃をもたらすリスクを冒した。その上、私たちは消費者に農業に対する現実とはかけ離れた牧歌的なイメージを売るシステムにも加担した。私はノスタルジックなタイプではなく、過去に生きることはない。私のジープにはバックミラーすら付いていない――それくらい振り返るのが嫌いで、前進するようにできているのだ。とはいえ、自分の出自を知り、その知識を暗闇で行く先を照らす光のように視界の片隅に持ち続けていなかったら、自分がどこへ向かっているのか十分に理解できないかもしれない。

私たちはここで自分たちの歴史と**共に**暮らしている。歴史は農場の建物の中にも、日中、私に会いに来る人々の中にも残っている。私たちは解決しなければならない問題ややらなければならない仕事の話をしているうちに、いつの間にか昔話に花を咲かせているのだ。子どものころブラフトンの映画館跡地に干し草の俵を積んだ思い出や、夏の夜遅くまでポーチで過ごしたときのこと、タバコを噛みながら戦争の話をしていた男たちが話題に上ることもある。屋内で仕事をするときはオフィスの椅子に座り、歴史に囲まれている。一部屋しかないこの建物はかつてブラフトンの裁判所だったところで、日々いくつもの難しい決断を行なうのにふさわしい場所だと思っている。もっとも「裁判所」というと立派に聞こえるが、実際は小さなショットガンハウス＊で、ポーチには使い古したロッキングチェアが２脚置かれ、森や牧場から引き上げてきた、もう使われなくなった鉄製の道具が山積みになっている。いくぶんガタが来ているが、私は本当にここが気に入っている。小さいながら農場経営の中枢であるこのオフィスはブラフトンの町のちょうど真ん中にあり、ブラフトンの町を取り囲むように私たちの農場があるのだ。

オフィスを訪れるみなさんを最初に出迎えるのは体重45キロあるピットブルの雑種、ジャッジだ。ポーチの床に置かれた古い深鍋から生のクズ肉を食べているので、建物に入るにはジャッジをまたいでもらわなければならない。なお、しばらくまともに掃除をしていないことには目をつぶってほしい。みなさんは、ここには普通オフィスにあるべきものが明らかに欠けていることに気づくだろう。ホワイトボードや予定表の代わりにヘビの皮や雄羊の頭蓋骨、額に入った猟銃、そのほかほこりをかぶった骨董品が壁に掛けられ、「NEVER GIVE UP」と深く刻

＊アメリカ南部に多い長方形の住宅で、廊下や玄関ホールはない

まれた、握り拳2つ分もある花崗岩の大きな塊が置かれている。本棚にぎっしり詰まっているのは寄贈された研究書で、アメリカの農場およびその歴史や産業としての最盛期、懸念される衰退について書かれている。本の背はまだ折られておらず、どのページも真っさらなのは、読む必要がないからだ。この物語は最初から最後まで、私たちの農場で展開する。建物の最初の部屋の床から約1・5メートル上がったところに私のデスクはある。ここはかつてブラフトンの裁判官が座っていたところで、この席まで来ると、原告側か被告側か、どちら側に立つか選ばなければならない。

デスクに面した裁判所の入口のドアには6つのポートレートが飾られている。初代農場主の曾祖父、その息子、孫、私、いつかこの農場を引き継ぐ私の娘のジェニーとジョディ、そして彼女たちの子どもたちの写真だ。

あるとき訪問者のひとりが笑いながら「この一家の男たちは代が下るにつれて人相が悪くなっているなぁ」と言い、私も笑ってしまったのだが、これらの写真は誰かを怖がらせるために飾っているわけではない。写真は代々伝わるこの土地の物語がどこから始まり、今どこにあり、これからどこへ向かっていくのかを表しているのだ。土壌を修復し、コミュニティに活気を与えるこの種の農場経営は、事業四半期や生育期ごとではなく、数世代、さらには数世紀単位で見ていくべきであることを常に思い出させてくれる。それにデスクから毎日ポートレートを眺めているると正直でいられる。この農場もほかの多くの農場と同じ運命をたどっていてもおかしくはなかった。高度に工業化した農法を続け、消費者の食料支出のうち農家の懐に入る金額は年々減少、農業から足を洗おうと画策する年老いた農場主の指揮の下でなんとか生き残ろうともがいていたかもしれない。ところが、私たちの物語は、まったく違った展開を見せている。4世代続いた一本気でぶっきらぼうな南部の家父長が、高学歴で非常に有能な肝の据わった女家長となる２人の娘たちに支配権を譲ろうとしているのだから。私はそうするのが正しいと感じている。そして、これを可能にしたのは、リスクを負う意志と常識に逆らう頑固さ、多くの人々がばかげていると思ったものをつくりあげるための日々の闘いだった。

デスクの左には私が何よりも大切にしている家族の宝物が額に入れて飾られている。曾祖父の前装式散弾銃と祖父の後装式散弾銃、父のポンプ連射式散弾銃、私の古い半自動散弾銃、娘たちの上下二連散弾銃だ。これは私好みの技術的進歩を象徴している。

この農場は1866年に曾祖父のジェームズ・エドワード・ハリスが始めた。南北戦争が勃発したとき、ジョージア州メーコンにあるマーサー大学の学生だったジェームズは、同世代の多くの人々がしたように南軍に入隊し、騎兵士官になった。戦前、ジェームズはここから60キロほど離れたクイットマン郡にあるかなり広い土地を相続し、そこに農場をつくる準備を進めていた。しかし、詳しい事情は聞いていないのだが、戦争中に何か大きな問題が起きて土地を手放さなければならなくなり、アーリー郡で一から出直すことになった。ブラフトンには医師で資産家の親戚（私の聞いている話が正しければ、おじ）がいて、土地を購入する資金を工面してくれたらしい。この最初の2平方キロの農場こそ、ホワイト・オーク牧場の本拠地《ホームプレイス》であると考えている。

ジェームズは、自分が新しく経営し始めた農場には珍しい特性があることに気づいた。これは完全に地理的幸運に恵まれたおかげだった。GPSで高度を細かくチェックしていなければ見落としてしまうことだが、国道27号線を北上し、ブラフトンに入ったあたりは海抜約150メートルの稜線の一部となっている。この稜線は2つの流域を分かつ分水嶺で、一方は東に向かいフリント川に、他方は西に向かってチャタフーチー川に流れ込む。アメリカ西部でいえば北米大陸分水嶺のようなところで、非常に恵まれた土地だ。約40キロにわたるこの稜線はコロモキ・リッジと呼ばれ、私の理解が正しければ、ここはアパラチア山脈の末端に相当し、山脈はここから**ほぼ**完全に地中に埋まっている。この稜線は細く、広いところでも約1・6キロ、狭いところでは数メートル程度だが、農家に特別な恵みをもたらしている。その恵みとはミネラルが豊富な古代の山の土だ。もっとも、たとえば大草原地帯（グレートプレーンズ）の層が厚く肥沃なプレーリー土壌で農耕をするのに慣れている人にとっては驚くほどのことではないだろうが、質の悪い砂地が大半を占める南西部ではとても貴重なのだ（なんといってもメキシコ湾沿岸地域および私たちの農場の周りの海岸平野はその昔、海底だったのだから）。この土壌に加え、気候が穏やかで一年を通じて雨が降り、常に湿潤で、湿度が極端に変動することもなく、ちょうど一部の昆虫を凍死させるのに十分な程度しか冷え込まないため、ブラフトンの農家は、ほんの目と鼻の先にある隣の郡の農家が願ってやまない生産性における優位性を自然から与えられているのだ。

当然ながら曾祖父はこの豊かさの恩恵に浴した最初の農家というわけではない。この短い稜線は、ヨーロッパ人がこの地に足を踏み入れるずっと前のウッドランド期＊につくられた重要な先住民の遺跡、コロモキに敬意を表してコロモキ・リッジと呼ばれている（実のところ「コロモキ」とは古代先住民の言葉で「ホワイト・オークの土地」を意味する）。ミシシッピ文化を担った最初の先住民は土壌が豊かで、植物の種類が多く、動物がたくさん暮らしている土地をよく知っていて、こうした土地を集会や儀式の中心にしていたのではないかと思う。私たちの農場から西へわずか数キロしか離れていないところで、西暦３５０〜７５０年の約４００年間、スウィフト・クリークおよびウィーデン島の先住民の多くが儀式用の巨大な土塁や草で覆われた村の広場、埋葬地をつくり、管理し、利用していたのだ（コロモキはアメリカ南西部で最も古く最も大きなウッドランド期の先住民遺跡とされている）。しかも私の知るかぎり、彼らはアメリカ人やヨーロッパ人が彼らの土地を奪ってからやったことよりも、ずっとうまく土

＊紀元前1000年ごろから西暦1000年ごろ

地を管理していた。私は通り一遍の理解しかしていないが、曾祖父がこの土地に移り住んだのは、最後の先住民の人々がいわゆる「涙の道」を通って強制的にオクラホマへ移住させられた約30年後だった。この土地の歴史を見るだけで、彼らが自然のサイクルを壊さなかったことがわかる。彼らは生態系が永続できるように土地を管理していたのだ。

ジェームズはホームプレイスで家畜の飼育を始め、日曜日を除いて毎朝、十分に成長した家畜を日の出前に屠殺した。それをジェームズと従業員が包丁で解体し、1日分の肉を2頭立ての荷馬車に乗せて、約3キロ先の町まで運んだ。荷馬車はブラフトンに着くとホテルや下宿屋および周辺で商売を営む4軒前後の雑貨屋を回った。これは食料を生産して、加工し、地元の市場に持ち込むというとてもシンプルな商売で、すべては人間とラバの体力で行なっていた。当時はまだ内燃機関もなければ、冷蔵庫も農務省の食品安全性基準もなかったからだ。冷蔵庫で肉を保存できなければ、当然ながら地元で売るほかない。というわけで、毎日屠殺し、新鮮なうちに小さい範囲の中で売っていた。彼らは売れなければ腐ってしまうという考えだった（ラバが引く荷馬車の時速が3キロ程度だとすると、片道約16キロの隣町まで冷蔵していない肉を売りに行くという選択肢はなかった）。父が祖父から聞いたという話によると、土曜日の朝、ブラフトンの人々は荷馬車のところに集まり、どの商品を持って帰るか書いた紙切れを御者に渡し、代金は翌週集金に来たジェームズに直接支払っていたらしい。内臓や羽毛、くちばしや蹄などの売れない部位はすべて堆肥にして最終的にまたサイクルに戻して土壌を肥やし、家畜に与える牧草や野菜やトウモロコシ、麦、ジャガイモ、オーツ、ハッショウマメなどの作物を育てたりした。

当時は家畜を野菜などの作物から隔離せずに育てている農家が多かった。生態系は本来そうやって機能するものだからだ。ほとんどの農家は、その規模にかかわらず、作物を育てている場所で草食動物も飼っていた。このあたりではほとんどの家に菜園があり、桃や梨、ザクロ、プラム、イチジクなどの果樹を何本も植えていて、マスカダイン種のブドウの棚やピーカン、クルミ、栗などの木がある家もあった。すべての農家が、町の人々が必要とするタンパク質を安定的に供給するためのリソース——家畜の群れや世話をする人々——を持っているわけではなかったため、肉や卵、バターを供給できる農家は、なくてはならない存在だった。祖父と曾祖父はまさにそういう農家で、肉や卵だけでなく、そのほかの自然の恵みを何でも売ることができた。現代の農家のように巨大なフードシステムの歯車ではなく、彼ら自身がブラフトン専用の小さなフードシステムの役割を果たしていたのだ。

曾祖父はブラフトンの地理的優位性のおかげで、ほんの数キロ離れたところの農家よりもいくぶん多くの恵みを得ることができた。土壌がほかよりも少しだけ豊かなおかげで得られる恩恵はささやかなものだが、塵も積もれば山となる。土地の生産性が高ければ、農場の仕事に使う家畜に与える牧草を育てるのに必要な土地が少なくて済むため、その分、売るための作物や家畜を育てる土地に充てられ、次第に富が蓄積されていく。経済的成功により名声と影響力を手にした曾祖父は、晩年、州議会の上院議員を務めた。私もこうして得た恩恵に浴している。まだ若いころ、そのことを年配の農夫から教えられた。あるとき私が泥道を歩いていると、その男性が小川で釣りをしていたので、田舎のしきたりに従い、立ち止まってあいさつをした。すると、金持ちの息子であることをさげすむような言葉をかけられたのだ。「向こうにある農地はおまえのだろう。ひいじいさんとじいさんと父親から受け継ぐあの農地はうちより10~20%も収穫が多い。おまえたちは100年もあの農地を所有しているじゃないか。100年以上も年間20%うちより多く収穫していたんだ。**おまえが**どれだけ恩恵をこうむっているかわかるか?」。あの老人は欲求不満で親切とは言いがたかったが、彼の言葉は正しかった。私が農場経営を引き継ぎ、子孫に残せるように改善できたのは、初期のハリス家の人々が多大な努力と粘り強さ、そして運によって富を蓄えてくれたおかげなのだ。

19世紀の終わり、ジェームズ・エドワードの息子、ウィル・カーター・ハリスの代になったとき、父親の汗の結晶と農場がもともと持っていた生産性の高さにより、農場をさらに拡大することができた。このときの引き継ぎは、私の父が引き継いだときほど世代間の変化はなく、農法は継承しつつ、規模だけ拡大した。祖父ウィル・カーターは曾祖父ジェームズがつくった牛の群れを大きくして、毎週１００人以上に牛肉を供給できるようにした。そして、トウモロコシや綿花、ピーナツ栽培が盛んで、牧場経営は影が薄く、なかなか採算が合わない地域にありながら、やがて牛飼いとして尊敬されるようになった。20世紀初頭、祖父の農場は当時としてはかなり大規模となり、農場内に店を開いて小麦粉やチーズ、衣類用の布地や靴といった田舎の生活必需品を地元のコミュニティの人々に売っていた。農家にとって店を持つことはひとつ上のランクになることを意味する。実業家になったのだ。また、この店では、従業員の間であの伝説のハリス・ドルが使われていた。私は今でもこの古いコインをいくつか持っている。ジェームズがコインをつくり始めた理由は、彼自身もお金がなく「ないならつくればいい」と考えたからだ。ジェームズは水車の軸の軸受けとして使われていたバビットと呼ばれる鉛合金からコインを鋳造した。ハリス・ドルは第二次世界大戦が終わるまで、ブラフトン周辺で主要通貨として流通し、町の商人たちも商品やサービスの対価として喜んで受け取っていた。これは現在でいうところの地域通貨の一例だ（その基盤となったのが、この１９００年版のビットコインといってもいいだろう）。その後、国税庁が「通貨偽造」をやめさせるため調査官を派遣し、連邦当局によってハリス・ドルは廃止された。

工業化前の農業は快適でもなければ楽でもなかった。便利な機械などひとつもない時代、家畜と農地の世話には膨大な労力と時間がかかった。一方、農法に複雑ではなかった。食物連鎖に従えばいいだけだったからだ。農家は牧草を育て、牧草の上で牛が子牛を産み、子牛は牧草を食べて育ち、牛は食肉にされ、残った部位は堆肥となって土に返される。新しい子牛が生まれ、このサイクルは永久に続く。これは自然のオーガニックなシステムだ（ちなみに当時は食料生産について「オーガニック」という言葉が使われることもなかった。そもそもオーガニックでない農法など存在しなかったからだ）。ビジネスプランも単純だった。祖父は自分で収穫物を市場に運び、値段を決め、直接お客さんに売り、そのお金で最大の支出である従業員の給料を支払い、農場経営に必要なものを買った。そして余ったお金はすべて家畜や土地の購入に当て、富を築いていった。家畜を繁殖させ、育て、解体し、市場に運ぶまでに必要なものはすべて農場、つまり祖父自身のシステムの中にあった。祖父からよく教えを受けていた父は、過去に機能していたこの牧場のビジネスモデルについてうれしそうに教えてくれた。そして、よくこう語っていた。「人生に必要な財産は3つだけ。牧草と牛と金だ。牛に食べさせるためには（土地という形の）牧草が要る。牧草を金に換えるには牛が必要だ。土地を買い足してさらに多くの牧草を育てるには金が要る。牧草が余ったら牛を増やせ。金が余ったら牧草と牛を増やせ」。そして、父は顔をしかめてこう警告した。「牧草や金はどんなに持っていても多すぎるということはないが、牛は増えすぎることがある」。これはサプライチェーンの複雑さを言い表しており、農家はすべてに目を配っていた。また、これは食料を生産するために高価な投入材を購入する必要がなく、農場《ファーム》とフォークの間には食品加工業者などの中間業者もいなかったため、儲けはすべて農家の懐に入るということでもあった。祖父の顧客たちが価格に満足していたかどうかはわからない。だが、当時はまだ政府からの助成金もなければ、牛のエサ用に栽培された不自然に安価な作物も存在せず、祖父はあらゆる支出を賄わなければならなかったため、価格は現在標準とされているよりもずっと、実際に食料生産にかかる費用に近い額だったことは間違いないだろう。

そして、顧客が1ドル（あるいは5セントまたは10セント）支払って手にしたのは、加工されてもいなければ、人工物に汚染されてもいない、牧草と日光、きれいな水、豊かな土壌に育てられた栄養たっぷりの肉や鶏、卵など、値段に見合った商品だったはずだ。当時消費できた牛肉はただひとつ、牧草以外は何も与えられていない完全なるグラスフェッド・ビーフだけだったのだから。

おそらく何よりも重要なのは、曾祖父ジェームズ・エドワード同様、祖父ウィル・カーターが働いていたころのシステムは、最高の商品をつくり、それを売って高い評価を得ることを促していたということだ。20世紀最初の数十年間は、その前のジェームズ・エドワードの時代と同じく、地元の市場以外に商品を売る場所はなかった。全国規模の商品市場に決まった価格で肉を投げ売りすることもなければ、海外に輸出することもなかった。質の悪い食品や健康に悪い食品を売ったり、買い手をだましたりしたら、どこにも隠れることなどできなかった。消費者はその商品をつくったのが誰か、調べることができたからだ。今のように大企業に商品を売り、匿名性という覆いの後ろに隠れるという選択肢はなかった。私の祖父のような農家は純粋にプライドから高い基準を設け、純粋に自己保身のためにその基準を満たすようにしていた。品質の高い商品は**金銭的**価値も高かったからだ。最高の小麦を育てれば、製粉業者はより高値で買ってくれるし、最高の豚や牛を育てれば、精肉業者は割り増し料金を払ってくれる。その後の数世代が経験していることとは大違いだ。現行の商品システムでは、農場の門から出荷される生産物の品質にかかわらず一定の価格が適用される。そのせいで勝手に最低基準を設けて、それを満たせばよいと考えるようになり、農家が目指すゴールポストの位置はまったく変わってしまった。しかし、祖父の時代の農家は可能なかぎり品質の高い生産物をつくることを目指していた。

先祖のことを考えるとき、感心するのは彼らが**何を**していたかではなく、**どうやって**していたか、つまり彼らの基本的価値観だ。彼らが土地や家畜の群れの面倒を見たのは、そうすれば自分たちも面倒を見てもらえると信じて生きていたからだ。なんといっても、農家の財産は放牧のための牧場や野生生物の棲む森、すべての生物を支える水を含む土地だけなのだ。頼りにできる４０１ｋ（企業年金制度）も社会保障制度も株式ポートフォリオもなかった当時、農家にとって土地は銀行口座の代わりだった。家畜は借金せずに農場経営を続けるために必要なキャッシュフローの源泉であり、村の顧客たちが市場だった。土地をうまく管理し、家畜をうまく育て、顧客のために高い品質を維持することの3点については、交渉の余地がなかった。この3つを守っていれば確実に土地は繁栄し、群れは毎年着実に子孫へと受け継がれ、市場は信頼性が高く、安定していた。つまり、農場経営者もその家族も面倒を見てもらえるということだ。この3つの要素のうち、いずれかひとつを一回でもしくじれば、農家にとって一巻の終わりだった。

また、地域経済の活性化にも役立っていた。ジェームズ・エドワードとウィル・カーターの成功はブラフトンの町を近隣のほかの町よりもいくらか魅力的な場所にするのに一役買った。20世紀前半、人口が過去最高の３８０人に達したころ、ブラフトンはすでに農産物取引の中心地として栄えていた。ブラフトンには農業以外の産業はなく、鉄道も通っていなければ、工場といえばハリソンの製粉所だけで、地元の農家はここで穀物を製粉してもらっていた。計算してみたところ、周辺の農村地帯に平均して16ヘクタールあたり1軒の割合で小規模の自給自足農家が点在しているとすると、ブラフトンでは約５０００人分の農産物が取引されていることになる。つまり、このつつましい村は、みなさんが思っているより重要なのだ。それにブラフトンはアメリカの中でも特に貧しい地域にあり、昔から貧しい村だったが、ハリス家の成功により、状況は多少改善された。20世紀前半、ここには2階建ての共学の学校があり、医者が2人、薬局が1軒、映画館が1軒と祖父がプレイしたプロ野球チームがひとつあった。そして、1920年代前半にはコンクリート製のプールまでできた（ただし、やや雑なつくりだったことは認めよう）。ジャングルのように植物が茂った絶壁《ブラフ》のふもとにコンクリートのプールをつくったのだ（この絶壁は町名の由来となったもので、岩から水が湧き出ていた）。日中は子どもたちが泳ぎ、その隣では木製の東屋でダンスができたため、夜になると大人が酒盛りをした。ブラフトンの名は近隣の郡までしか知られていなかっただろうが、活気にあふれていたことは確かだ。

私の祖先の努力は並大抵のことではなかったと思うが、それ以外に彼らは特別なことなどしていなかった。ほかの大半の農家よりもいくぶん規模が大きかっただけだ。当時アメリカの食料のほとんどは、このとても局地的で自然と（闘うのではなく）協働する生産者から消費者へのフードシステムによって育てられ、成長していた。国内の人の住むすべての郡に私たちのような農家があり、地元のコミュニティに農産物を供給していた。私が自分たちのしていることと、かつて農家が行なっていたことの共通点にはっきり気づいたのは、リジェネラティブな新しい農法でホワイト・オーク牧場を経営し始めてから数年たってからだった。私たちは生産物を冷蔵し、貯蔵し、顧客に直接届けるという昔は存在しなかったテクノロジーを手にし、当時は理解できなかったような農務省の法外な数の基準に従っている。しかし、彼らがしていたことと私たちがしていることの基礎には数々の共通点がある。これは意図的にまねたものではなかった。私は歴史を振り返って学んだのではなく、ただ思うがまま行動し、あとになって昔の農法について聞いた話を思い出したのだ。そして思わず「くそっ！　だが、すばらしいじゃないか！」と叫んだ。確かに歴史は繰り返すことがある。私たちの場合、歴史を繰り返したのは、間違った道を進みすぎて、戻らなければならなかったからだ。

私の父、ウィル・ベル・ハリスが農場を工業化し始めたとき、それは過去からの急激な転換となった。１９２０年生まれの父は、世界大恐慌の最中に成人した。南部の農村部ではほとんどの農家がすべての財産を失い、銀行からの借金が返せず、土地を手放さなければならなくなった。父の家族は家計を切り詰め、必死に働くことで農場にとどまることができた。そのことを父は生涯誇りに思っていて、深いところで影響を受けていた（成人した父は現金が与えてくれる安心感を愛していたため、財布に１００ドル札を詰め込み、肌身離さず持ち歩いていた。ズボンのポケットから突き出した財布はまるで野球のボールのようだった。しかし、現金以上に倹約好きだった父は1週間に2ドル程度しか使っていなかったに違いない）。父は多くの人が「無一文」の時代に「裕福な」家に生まれたのは幸運だったと自覚していたが、子ども時代には農場の子ども特有の苦労があった。一人っ子だった父は、父親のウィル・カーターが視力を失ったとき、急きょ跡取り息子としての責任を負わざるを得なくなったのだ。父が7年生＊のときのことだ。この時点でウィル・カーターは農場経営をかなりの規模に拡大していた。自給自足農家の農地が平均16ヘクタールだった時代に200ヘクタールを超える農地を持っていたのだ。しかし、富はあっても教育は受けられなかった。小さな白い手袋をして、帽子をかぶった典型的な南部の既婚婦人だった祖母ベウラは、祖父が視力を失ったため有無を言わさず父を退学させた。このとき父がどんな気持ちだったかは知るよしもないが、父と私はよく似ていたことや、私は学校が大嫌いだったことを考えると、きっと父は学校をやめる口実ができて喜んでいただろう。祖父と父は毎日2頭立ての荷馬車に乗って農場を見回り、若いほうのウィルが、牧場と畑でどんな作業が必要か父親に伝えていた。その後、父が学業を再開することはなかった（ハリス家の人々の粘り強さについてはすでに述べたが、祖母ベウラに至っては退学した父の卒業証書をせしめてきたほどだ。一族に伝わっている話によると、ベウラは自分のT型フォードに飛び乗り、学校へ行って、ためらう校長と教育委員会を説き伏せたらしい。かくして1933年の卒業証書は現在うちの雑貨店に飾ってある。ちなみに「合格」という文字を完全に消して「条件付きで卒業を認める」と書き替えられている）。その後、祖父はアトランタのエモリー大学で初めて白内障手術を受けた患者のひとりとなった。その時点で、祖父が回復するまで、すべての仕事は父と祖母が担当していた。

＊12～13歳

こうした経験が父を粘り強くしたのだろう。取りつかれたように農場にだけ集中し、世界大恐慌の惨禍を生き抜き、猛烈なほど一心に経済的成功を追い求めた。父はそうするのに有利な立場にいた。第一に父は自分の強みを理解していた。私たちはこの土地で何年も食用農産物を育てているが、ハリス家は根っからの牛飼いだ。牛飼いは農家のなかでも独特な人々で、穀物農家と比べるとやや型破りなところがあり、心底意志が強い。私たちは生まれてから死ぬまで動物を育てるという牛飼いのダイナミックな側面を愛し、ごたごたと煩雑で、がやがやとにぎやかなところも楽しんでいるし、骨折や手術痕は勇気の証しだと考えている。

しかし、戦後、まだ若者だった父が農場を引き継いだとき、彼の周りでは農業の新しい時代が始まりつつあった。工業型の生産法に牛耳られた時代だ。この変化の枠組みが築かれ始めたのはかなり前だった。１９２０年代には地域密着型の小規模な個人経営の食肉処理場とは離れたところで、一元管理の食肉加工業者が経営を始めていた。ここからそれほど遠くないジョージア州ゲーンズビルで、最初の閉じ込め型の動物飼育施設である大規模な養鶏場がつくられた。アメリカ政府はここ南東部の上院議員の主導により、農業史上最大級の介入である農産物助成金制度を始めた（ここでひとつ注意しておきたいのが、委員会の議長は年長者が務めていた点だ。当時、南部の議員は一度当選したら生涯議員を続けられたため、南部選出の議員は一般に年齢が高かった。南部は経済に占める農業の割合が特に大きかったため、年長の南部選出の議員は農業委員会への参加を希望した。彼らは初期の農業法案をつくり、南部の農作物——綿花、砂糖、落花生、米、タバコ——に最も多くの助成金が支払われるように取り計らった。現在の農業法にもこの名残が見られ、今では南部でも昔ほど終身議員を選出することはなくなったにもかかわらず、これらの作物のうちタバコ以外に対して、非常に多くの助成金が支払われている)。同時に一連の技術革新により、農業から労働者が占め出されるようになり、農家の役割はもはやサプライチェーン全体ではなく、チェーンを構成するリンクのひとつになり下がった。

第二次世界大戦後、この傾向は急激に加速した。兵器をつくるための材料が余ってしまったため、軍需工場を肥料製造工場に転換して、その材料を使って化学肥料をつくるようになった。致死性神経ガスの特性を利用して虫を殺し、収穫を増やして農産物の生産量を増大させるべく殺虫剤を開発した。こうした硝酸アンモニウム肥料などの製品は1800年代後半から存在したが、過去に例を見ないほど価格が下がったことで広く普及した。つまり、父のような若く野心的な農家は、祖先が行なってきた畜産システムから離れる機会を得たのだ。そして驚くほど急速に変化を遂げた。

ブラフトンにこの機会をもたらしたのは硝酸アンモニウムメーカーが送り込んだ肥料の訪問販売員だった。これは1946年のことで、戦争も終わり、農家は一番得意とする農業を早く再開したいと躍起になっていた。販売員はブラフトンの町の中心でワンルームの裁判所の隣にあるブラフトン・ピーナッツ・カンパニーに農家を集めた。そこでフィッシュフライ＊を催して農家と打ち解けたところで、販売員は45キロ入りの硝酸アンモニウム肥料の袋を引っ張り出した。そして、その驚くべきメリットを売り込むと、２・２キロまたは４・５キロ分を茶色い紙袋に入れ、参加していた農家全員に手渡し「ご自宅に帰ったら、これを放牧場や畑に散布し、水をまいて3日間待ってから見てみてください」と言った。教わったとおりにして3日後に放牧場に戻ってみると、牧草が数センチ伸びていた。もはや若葉の薄緑色ではなく、黒みがかったような濃い緑色になっている。父はすっかり夢中になって、大声で「なんてことだ！　牧場全体がここと同じになったところを見てみたいものだ！」と言った。

こうして、その後50年続く儀式が始まった。毎年少なくとも1回、あるいは2回、農場の隅々まで硝酸アンモニウムをまくのだ。一般的な牛飼い同様、みなさんもおわかりのように第一の目的は牧草をできるだけ早く、密に、背を高く成長させることだった。牧草が早く育てば子牛はより早く成長し、よく肥えて早く出荷でき、収益も増える。牧草があまりにも早く伸びるのを見て、胸が高鳴り、それが病みつきになった。月曜日から木曜日までの成長ぶりは歴然としていた。どんなバカでも気づいただろう。父はホームプレイス周辺の牧草が目を見張る勢いで育っていくのを見て、雑草や害虫、菌類を素早く除去する除草剤や殺虫剤、殺菌剤といったほかの工業的投入材や牛のエサとなる大量のトウモロコシを買い求めるようになった。トウ

＊アメリカ南部でよく行なわれる、魚のフライなどを振る舞うパーティ

モロコシは自分の農場で育てることもできたし、外部から安く購入することもできた。肥料は初心者向けドラッグのようなもので、一度手を出してしまうと、ほかのものまで欲しくてたまらなくなってしまうのだ。

こうしたツールをありがたがって受け入れた父のような農家を責めることはできない。その理由のひとつは、彼らは世界大恐慌と第二次世界大戦を生き抜き、現代人の大半が経験したことのない飢餓や貧困、苦難と隣り合わせだったからだ。それに工業型農法は伝統的な農法よりも自然を思いどおりにコントロールして農産物を生産しやすかった。昔の農法よりもはるかに苦労が少なかったのだ。今振り返ると、人間が土壌に散布してきたもののなかで硝酸アンモニウム肥料ほど有害なものはほとんどないだろう。土中の微生物を徹底的にやっつけてしまうのだから。しかし、毎日作物がぐんぐん育ち、さまざまなことが急激に改善されていく様子を見ていた父の世代の農家の考えは違っていた。しかも必要なのはお金だけだったのだ。

1950年代ごろから、新しい商品市場で取引される安価なトウモロコシが普及し、閉じ込め型の食肉生産というまったく新しい種類の農業を生み出すのに一役買った。ただし、断っておくが、これは産業あるいは企業の企てにより**始まった**わけではない。もともとは中西部のトウモロコシ農家が、収穫物からより多くの収益を得るために始めたことだ。育てたトウモロコシをコモディティとして売る代わりに牛に食べさせることで、牛肉という収益性の高い食品を生産し、農業経営に大きな付加価値を与えることができたのだ。

中西部では、グレインフェッド・ビーフ＊を取引する市場が急速に成長しつつあり、その市場に牛を供給するための肥育場《フィードロット》が次々に登場し、父もこれに注目した。フィードロットを使えば、農家は屠殺する体重に達する前に牛を売り、数年分の飼育費用を節約できる。現在、生後6〜7か月で離乳した子牛たちは、大規模な施設に送られ、一生の残りの3分の2をたったひとつのことだけして過ごすことになる。ひたすら牧草の代わりにカロリーの高いトウモロコシを大量に食べ、機械並みのスピードと効率でトウモロコシを牛肉に変えるのだ。牛を放牧せず、閉ざされた空間に閉じ込めておけば、農場や牧場は必要な労働力を節約できる。父は子牛を競りにかけて大規模なフィードロットに売るようになった。子牛はポンド単位で取引され、そのフィードロットのある中西部まで送られる。父は新しい牛肉のコモディティ・システムにおける供給業者となった。以前よりも早く牛を売り渡し、1頭ごとに決まった金額が手に入るようになったことで、収入は安定し、リスクは減った。父はまた、自分の農場内に小さいフィードロットを設け、一部の子牛を手元に残し、屠殺して地元の店に売っていた。父のフィードロットは中西部にある施設に比べたらごく小さいものだったが、このあたりでは唯一のフィードロットだった。こうして父は、農場の規模も手伝い、影響力を持つ農家となり、ハリス家の価値ある継承者となった。ウィル・ハリス2世は晴れて昔ながらの方法を捨てたのだ。

＊穀物飼料で育てられた牛の肉

工場型食料生産への転換の影響は計り知れない。放牧をやめて牛たちに集約栽培された穀物を与え、食肉生産のすべての段階を農家が自分の目で確認するのをやめて小切手と引き換えに生きた家畜を手放すことで、農家は解放感を味わった。何世代にもわたり、農家は販売するか農場で使う幅広い農産物を育ててきた。ラバのエサとしてトウモロコシを育てるのも、自分たちで食べるために野菜を育てるのも、売るために換金作物をつくるのも、必要だったからだけでなく、家畜や作物のどれかが不作でもリスクを回避できるように行なっていたのだ。ところが父のような農家は、母牛に子どもを産ませ、子牛を育て、子牛を売るというように、ひとつの農産物を生産することで報酬が得られるようになった。父は牛工場を経営するようになったと言ってもいいだろう。しかも非常に優れた工場を！

その結果、新しい種類の肉が誕生した。トウモロコシで育てられたコーンフェッド・ビーフだ。コーンフェッド・ビーフはそれまで一般的だった赤身の肉よりもはるかに優れていると広く宣伝された（かつてタバコは体にいいと言って売られていたのと同じようなものだ。コーンフェッド・ビーフは、どこでも上等な肉として売られるようになった）。コーンフェッド・ビーフは飽和脂肪酸含有量が多く、霜降りで、やわらかくて切りやすく、味も均一だった。これはさまざまな生態系で育てられた牧草ではなく、同質のトウモロコシが標準的なエサとなったたからだ。食肉処理も以前より規模が大きく、一元管理された工場で行なわれるようになったため、切り方や量も標準化された。この一貫性はキッチンで働くアメリカの主婦たちの利便性を高め、夕食の準備が楽になり、合理化された。労働力を節約し、機械化し、自然の予想不能な多様性から解放されることが大流行していたため、これは理想的なことだった（初めて「グレインフェッド・ビーフ」という言葉を見たときのことを今でも覚えている。ブレイクリーにあるスカーバラ食料品店の窓に赤い色鉛筆で書かれていたのだ。父の説明によるとグレインフェッド・ビーフは大人気の商品で、地元の店の棚に並んだというだけでめでたいこととされていたらしい）。

コモディティとしてのコーンフェッド・ビーフはアメリカの新しいファストフード産業を生み出し、加工食品産業と共に急速に発展した。これはコモディティの砂糖――そしてトウモロコシおよびトウモロコシから生まれた有害なコーンシロップ――のおかげだ。父の世代は農産物の過剰生産の波に乗っていた。国内で実際に必要な量を上回る農産物を生産させ、食料不足を回避するために政府が助成金を支払うようになったからだ。この政策のせいで、政府の規制を受けない自由企業が本来の機能を発揮できなくなった。また、アメリカ人の健康をさまざまな面で変化させ、現在、私たちはその大きな代償を支払っている。

私が生まれた１９５４年ごろ、父は畜産の工業化の波に乗り、あらゆるツールを真っ先に導入していた。父が心の底から工業型農法を**好んで**いたとは思えないが、それを感じないようにしていた。そもそもカウボーイは自分の感情に気づいていても、それを誰かに伝えようとしないものだ。これは心のどこかで、好調の波に乗っていることを楽しんでいたからだろう。もはや祖父のようにさまざまな農産物を扱う何でも屋ではなく、第一級の牛飼いとして、アメリカの人々に、彼らが生まれながらに持っている権利であるコーンフェッド・ビーフを手頃な価格で提供する専門家になったのだ。心臓外科医にでもなったような気分だったのかもしれない。ひとつの分野でほかの誰にもできないことを専門としているのだから。あらゆる生き物を育てるのがうまかった先人に比べ、１９５０年代から60年代の農家は自分の仕事に関係する狭い分野を極めていること、幅は1センチしかないが、深さは1キロに及ぶような専門知識を持っていることを何より誇りに思っていたのだろう。時代の流れは、畜産と土地の管理、農場での加工、顧客への直接販売に基づく牧場モデルから離れていった——しかも**急速に**。これは人々の考えにも大きく影響し、間もなく誰もがこの種の農法およびこうして生産される食物を受け入れるようになった。

私も例外ではなかった。当然ながら私は農場の歴史に関するあらゆる話を聞いていて、父を尊敬していたように祖父も尊敬していた。しかし、代が替わると父は大きな力を持ち、一目置かれるようになった。父の言葉は絶対であり、父に指示されたら従うほかなかった。父は農場経営に長けていて、近隣のどの農家よりも成功した。ジェニーが言うように、父はカリスマ性があり、厳しい要求をするが、驚くほど気前がいいところもあり、文字どおり他人にどう思われようと気にしなかった。そのため、父のやり方やその背景にある考えをあえて疑問視する人もいなかったし、私も決して疑わなかった。

私はこの土地で育ったことをうれしく思っている。ありがたいことに父も母も、農場内だけでなく農場の周りの森や水路のあらゆる場所を私の好きなように駆け回らせてくれた。そんなわけで、私は狩りをしたり、わなを仕掛けたり、釣りをしたりして、ほとんど家にいることはなかった。父と同じく私も一人っ子で、父と同じく私もエネルギーが有り余っていて、長い間、部屋の中にいると落ち着かなくなるたちだったので、自然は私にとって安らぎの場所となった。子どもがレゴやおもちゃの自動車のコレクションに詳しくなるように、私は広葉樹の茂る低地と起伏のある高地に詳しくなった。どこに何があって、すべてがどう組み合わさっているか、さまざまな種類の水鳥や、水鳥たちがカミツキガメとどう共生しているか、父がつくったワニの池に飛び込んだミサゴは何を捕っているのか、うっかりしているとヌママムシに襲われる恐れがある場所はどこか、すべて知っていた。そんな私たちについて、近所の人々はこんなことを言っていた。「人間には3種類いる。教会に行く善良な人々と、教会に行かない低俗な人々、そしてハリス家の人々だ」。彼らは私たちをバカにしていたわけではない。私たちはよく働き、きちんと税金も納めていた。しかし、バイブルベルト＊の真ん中にありながら、一家の男たち

＊アメリカ合衆国の中西部から南東部にかけて広がる地域で、聖書を重視するキリスト教徒が多い

がブラフトンのあの白い建物を避けているのは非常に珍しいことだった（村の教会の中で父を見たのは2回だけ。私の結婚式と本人の葬儀のときだけだった）。子どものころ村の人々がよくこう言うのを聞いて、うちは信心深くないのだろうと思っていた。本当の意味に気づいたのは大人になってからだ。私はどんな人間でも教会を持っているのではないかと思う。といっても、必ずしも礼拝堂やシナゴーグやモスクのようなものではなく、むしろこうしたものとはまったく異なることが多い。心血を注ぎ、ほかの人々のために無償で与えられる情熱こそが教会なのだ。ハリス家の人々もほかの人々と同じくらい、あるいはそれ以上に信仰心が篤《あつ》かったが、あの白い建物で信者と一緒にいるときよりも、牧場で牛たちと一緒にいるときのほうが常に神を近くに感じられた。私たちにとっては牧場が教会であり、水路が教会だったのだ。私は幼いころ毎週日曜日の朝に牛たちを移動させることで、この教会の洗礼を受けた。

シャツを脱いで裸足でこのバイオームの中を探索しているとき以外は、父が農場でどんなことをしているか、つぶさに観察していた。とても小さいころから、私は父のようになりたかった。6歳のとき父は私をトラクターに乗せた。記念写真を撮るためではなく、トラクターで除草し、でこぼこの土地を耕すためだ。これは正確性が求められる仕事ではない。トラクターのむき出しのタイヤの上に取り付けられた金属製の座席に幼い私が座っている様子を見てぎょっとする人もいたが、当の私はこの任務に胸を張っていた。そして、友だちが8～9歳の男の子らしく、大人になったら宇宙飛行士になりたいとか野球選手になりたいとか消防士になりたいとか言っているなかで、私は将来、農場経営をすると確信していた。一瞬たりとも、ほかの職業に就きたいなどと考えたことはない。

11歳か12歳のとき、私は本格的な仕事を与えられた。当時、南部の農村地帯では、これは通過儀礼のようなものだった。短く切ったブルージーンズをはいて夏の間中駆け回るのは卒業し、長ズボンと長靴を履き、農場で父親の手伝いをする段階に上がるのだ。私はちっとも嫌だとは思わなかった。わんぱくな少年時代もすばらしかったが、影響力や発言力を持ち、この土地で重要な存在になりたかったからだ。農場でこうしたものを手に入れるには一生懸命働くほかなかった。父は私にあちこちで仕事を担当させてくれた。まだ大人を監督し、決断を下すには驚くほど若く、ましてや決断の責任など取ることはできなかったのだが。そうするうちに、農場は働く場所であり、森は遊ぶ場所であり、この2つの間にははっきりとした境界線があることがわかってきた。一方は秩序があって生産的で効率的だが、他方は野生で無秩序だ。一方は農業、他方は自然であり、両者は教会と国家ほどの違いがあった。

工業型農業の魅力は**強力**で、私の中の支配欲を刺激した。工業型農法は祖先が行なっていた農法よりも大規模で、速く、集中的だった。より多くの馬力を使い、あの手この手で結果を出す。父はタフな男でコミュニティの人々からとても尊敬され、経済的にも成功していたので、私も父のようになりたいと思っていた（それに、父に張り合えるような農法はほかに見当たらなかった）。10代のころ、友人のループ・ジョンズと一緒に小遣い稼ぎで農薬散布用飛行機に化学殺虫剤を積み込む仕事をしていたのだが、飛行機が近隣の条植え作物＊農場へ向けて飛び立つときには、殺虫剤の細かい粉が裸の上半身に雨のように降りかかった。また、私は農場で母の手伝いもした。菜園に最新流行の殺虫剤をまいて虫をやっつけ、その途中で茎から直接トマトをもいで喜んで食べていた。宣伝によれば、化学のおかげで私たちはよりよい暮らしができるようになるはずだった。冷蔵庫にはタングの粉末ジュースやTVディナーなどの製品が入っていて、医者はさまざまな病気に効くあらゆる新薬を持っていた。そして、誰も自分たちのしていることが安全でないなどとは夢にも思っていなかった。

高校卒業後、私は農場を離れて「本物の」仕事に就いてほしいという両親の願いにより、大学に進学した。父は農家として成功していたが、小型トラックではなくキャデラックに乗るようなホワイトカラーの仕事のほうが安泰だと信じていたからだ。父が経営していた農場はまだ肉体労働に頼っていた。父はむやみやたらと機械に投資して、筋力を使えばできる仕事まで機械にやらせようとするタイプではなかったのだ。そんな父には医者や弁護士、企業の事務員の仕事が魅力的に思えたようだ。彼らの生活は楽で、可処分所得も多く、寒い夜はテレビのそばで過ごし、野外で牛を移動させる必要もない。皮肉なことに、農場の土地と有形資産を合わせ

＊機械で耕作や栽培ができるように列にして植える作物

ると、父はおそらく彼らよりも多くの富を築いていたのだが。一方、１９７０年代は「大規模」農場が最重要視されていて、ニクソン政権の農務長官アール・バッツは「拡大せよ、さもなくば出ていけ」というスローガンを掲げた。歴史ある家族農場は過去のものとなり、合併や統合、巨大農場に本物のチャンスがあると考えられていたのだ。

私はほかに選択肢がなかったためジョージア大学農学部に入学し、近代的畜産業の農法とツールについて学んだ。この学科は牧場経営者を目指す誰もが専攻していたが、それより重要なことに一流農業系企業におけるキャリアへの扉を開いていた。１９７６年に卒業した時点で、私はまだ家に戻って農場経営をしたいと思っていた。ところが父はやすやすとはそれを許さなかった。同じクラスの学生はほぼ全員同じゴールを目指していた。「フォーチュン５００」に名を連ねるような一流企業に入社して、年収1万ドルの仕事に就くことだ。農業機械メーカーのジョン・ディア社や種子などを扱うディカルブ社のような企業の営業職員または研究職に就くのが究極の理想とされた。モンサント社でフルタイムの仕事を仕留められればハイタッチしてもらえるが、実家の飼料店や農場で働くことになった者は憐れみの目を向けられた。私はゴールド・キストという大手複合企業の農業サービス部門で働き始め、ジョージア州、アラバマ州、フロリダ州各地で同社の綿繰り機やピーナツ用倉庫、肥料配合機、エレベーター付き穀物倉庫の運用をサポートする仕事を担当した。この仕事が得意だった私はやがて同社史上最年少の地域マネジャーになったが、毎日うんざりしていた。まだ若く、世間知らずだったため、出世するにはお偉方と週に3回ゴルフをしなければならないこともわかっていなかった。それに私は典型的なハリス家の人間で、企業の型にうまくはまれなかった。私のマネジメントスタイルは非常に積極的で、瞬時に決断を下し、疑いを持たずに行動に移した。「構え、狙え、撃て！　狙え、撃て！　狙え、撃て！」といった具合だ。一方、彼らのスタイルは会議を開いて決定をし、コンサルタントを雇い、そのコンサルタントのアドバイスについて話し合うためにさらに会議を開くというもので、「構え、狙え、狙え、狙え、狙え」という感じだった。私は引き金を引く役を買って出たら、かなりの成功を収められるか、クビになるかのどちらかだということをすぐに理解した。それでも引き金を引き続け、適切な決断ができたおかげで、同社で一番の成績を上げ、一番の嫌われ者になった。周りの景色はどんどん変わっていった。

1980年代には種子、化学薬品、食品加工、食料品店チェーンの洗練されたネットワークがブドウのつるのように急速に成長し、徐々に絡み合い、それらを支える次のものへの依存を高めた。そして、多国籍企業へと統合され、食料生産の条件と価格を決めるようになった。その結果、輸出市場が成長し、個人経営の家族農場は衰退したわけだが、私自身もゴールド・キスト社の管理職として、みなさんが目にした、あらゆるろくでなしと同じように悪の巣窟の奥深くにいたのだ。

それから10年以上にわたり日中は企業型農業の仕組みの中で働き、夜と週末は私たちの農場で働き、経営をサポートした。父は年を取り、ひとりですべてを管理するのは難しくなっていた。しかし、一切主導権を手放そうとはしなかったため、私は父の補佐役を務めた。キッチンのテーブルで請求書の支払いをし、必要に応じて牛の世話をした。嫁のヴォンは土曜日と日曜日に義母と家で過ごしていたが、楽しかったのか疑わしい。昼間は科学の力で牛肉を安く効果的に生産できるようにするあらゆる道具を売り、農場ではこうした道具を買って使っていたが、これらの道具にどんな短所があるかなど、会社でも農場でも、誰も疑問視しなかった。作物に対する助成金のおかげで、エサは安く、投入材は簡単に手に入り、土壌や家畜から最大限の利益を上げることができたが、土壌や家畜に何かを返すことなどほとんど考えることはなかった。

父が60代半ばになったころから、認知症の初期症状が見られ始めた。そして、人の手を借りずに農場経営を続けられないことが明らかになったとき、私はマネジャーの仕事を辞め、一日中農場で働くことにした。父と私は事あるごとに衝突した。雄牛と雄牛が角を突き合わせていたら、競争心をあおられ、すぐけんか腰になり、両者とも引き下がろうとはしなくなる。今思えば父が正しいことのほうが多く、私は父に盾突きすぎていたかもしれない。しかし、父は誰かのメンターになるようなタイプではなく、相手が息子ならなおさらだった。企業で安定したキャリアを築いていた一人息子を退職させ、比較的成功してはいたものの将来の希望が見えない農場を継がせたことについて、父がどれほど不安に思っていたか気づいたのは、ずっとあとのことだった。４平方キロの土地を所有し、借金はなく、大きな牛の群れもいたが、父は「私とおまえが食べてゆくにはこの農場では不十分だ」とよく愚痴をこぼした。それにもかかわらず、健康上の理由で、私に農場を手伝わせなければならなかった。そんなわけでヴォンと私は農場で子どもたちを育て、ジェニーとジョディ、３人目の娘のジェシカは毎日放課後、私と牧場で馬に乗って課外授業に励み、そうこうするうちに父の認知症は悪化していった。１９９０年になると父の衰弱ぶりは誰の目にも明らかになり、私が農場の指揮を執ることとなった。そして父がしていたように、この土地で牛だけのモノカルチャーを始めた。

私はとても工業的な牛飼いだった。工業型農業は過剰になりがちなシステムで、私はそういう部分が大好きだった。ボス猿タイプでテストステロンが強かった私は、農場での主導権を握り、強気な経営を行なえる機会を得たことを喜んだ。この仕事は私の性に合っていた。あるとき、鶏の排泄物をトウモロコシと混ぜれば牛のエサ代を抑えられることを知り、牛に与えるようになった。生来、牛は鶏の糞を喜んで食べるようにはできていないにもかかわらず。薬品の容器に2ミリリットル与えるようにと書かれていれば4ミリリットル与えた。殺虫剤を５００ミリリットル使用すると書かれていれば、1リットル使用した。これはまるで子どもに小さじ1杯の薬を与えるべきところ2杯与えているようなものだ。私にとってラベルに記された用量はスタート地点であって、それより**増やす**べきだと考えていた。私は片足をアクセルに乗せ、片手でブレーキを握っていた。炭水化物を多く含む穀物ベースの飼料は異常に早い成長を促し、その結果生じる、痛みを伴うむくみや肝臓の感染症には高額な薬品で対処した。効果は否定しようのないものだった。子牛たちの体重は離乳時点でほかの農家の子牛よりも1頭あたり９キロ以上多く、子牛は７００頭以上いたため、収入は目覚ましく増えた。こうして私は曾祖父や祖父、父と同じく、リーダーシップを持つ成功者として、地元のコミュニティでとても尊敬されるようになった。またコモディティ・カウボーイとして努力を惜しまず、周りの誰よりもスキルをよくマスターしていた。ところが、ある日のこと、私は自分のしていることにあらためて目をやり、「これは最低だ。もう本当にうんざりだ」と思ったのだ。

第3章

恐ろしい代償

1995年秋のある日のこと。私は囲いのそばに立ち、200キロ超の子牛100頭が2階建ての18輪トラックに積み込まれていく様子を見守っていた。沿岸サバンナの生態系から引き離され、2000キロ離れたネブラスカ州の高原というまったく異なる生態系の巨大なフィードロットへと運ばれるのだ。そこで1年過ごしたあとで、今度は西部や中西部によくある大規模な工業的食肉処理施設に移される。私たちの農場を去ったあと子牛たちはどうなるのか。20年間の経験から知っているのは、去勢された若い雄牛たちはぎゅうぎゅう詰めにされたまま、

エサも水も休息も与えられず、2階の牛たちの尿や糞が下の階の牛たちにかかるような状態で30時間トラックに揺られていくということだ。こうして子牛たちを農場からアイオワ州やネブラスカ州の大型フィードロットに移すのは、畜産業界ではまったく普通のことだった。私たちの農場でも1960年代から年に数回、子牛たちを送り出していた。ところがこの日、そばに立って子牛たちが運ばれる様子を見ているうちに私の中で何かが変わった。神の声が聞こえたとか、燃える柴が見えた*とか言えたらよかったのだが、それほどドラマティックではなかった。それまで合理的で筋が通っていると感じていたことが、突然まったく間違っていることに気づいたのだ。

私は自分の知っている最高の方法で一生懸命子牛たちを育てた。子牛たちが生まれたら、うろつき回るコヨーテや空で輪を描くハゲタカから弱い子牛を守り、毎日牧場で子牛や母牛たちが安全に過ごしているかチェックし、きちんと母乳を飲んだり牧草を食べたりできるようにした。その子牛たちが今やこのような扱いを受けている。子牛たちの自然な暮らしは無慈悲にも奪い取られ、その価値は値札の付いたただのコモディティまで下がってしまった。突如として、これはお姫さまのように大事に育ててきた娘を売春宿に売り渡すようなものだと感じた。

もう少しきちんとルールに従っていたら、それほど嫌悪感を持たなかったかもしれないが、私は工業型畜産用のあらゆるツールを駆使して限界に挑戦していた。これらのツールを臆面も

＊旧約聖書の「出エジプト記」に神が燃える柴となってモーゼの前に現れたという記載がある

なく使っていたのだ。家畜たちに調合薬や人工的なエサを与えただけでなく、牧場では少しでも多くの牧草を収穫するために化学肥料を使い、収穫の妨げになるあらゆるものを除去するために殺虫剤を使った。自分のしていたことは軽蔑に値すると気づいたとき、私は強烈な平手打ちを食らったような衝撃を受けた。

もっとも、あの時点まで行なっていた農法について弁解するつもりはない。私が農業投入材をなりふり構わず使用するだけでなく、虚勢を張るようになったのも、それまでの人生で起きたあらゆることが重なり合った結果だったからだ。1950年代当時、男の子なら誰でもそうだったように私もジョン・ウェインが演じたカウボーイの神秘的な雰囲気に夢中だった。ひとつ違ったのは、私の場合、カウボーイが身近な存在だったことだ。ジョン・ウェインたちは私たちのような牛飼いのことを映画にしていたのだから！　ハリス家の文化は文字どおり私の遺伝子に尊大さを植え付けていたので、私は自然と腕相撲することもいとわなかった。タフでマッチョで後へ引かないタイプの父が順調に農場経営していたことも、この傾向を後押しした。その上、大学ではカリキュラムのすべてが工業型農業に関するものだった。私が慣行農法を行なったのは、ただ周りからそう期待されていたからだけでなく、運命づけられていたと言ってもいいだろう。

思い出してほしい。私は、自然を崇拝していた社会が科学を崇拝するようになった時期を生きた世代なのだ。両親は、十分に栄養を摂り、快適で安全に暮らせるよう、科学と技術があらゆる問題を解決してくれるという戦後の新しい現実にすっかり魅了されていた。子どもだった私は言葉で言い表すことはできなかったが、確かに感じていた。私は外で喉が渇けば牛用の桶の水面に息を吹きかけて、浮いている緑の藻をどかし、そこに顔を突っ込んで水をガブガブ飲んでいたが、家にいる母はパンにちょっとでもカビが生えると嫌がった。母の現実は私の現実とは大きく異なっていたのだ。１９５０年代の親にとって自然は細菌などの目に見えない脅威でいっぱいだった。すべての細菌は病原菌と見なされ、病原菌は病気をもたらすため敵と見なされた。畜産だけでなく、食生活や家事、医療においても世界は無菌状態を目指していた。

この姿勢はあらゆるものに波及した。１９５０年代後半から60年代にかけて、アメリカの若者にとって、機械で量産されたものは家庭でつくられたものよりも上等で、無菌状態は微生物のいる環境よりも望ましく、教育は常識に勝り、研究室はキッチンより優れていて、都会は田舎よりもよいとされていた。もっとも、真に反体制的な若者なら考え方も違っただろうが、私の知り合いにそんな人はいなかった。見栄えのするものは由緒正しいものよりも魅力的で、輸入品は国産品よりも優れていると見なされ、未来は格好がいいが、過去は格好が悪く、祖先の堅実さは完全に時代遅れとなった。**テクノロジー**が生産性をもたらしたわけだが、この生産性が非常に厄介だったのだ！

アメリカは突如として自然への畏敬の念や農家および農場で風に揺れる穀物の琥珀色の波への敬意を失ったわけではないと思う。しかし、独自のスピードで独自のサイクルに従って働く自然は、人々に十分な食料を提供するには**非効率的**だと誰もが考えるようになった。確かに世界の人口は増え続けており、より多くの人々に食料を供給し、飢餓を回避するという立派な目標もあった。とはいえ、この考えは論理というよりも潜在意識から来ていたのではないかと思う。私たちはテクノロジーを修得した唯一の生き物であることから、人間の心はテクノロジーを駆使すれば自然より優位に立てると思い込みがちだ。こうして思い上がった私たちは、主導権を握っているのは自然であることを忘れ、テクノロジーによる支配はすばらしいという考えを互いに強化し合い、そこから一足飛びに「人間にはそれが**できる**のだから、人間がする**べきだ**」という考えに至った。テクノロジーは自然が提供していないものを提供してくれる。テクノロジーは人間の手で発見することができ、特許を取ることができ、売り物にできる。テクノロジーの利点はすぐにはっきりとわかるが、欠点はずっとあとにならなければ表に出ない。テクノロジーは一部の人々にとんでもない額の利益をもたらし、神のように崇められる人もいる。そのため食料生産においても崇拝に値するのは自然ではなくテクノロジーであると考えるようになった。私はこれまでの人生で何度も高慢だと批判されたが、この考え方のせいでますます高慢になっていったのだと思えてならない。

現在ホワイト・オーク牧場ではドローンで家畜の群れを追跡し、ＧＰＳで車両の位置を確認し、顧客に直接商品を売り、発送するためにソフトウェアを使っているので、そういう細かいことを指摘して批判する人もいるかもしれない。しかし、断っておきたいのだが、私は何もテクノロジーそのものが問題だと考えているわけではない。テクノロジーが農家の生活を楽にしてくれたことを否定するのは難しい。最初は家畜化された馬やラバに鋤《すき》を引かせていただけだったが、その後、鋤がアップグレードして1列だけでなく2列いっぺんに耕せるようになった。そしてトラクターが登場すると、それまで1時間に5キロしか耕せなかったところ25キロも耕せるようになった。その後もさまざまな進歩を遂げた。思うに、問題はテクノロジーが本質的に悪いものだということではなく、テクノロジーを農業に取り入れた方法が間違っていたのだろう。私たちは畑を耕すことが土壌にもたらす予期せぬ影響や、テクノロジーが進歩するたびにこうした影響がどう蓄積されていくかをまったく考えていなかった。

その代わりに、私たちは食料生産のすべてのプロセスをより効率化するというひとつの目標に全神経を集中させた。そして、還元主義＊に基づく科学によってこれを実現しようとした。つまり、自然界のホリスティックで複雑なシステムをより小さな単位に分解し、テクノロジーを用いてそれらを研究し、理解し、改良できるようにしたのだ。たとえば健康や病気に対処する方法など、あらゆることに適用されたこの還元主義的アプローチは、農業を完全に変えてし

＊複雑なものや概念をより単純な構成要素に分解して理解しようとするアプローチ

まった。私が大学に入学したのはこうした変化が本格化したころだった。私のクラスでは博士号を持った教授たちが、将来アメリカの農業専門家となる私や同級生を相手に薬剤やホルモンの量を正確に調節して家畜を早く太らせる方法や土壌を殺傷能力のある化学薬品で満たし、白紙のカンバスのようにしてモノカルチャーを行なう方法を教えていた。

教壇に立つ学者たちは、この新しく効率的な世界の門番であり、農業経営というパズルを解き明かす鍵を握っていた。土壌学のクラスでは指導教官のキム・ハワード・タン博士が胸を張って「海岸平野の土壌で有機物を増やすことはできません!」と言い切った。肥沃な土壌は微生物や植物や動物が自然に腐敗して生じる炭素が不活性の沈泥や粘土、砂と混ざってできるわけだが、このあたりは砂地で水溶性のミネラルや窒素はすぐに染み出してしまうため、炭素を増やすのはほぼ不可能だというのだ。私たちは全員これをノートに書きとめた。タン教授によると、ジョージアのやせた土地で生産性を高めるには近代的テクノロジーのツールを使うほかないのだという。彼は正しかった。教えられたとおりに耕作機で土を掘り起こして植物が根を張れるようにし、種子をまく前に土壌燻蒸剤で土を殺菌したら、もう後には戻れない。土地の自然な機能を根本から変えてしまい、次からは化学肥料をまかなければ収穫は得られなくなる。しかし、それでよかった。こうした人工的なサポートは、自然が提供してくれるどんなものよりも優れているはずなのだから。

一方、家畜をうまく育てるには、大学の研究者により効果が証明されているステップを順にたどるべきとされていた。あとで知ったことだが、こうした研究の指揮をしたり資金を提供したりしていたのは、その研究結果から利益を得ている企業だった。まずはひとつの種《しゅ》をほかの種から離し、その種だけを農場で育てる。これは植物のモノカルチャーでも動物のモノカルチャーでも同じだ。畜牛の場合、子牛を６か月で母牛から引き離し、母乳や牧草といった自然な食べ物からも引き離し、土地からも引き離して家畜をフィードロットに移す（このフィードロットは４平方キロもある広大なものかもしれないが、そこに10万頭もの牛が暮らしているのだ）。そして、栄養士が正確に計算してつくった高カロリーの穀物飼料を与える。穀物に少量の抗生物質を配合すると成長を早め、生活上のストレスによる病気を予防したり、緩和したりできる。さらには家畜の体内にホルモン剤の錠剤を埋め込むことで自然な内分泌機能を乱して体重増加を促す。その他、さまざまなことが行なわれるのだ。学生たちは直線的な流れ作業の生産工程を学んだ。この工程が終わるのは、去勢された雄牛たちが屠殺する体重に達し、フィードロットから２階建てトラックに乗せられていくときだ（私たちの分担はその数か月前、小切手と引き換えに牛たちが農場を去ったとき終わる）。農場経営は昔から非常に臨機応変かつ直感的対応が求められ、複雑な生命システムについて広く理解しておく必要があったが、その農業の技術が簡略化されて科学的取扱説明書に要約されたといってもいいだろう。一つひとつのステップを正しく行ない、指示された製品を処方されたとおりに使えば、生産者は目標を達成できると約束されていた。こうして工業型農業の新時代が始まった。コストを度外視して効率を最優先したのだ。

科学に基づくこの新しい農業経営へのアプローチは、誕生、成長、死、腐敗を永遠に繰り返す最も大事なサイクルを断ち、直線的な流れ作業のプロセスに変え、消費者のために大量の食料を生産し、供給者に有り余るほどの利益をもたらした。このプロセスの魅力は否定しがたいものだった。結局のところA地点からB地点へ最も早く到着したかったら、最短ルートは直線なのだ。それにいったん組み立てラインができあがって稼働したら、さまざまな方法で生産性を向上させられる。各ステップの効率を上げる製品を何百種類も開発し、専門家を養成して農家を訪問させ、こうした製品（一般に投入材と呼ばれている）の使い方や使うべき理由を説明させた。こうして顧客である農家はもはやこれらの製品がなくては農業を続けられなくなり、文字どおり虜《とりこ》になってしまった。農家の役割は単純化され、サイクル全体を監督するのではなく、そのうち2つほどの部分だけを担当するようになった。私の祖先がしていたように家畜の誕生から屠殺して加工し、商品を流通させて販売し、残った部位を堆肥にするまでの全サイクルを監督するのではなく、誕生から生後6か月まで育てるだけになった。農家は牛肉であれ、小麦であれ、トマトやトウモロコシ、オレンジであれ、生産した食物を全国規模（あるいは多国籍）の集中化されたコモディティ・システムに送り込む。こうして決まった価格でまとめ買いされた未加工の食物は、集中化された施設で加工されて価値を引き出した上でサプライチェーンに供給され、生産地からはるかに離れた土地へ運ばれる。こうしたほかの業者に利益を搾り取られるため、農家が生産物から得る利益は減り、大損するようになった。それでも農家が取引を続けるのは、この「超効率的な」システムなら単価は下がっても大量に購入してもらえ、彼らの商品を扱う市場も（一見したところ）安定しており、農場での仕事はずっと便利で簡略化されるからだ。コモディティ化され、集中化されたこのシステムは食料生産の工業化により（ごく簡略化された）狭い範囲の中で生まれ、農業を単純なものに変えた。

この転換の影響力の大きさについてちょっと考えてみてほしい。工業化、コモディティ化、集中化という３人の悪党が自然の複合的でいくぶん謎めいた供給《サプライ》の**サイクル**を直線的で効率的なサプライ**チェーン**に変えてしまった。チェーンは産地から遠く離れた最終地点へと広がっていく。一方、サイクルは何度も産地に戻って恩恵をもたらす。農家や農地、家畜、地元の農村コミュニティを維持し、すべて永久に栄えられるようにするのに適しているのはどちらだろう？　これらを消耗し、崩壊寸前にするのは？　答えは明らかだ。しかし、企業が利益を必要としていることも忘れてはならない。サプライチェーンのほうがお金をかけずに拡大しやすく、関連するすべての大規模事業者の利益を大幅に増やしやすい。このモデルでは農家は標準化された手順に従うため、需要が増えたら新しい農家をサプライチェーンの第1段階に加えるだけでいい（これは多忙な自動車部品工場に組み立てラインを加えるようなものだ。どの組み立てラインも同じことを同じように行なっているのだから）。この効率的な機械モデルはコスト削減に役立ち（こうしたコストはなくならないが、目に付きにくいところに移すことはできる）、あっという間に大きな倹約ができる。この効率のよい直線的プロセスのおかげで、平均的なアメリカ人は国内のどこにいても一年中、鶏肉を450グラム1ドルという安さで買えるようになった――私の数十年の経験によれば、鶏肉用の鶏を適切に育てるコストは100グラムあたり1ドル以上かかるはずなのだが。

聞いた話によると、化学者たちは還元主義を応用し、海水のすべての構成要素を分解して、海水が何でできているか完ぺきに知ることができると信じていたが、これらの構成要素をまた元に戻したところ、そこに魚が棲むことはできなかったという。水も魚もこのように進化したわけではないのだ。思うに農業も、構成要素をバラバラに分解し、テクノロジーを使ってまた元に戻そうとしたら、同じことが起きるのではないだろうか。結果として私たちが手にする食物は本物の食物ではなく、農業も本物の農業ではなくなる。そして大きな波紋が広がるだろう。

1972年にジョージア大学に入学したとき、私の専攻は「Animal Husbandry（畜産学）」と呼ばれていたが、4年後に卒業したときには動物科学に名称変更されていた。

「husbandry」という言葉は牧畜業者が家畜の必要とする面倒を見て、その見返りに家畜が牧畜業者を養うことを表す古風な表現で、１９７６年には非科学的だと見なされるようになっていた。「husbandry」は家畜と土壌を理解するため全体に目をやる必要がある一種の技能であり、スキルと経験、知識を要する。学会のお偉いさんが、この技能はビジネス向きではないという事実に気づき、学会に資金を提供してくれているのはビジネス界であることから、アメリカの未来の農学者は鞍替えする必要があると判断したに違いない。私は守旧派の最後のひとりとして入学し、改革派の最初のひとりとして卒業した。

実のところ私は農業を細分化するアプローチに関して、決してよい学生だったとはいえない。狭い範囲の知識を深く追究していくことには関心がなかったのだ。私の脳はあらゆることについて少しずつ学び、その学んだ事柄にはとことん詳しくなるほうが好きだった。どの教科も平均点は取れたが、それがやっとだった。学生時代に自分が場違いなところにいると感じていた理由をはっきり説明できるようになったのは、数十年後、よりホリスティックな農法を取り入れ、幸運にもアラン・セイボリーというすばらしい人物と知り合ってからだ。アランはアフリカ南部出身の畜産家兼科学者で、ホリスティックな土地管理の創始者であり、私は彼の農業哲学に従っている。アランいわく、生命システムは本質的にとても**複雑**であり、多くの部分がダイナミックかつ予測不能な形で相互に関連しており、一部が不具合を起こしても別の部分が適応し、残りの部分をサポートするという。ちなみに人体もこうした複雑な組織のひとつで、生態系も同様に複雑である。このシステムは複雑であるからこそ、外圧に対してレジリエントなのだ。農業を工場のようにして、どんどん規模を拡大できる——が、システムを構成する要素がひとつでも不具合を起こしたらシステム全体が崩壊する可能性もある——直線的なシステムに無理やり組み込む際、農業は複雑ではないもののように扱われた。私たち人間は、さまざまな要素が組み合わさって成り立っている自然をそのまま受け入れるのではなく、テクノロジーを駆使して、無数のパーツがすべて完ぺきに動作しなければ機能しないコンピュータ・ネットワークのようなややこしいものにしたのだ。その後、自然を改善しようとする人類のささやかな試みは、大失敗だったことが判明する。

しかし、これは１９７０年代後半から80年代前半の話で、当時はビッグ・アグ、ビッグ・フード、ビッグ・グロサリー（大手食料品店チェーン）という３つの企業群が非常に効率的な食料供給マシンとして急速に成長し、私たちの農業も食事も買い物の仕方も変えようとしていた。それまでテクノロジーが自然よりも大きな力を持っているとは思っていなかった人々も、すぐにそう確信するようになった。この食料供給マシンは巨大なプラットフォームと発言力を持っていたからだ。間もなくアメリカ人は、家庭にいる人々も農業を営む人々も、テクノロジーとは加工食品を生み出し、簡単に買い物できるようにし、世界の人々に食料を供給するものだと考えるようになった。そして、力のある農家はこのシステムの中で重要な供給業者になるためにほかの農家を押しのけた。そのため、ここブラフトンで農場経営を引き継いだ当時、私は自分が学んできたことを熱心に実行した。究極の目標は効率を上げることだった。新しい方法を導入し、新しいツールに投資して収穫を増やし、より早く多くの収益を上げるのだ。牛飼いはコモディティ・システムに牛肉を供給することで、ポンド単位で代価を得る。一頭ごとの体重を最大限に増やせた者が勝ちだ。それが賞品であり、常にこの目標を見すえ、自分の持っているあらゆるものを投資する。牧草が爆発的な勢いで育つ様子を目にした１９４６年当時の父と同じく、私も工業的ツールの効率のよさに舌を巻き、それらが約束する道に夢中になってついていってしまった。殺虫剤を染み込ませた虫除けの「安価な」耳タグが登場した日のことを今でも覚えている。私は2、3人押しのけて自分の分を――もしかしたら彼らの分も――手に入れたと思う。こうしてハエやアブはいなくなり、私は勝ち誇った気分だった。

農場経営における私の権限が拡大しつつあったころ、投資利益率は上々だった。住み心地のよい家と軽トラックを所有し、子どもたちを毎年旅行に連れていけたのだから、文句を言うことはできない。しかしながら、還元主義のテクノロジーには醜《みにく》い弱点があることを理解していなかった。私が使った工業的ツールはいずれも何らかの影響を及ぼしていた。その影響は間違いなく有害なもので、意図せずに起こり、翌日あるいは翌週、翌年あるいは10年後まで誰も気づかなかった。

また、家畜に与えていた穀物は自然なものではなく、工業型のモノカルチャー農場からトラックで運ばれてくるのだが、栽培するにも輸送するにも相当な量の石油化学製品を必要とし、再生できない資源を使う上に動物たちは痛みを伴う酸血症（アシドーシス）になり、不必要な苦しみを与えていたことにも気づかなかった。

さらに例の耳タグも、2年目にはそれほど効果を発揮しないため買い足さなければならないことにも気づいていなかった。3年目にはまた効果が減り、そのうちアブが私の尻を刺すようになり、しまいには牛の尻まで刺すようになった。殺虫剤は最も強い虫以外の虫を絶滅させたが、最も強い虫は繁殖し、化学薬品への耐性が非常に強くなり、化学薬品は役に立たなくなった。また、酸血症、浮腫、呼吸障害を緩和するため定期的に飼料に少量だけ加えている抗生物質のせいで、周囲の環境に抗生物質の効かない虫が増えてしまうことにも気づいていなかった。

牧場に使った硝酸アンモニウム肥料が、土壌に生物学的な力を与えている有機物をすぐに酸化させ、殺虫剤が土壌の微生物を絶滅させたことにも気づかなかった。これにより土壌の保水力が低下し（土が吸収のよいスポンジから硬いテーブルの天板のように変わり）、そのせいで空気の温度が変わり、異常気象現象が起こると水の循環が途切れるようになってしまった。大雨が降ると肥料の窒素残留物が水路に流れ出し、川に流れ込み、最終的にはメキシコ湾にまで到達し、河川や湾で藻が大量発生して水中生物を殺してしまうことにも気づいていなかった。牛たちを育った場所から引き離し、２０００キロも離れた集中的な食肉処理施設に送ることが、農業関連の仕事を中心とした歴史ある地元経済を衰退させ、その結果、ブラフトンやブレイクリーのような町は生命力を失っていることも認識していなかった。

それに子どものころよく遊んだ仲間である、ワニの池で釣ったザリガニから遊び場の水路にいたカエルまで、さまざまな種類の動物たちが姿を消していたことにも恥ずかしながら気づいていなかった。致死性の化学薬品で満たされた環境では生きていけなくなったのだ。土地の管理の仕方を改善してから数年後、初めてこうした動物たちが戻ってきたのを見たとき、動物を目にしたことだけでなく、動物がいなくなっているのに気づいていなかったことにも驚いた。

また、殺虫剤と抗生物質とワクチンに頼っていたため、牛たちの病気や有害生物に対する耐性が下がったこと、外部から種牛を持ち込んだせいで群れが遺伝的に弱くなったこと、イネ科や双子葉の草本、飼い葉の多様性が減り、こうした植物を好んでいたポリネーター＊も減り、害虫の増加を抑えるのに役立っていた捕食性の昆虫も減ったことに気づくのにも時間がかかった。もっとも、学校でお世話になった先生も私よりも上の権威のある人々も、ジョージア州南西部の同業者たちも、こうした影響を口にしていなかったのだから、どうして私に気づくことができただろう？

＊花粉を運ぶ昆虫や鳥

それどころか私は慣行農法を行なう牛飼いとして、解決すべき問題がないか、やっつけるべき敵がいないか、毎日確認しながら過ごしていた。そのように訓練されていたからだ。工業型農家は毎朝、問題を探しに出かけ、問題があれば治療薬という武器を使ってその症状を取り除く。私の朝の日課はこんな感じだった。まずはコーヒーをたっぷり飲んでチェックし、日が昇ったらまたチェックし、いくつかある大規模な牧草地のうち、その月に使用している牧草地に車で出かけ、放牧されている600頭の母牛の横でリストに載った項目をチェックする。今日、ここの雑草の状態はどうか。許容範囲を超えて伸びていないだろうか。伸びすぎていた場合は除草剤のグレーズ・オンP＋Dを使う。次に土の上に四つんばいになる。ガの幼虫が大量発生していないだろうか。もし発生していたらピレスロイドをスプレーして駆除する。草の葉をチェックし、斑点病にかかっていれば殺菌剤を使ったほうがいいだろう。土壌の栄養状態をテストし、窒素、リン、カリウムを加える。今度は牛のあごが腫れていないか調べる。これは寄生虫がいる兆候であり、虫下しが必要な場合もある。また、1頭あたり200匹以上のハエなどがたかっている場合は殺虫剤をかけるように本に書かれていたため、そのとおりにしていた。

私はこれが得意で、敵をやっつけるための一連のスキルを身に付けていることを誇りに思っており、このスキルを使う機会をいつも楽しみにしていた。湿度の高い環境にあり、活発なバイオームが四方八方から侵入してくるような大型畜産農場では、一年中毎日、解決すべき問題が起きる。モノカルチャーの工業型農場システムをつくりあげた場合、常に修正を必要とする問題がある。解決すべき問題**に見える**何かが付きものなのだ。毛虫を殺し、昆虫を殺し、菌を殺し、寄生虫を殺し、コヨーテを殺すといったように。ところが、私が多くの時間とお金を費やしてきたものは、実際のところいずれも農業を行なうなかで気づかぬうちに生み出していた深い問題の症状にすぎなかった。こうした問題は、根底にある原因を無視して表面だけ攻撃しても、まず解決することはできない。

古代ギリシャ人は、自然は疫病を発生させたら、その治療法も与えてくれるという意味の言葉を残している。自然のままのバイオームであれば、捕食者は食物連鎖で自分よりも下にいる生き物を絶え間なく捕食し、私たちの代わりに有害生物を殺し、駆除してくれる。一方、工業型農業を選んだ場合、こうした機能をすべて放棄するという選択をすることになる。たとえば牧草を食べ、枯れさせてしまうガの幼虫を殺すために殺虫剤を散布すると、意図せずしてクモも殺してしまう。クモはガの幼虫が増えすぎないようにしてくれていたが、もうクモの助けは得られない。この解決策を排除してしまったのだ。あるいは牛に虫下しを与えて、体内の寄生虫を殺したとしよう。すると土の中のフンコロガシも死んでしまう。ノサシバエの増加を抑えていたフンコロガシがいなくなったので、今では殺虫剤をまかなければならない。こうした例は無限にある。そして、好ましい状態を維持するために工業的ツール――殺虫剤をはじめとする「殺す」ための薬剤――がもっと必要になるのだ。

このシステムの欠点に気づけなかったのは、自分たちのしていることが明らかに**正しい方法**とされていたからだ。大きな牧場一面にティフトン85バミューダグラス*を植えるのがよい考えであることはバカでもわかった。この栽培品種はジョージア州ティフトンにあるジョージア大学の実験場で交配されたもので、この地方の生態系の中でよく育つすべての草のなかで最も早く背が伸びるものを数年かけて選び出した。これを使えば販売時までに家畜の体重を増やすという目標を達成できるはずだ。ティフトン85バミューダグラスのセールスポイントは、不自然なほど大量に投入される化学窒素肥料を吸収できることだった。このせいで、牛がそのほかのものを一切食べなくなって雑草がはびこり、除草剤を使わなければならなくなったことなど気にしない。柵沿いに雑草が生えないようにラウンドアップを大量にまけば、柵がさびるかもしれないと疑問視する人もいなかった。ラウンドアップに含まれるグリホサートが有益な微生物まで殺し、土壌のミネラルを奪い、家族の家や給水源に危険なほど入り込んでも気にしない。これが「農場をうまく管理する方法」と呼ばれていたのだ。近隣のモノカルチャーの穀物畑にはトウモロコシや綿花、ピーナツの畝《うね》が何列も誇らしげに並び、何ヘクタールも広がっているのだが、畑に生えている植物はどれを見ても瓜二つで、おかしなところから生えた葉も雑草も見当たらない、見ていて気持ちがいいほどだ。アトランタ近郊のフォードの工場の外で見られ

＊交配によってつくられた飼料用の多年草

る、真っすぐ並んだ新車の列のようにすばらしかった――青のトーラスが何台も並んでいたかと思えば、次はシルバー、そして白が見渡すかぎりきちんと並んでいて、すべてがまったく同じに見えるのだ。**それが何であれ**見事に統一された様子は私の秩序の感覚に訴えた。少年時代には直感的に知っていた、自然界には整然としてこぎれいで、統一されていて同一であるものなど存在しないという事実を思い出したのは、しばらくあとのことだった。統一性は自然ではなく、不自然な行ないによってのみもたらされるのだ。

　今振り返ると、すべてがバラバラに切り離されていたように聞こえるが、これはそもそも私自身が自然のサイクルとのつながりを失い、自分自身からも切り離されていたからだろう。当時の農法は自然に**逆らって**いたが、ほかの人々もそれを普通のことと見なしていたため、私もそれが当たり前のように感じていた。これは非常に効率的な製造手段と流通手段を持った企業の食料マシンが急速に台頭してきて、私たちがそれを普通だと感じるように条件付けしたからだ。食料マシンは腹立たしいほど安く、退屈なほど均一な食料を無駄が出るほど大量につくれるようにした。食費はわずか1世代前よりもずっと減り、年々下がっていったため、みんなの目がくらんでしまい、土壌や家畜、地元のコミュニティに壊滅的な被害が及んでいても目に入らなかったのだ。私も例外ではない。パレードの先頭に立つ家族の一員だけが持つ力と特権にまだ魅力を感じてもいた。

1970年代後半、ジミー・カーターが大統領だったころのある出来事を今でもよく覚えている。カーター大統領の息子のひとりがアネットという地元の女性と結婚したのだが、アネットは私の父同様、この地方でとても成功した農家、バディ・デイヴィス氏の娘だった。ある日、バディのオフィスの近くを歩いていると、生まれたばかりの赤ん坊をバディに会わせるために里帰りしていたアネットとばったり出会った。アネットが「信じられる？ この子のおじいさんが世界で一番力を持った人物だなんて！」と言ったので、私は「ああ、しかも**もうひとりの**おじいさんはアメリカ大統領なんだから大したものだ！」と答えた。当時のアメリカでは、工業型農業を牽引する農場主たちはそれくらい特別な存在だったのだ。

ここで誤解のないように断っておきたいのだが、戦後の農業がもたらした予期せぬ影響は、いずれも農家が自分たちの農地や家畜、コミュニティをないがしろにしたために生じたわけではない。私が会ったことのある農家は、誰ひとりとして例外なく、自分たちは正しく土地を管理し、思いやりを持って動物たちに接していると信じていた。どの農家も自分の役割を果たし、このシステムに生産物を供給し続けるために休むことなく我慢強く働いていたのだ。それに工業型農業を生み出した科学者たちだって、善意にあふれていたに違いない。しかし、細菌は悪いものであり、モノカルチャーはよいものだという考え方を植え付けられて工業型農業の軌道に乗り換え、このシステムを支持した結果、何十億ドルも稼いでいる企業の経営陣に支配されるようになり、やがて、かつては知っていた真実を忘れてしまった。こうして、それまで循環型だった農業のプロセスは、「垂直に統合された」食料生産チェーンになり、その大部分を企業が所有するようになった。そうこうするうちに、この構造の一番上にいる専門家が、農業について農家が知りうるよりも自分たちのほうがずっと多くのことを知っていると言いだした。そして、彼らがつくったマニュアルに従わなければ、体面を保つことも試合に参加することもできなくなり、敗者となることは目に見えていたため、もはや後戻りできなくなってしまった。この複雑なシステムはわずか2世代の間に開発され、今では４つの多国籍企業がアメリカで加工される牛肉の88％を支配している。一握りの企業が、飲食物関連の多くの分野を牛耳っているのだ。

私自身も当時経験した、この近代型農業システムの最高のイベントは、全米肉牛生産者協会主催の畜牛年次大会で、アメリカ各地の会場で開催されていた。牛肉の取引にかかわる人なら、どの段階に位置するかにかかわらず、誰でもこの見本市に参加したがった。そうすれば、自分が重要な存在であり、時代の流れについていっていることを証明できるからだ。農家もプレイヤーのひとりなのだ。このイベントのおかげで、辺境から来た農家も同業界で大金を稼ぐ人々と知り合うことができる。畜牛業は養鶏や養豚、ルタバガ＊農家に比べると、いわば農業における成層圏のような地位を占めていた。成り上がり者が５０００ドルの特製ブーツを履いて闊

＊カブに似た野菜。西洋カブとも

歩するような世界で、１００万ドルの種牛を売買し、「フォーチュン５００」の企業のＣＥＯが節税目的で副業として牛を飼い、お金が手から手へと水が流れるように受け渡されているのだ。一方、私のような庶民の牛飼いは自費でラスベガスやフォートワース、ニューオリンズへ行って会場近くの安宿に泊まり、基本的に大量消費主義の祭典のようなこのイベントに足を踏み入れる。いくつもの大広間に販売ブースが並び、カーギル[*1]やタイソン[*2]、ジョン・ディア[*3]、モンサント、その他、あらゆる製薬会社が運び込んだ、畜牛の生産性を高める最も性能のよい最新のツールが展示されている。ブースに立ち寄るだけで、輝く髪と白い歯をした美しいモデルがペンとペパーミントを手渡してくれる。どんなに冷静な人物でも、それまで必要だとも知らなければ手も届かなかった製品やサービスにすぐに食指を動かすようになる。まばゆい照明と満面の笑みに包まれ、農家は種子から精液、フィードロットや肉牛ブローカーとの取引まで、成功に必要なすべてのものを手に入れられる。価格はいずれも農家を夢中にさせられる程度に抑えられていたが、時間をかけて破産に追い込める程度に高かった。しかし、メッセージは明らかだった。全商品を使わずに農業を行なおうとするのは無知な田舎者か時代遅れの老人くらいだというのだ。

このイベントは大部分が悪趣味だったが、それでも会場を歩きながらワクワクしていたことを認めよう。このきらびやかなテクノロジーの見本市に参加していると、自分が非常に進歩し

＊1 アメリカの大手穀物商社　＊2 アメリカの大手食品メーカー
＊3 農業機械などのブランド

た気分になり、家に帰ってライバルを打ち負かそうという気になる。今はもちろんそれが幻想であったことを知っている。使い捨ての戦利品と5時過ぎに振る舞われる無料のビールだけでは、気の毒な農家はだまされるためにそこに呼ばれたという残念な事実を補いきれなかった。企業の人々は農家に損をさせてでも自分たちが利益を上げるために「農家を飼育して」いたのだ。彼らのマシンには強い影響力と潤沢な資金があり、短期的には利益になるが目に見えないコストを伴う従属関係に農家を陥れる。すべての製品やサービスは農家のリスクを減らしたり、仕事を楽にしたり、収穫を増やしたりすると約束していた。しかし、必要なものを自ら供給する農地の力を奪うことで生じる長期的なダメージを考慮すると計算結果は変わってくる。このことについてはのちほど詳しく説明しよう。早く体重が増えて早く利益が得られるが、これは究極的には土壌と家畜を犠牲にして得られるものであり、地元の農村コミュニティからもお金が吸い取られてしまう。農産品から利益を得る企業の本社はジョージア州ブラフトンのようなところにはない。その上、農家が外部の製品やサービスに依存するようになればなるほど、こうした多国籍企業は高い料金を課せるようになる。農家は外部の業者に縛られ、生産過程をさらにコントロールされるようになり、それなりに楽ではあるが、この農法をやめるという選択肢を奪われる。これはまさに虐待関係といえるだろう。父がブラフトン・ピーナツ・カンパニーの外で魚のフライを振る舞われてから数十年、わずか2世代の間に小規模農家とビッグ・アグが手に手を取って歩んできた旅は、食品の品質と健康への影響、動物福祉（アニマル・ウェルフェア）、環境への影響において、あたかも先を競って最低ラインを目指すレースのようになった。そして、企業を除く全員が敗者となった。最大の権力を持ち、一番儲けているのは多国籍複合企業体だ。最もダメージが少なく、意図せぬ悪影響を受けにくいのもこうした企業である。心ここにあらざれば、視れども見えずということだ。

子牛たちを2階建てのトラックに押し込み、悲惨な旅に送り出すことのもたらす意図せぬ影響を突然理解したあの10月の朝、私は強い衝撃を受け、坂道を転がり落ちるのを止めることができた。幸い経済的ダメージはなかった。この地方では、野菜やナッツ類、果物栽培の傍ら、100頭未満の牛を育てる小規模農場からほとんどの牛が出荷されており、うちは最大級の畜牛農場だったが、借金はなく、毎年多額の税金を納めていた。地元では尊敬され、ある年にはジョージア州の年間最優秀農家に選ばれ、別の年には中小企業局から年間最優秀ビジネスマンに選ばれた。私は誰から見ても有利な立場にいたといえるだろう。しかし、**私自身の**見方は変わった。たとえて言うなら、家の一角がゴミ捨て場になり、しばらくは気にせず古い靴下や壊れたおもちゃをそこに捨てながら暮らしていたが、ある時点で手に負えなくなり、もはや無視できなくなって「もううんざりだ。このガラクタを片付けるぞ！」と固く決意しなければ解決できないと気づくようなものだ。私にも同じようなことが起きた。決して高尚でも哲学的でも立派なことでもない。平凡な学生が、それまで自分がしてきたことが気に入らず、もう続けるべきではないと気づいたというだけのことだ。

ご存じのように私はずっと見たり、聞いたり、習ったり、自分で経験したりして、動物にたっぷりエサと水を与え、環境を快適にし、捕食動物から守り、決して虐待しなければ、完ぺきな動物福祉を実践できていると考えてきた。自分の家畜も太鼓腹で体格がよく、確実に太ったティーンエイジャーへの道を歩んでいて、健康そうに**見える**と思っていた。だが、もっと多くのことが見えるようになった。家畜たちはこれから一生の残りの3分の2をフィードロットで暮らし、助成金のおかげでばからしいほど安いトウモロコシや大豆を食べさせられる。そして、牧場で牧草を食み、セルロースを消化していた見事な生き物から、飼い葉桶に入れられたエサをガツガツ食べ、穀物を消化するみすぼらしい生き物に変えられてしまうのだ。人間でいえば24歳で体重180キロくらいの過度の肥満になるよう育てられる。屠殺されるころには多くの現代人を死に追いやっているのと同じ肥満と運動不足が引き起こす病気にかかり、死にかけている可能性が高いだろう。牛たちは過密なフィードロットに閉じ込められ、薬に頼って生き永らえている（そのおかげでフィードロットは利益を上げ続けられる）。地面が湿っているときには腹部が糞尿に触れそうなほど脚が埋まり、乾燥しているときは糞便のほこりを肺いっぱいに吸い込む。牛たちが共生しながら進化してきた土地とはかけ離れたところにいるのだ。動物科学を学んだ者としては確かに成功したが、「animal husbandry（畜産学）」を実践する者、そして家畜を正しく育てて高い評価を得てきたハリス家の末裔としては惨めなほど失敗していた。

私は新しいタイプの消費者がいることを耳にしていた。まだ人数は少ないが、彼らは動物福祉の高い基準を満たす飼育法を採用している生産者から直接、肉を購入することを望んでいるという。これは1990年代半ばのことで、工業型農業が環境に与える影響が消費者の間で話題になっているという話は聞いたことはなかったし、当時はグラスフェッド・ビーフについても認識されてすらいなかった。私が聞いた話によれば、初期のこうした消費者はただ家畜の生活が改善されることを望んでいて、そのためなら多少値段が高くても喜んで支払ってくれるということだった。そこで私は牛たちを農場からフィードロットに送るのをやめ、自分の農場では人工的なエサを与えるのをやめようと決めた。そして、どこかの区画に閉じ込めるのではなく、生涯にわたり放牧地で暮らさせ、自然が意図したとおり牧草を食べられるようにした。1995年当時、このような放牧は非常にまれだった。牧草飼育に転換するという決断は一筋縄ではいかないプロセスであり、うちほどの規模の商業的農家にとっては限りなく大きな挑戦だった。そんなわけで、変化にはことのほか長い時間がかかったが、農場で牧草を与えて牛を育てるのは気分がよかった。私にはそのほうがよいと感じられたのだ。

慣行農業をやめて以来、次々にほかのこともやめていった。牛の体重を増やすために使用していた治療量以下の抗生物質をやめ、同じような効果のあるホルモン剤もやめたあとも私はずっと（口座残高が減ってしまったときですら）気分はよかった。さらに多くのツールを手放し、収入は減ったが、そのほうが好ましく感じられた。キャッシュフローには手痛い打撃を受けたが、それでも実行できたのは、ひとえに借金がなかったおかげだ。家畜を増やしているのに利益は減った。しかし、自分のやり方を実践しているうちに、それまで下り坂だったものが平らになっていくのを心のどこかで感じていた。こうして、好ましくないと思っていたものから解放されたのだ。

そのころ、また別のひらめきを得た。ピーカンの木に花が咲き始めたばかりのある春の朝、私は曾祖父がつくったホームプレイスの一番北にあるヒッコリーの林にいた。あのあたりは放牧地と放牧地の境に広葉樹の森があり、暑い日には木陰が避難所になる。子どものころ、リスやウサギを狩ったこの森にいると、いつもいい気分になった。森の朝はいつもそうなのだが、この朝も湿気を含んだ空気が新鮮で、鼻にツンとくる、朽ちかけた葉のにおいがした。足もとの目に見えないところで枯れ葉が新しい土に変わろうとしているのだ。私は一握りの土をすくい上げて指でこすり、その冷たさと湿気を肌で楽しんだ。そして、牛に与えるトウモロコシを育てていた畑を眺めながら、森の中と比べると畑の地面はむき出しで、やせていることに気づいた。牛飼いの視点から見ると何も変わったところはなかったが、この2種類の土の違いに、あらためて衝撃を受けた。森の林冠の下では木陰を求めて牛たちがのんびり草を食んでいた。ここは一度も人間の手で作物や牧草を植えられたことがなく、工業的なツールで耕されたこともない。その土は深いチョコレート色だった。手触りはみずみずしく、濃厚で、アロマはマッシュルームのようだ。土には生物が棲み、生き生きとしていた。私は畑で作物を育てて牛に与え、その牛が人々に栄養を与えるわけだが、畑の大部分は砂利を敷いた安酒場の駐車場のように熱く、乾燥していてほこりっぽかった。畑の土は命を与える有機体というより、生命のいない無機培地*に近かった。放牧場の境の向こうには隣の農家の畑も見えた。その農家は条植え作物をつくっていて、うちと同じくらい集中的に耕作していた。畑の土はテラコッタのような赤土で、ジョージアの容赦ない日差しに何年もさらされた結果、底土が完全に露出していた。私はオークの木の下の手つかずの土を再び見て、ごく当たり前のことに気づいた。「くそっ、これが本来あるべき土の色じゃないか!」。それまでそんなことは考えたこともなかったし、ほかの農家も考えていなかっただろう。

現在の知識を持ってすれば、このとき私が何を目にしたのか、もっとよく説明できる。隣の農家や私が耕していた土地は砂漠化していたのだ。年間を通じて安定して1300ミリの雨が降る地域でそんなことが起こるはずはないと思うかもしれない。しかし、健全な土壌構造に蓄えられる水が足りないと、どのような地形でも砂漠化は起こりうる。化学薬品によるダメージ

*養液栽培などで植物を育てる土台として土壌の代わりに用いられる培地のうち、鉱物でできたもの。豆苗やかいわれ大根のスポンジなど

が原因となる場合もある。タン博士が予想したとおり、恐れを知らずに使っていた投入材のせいで、さらに投入材に頼らざるを得なくなった。私はこの自然に青々と茂った環境を耕したせいで、土壌を劣化させ、一種の湿った砂漠のような状態にしてしまった。私のように両腕いっぱいの投入材を使い、モノカルチャーの作物を育てていた隣人たちは、耕作することで土地を死へと導いていたのだ。

アメリカ本土でもとりわけ湿潤な地域を砂漠にするには、強力なテクノロジーが必要だが、長年にわたり集約農業を続ければ可能だ。工業型のパラダイムに染まり、殺虫剤やアンモニウム肥料を注ぎ込んでいたら、自分の土地はこの状態でよいのだと思うようになる。そして、もし違う状態に見えたら、それは許しがたいほど放置されていたせいだと考えるだろう。

当時の私のように非常に効率的で直線的なプロセスの一部となった農家は、システムの片棒を担ぎ、組織ぐるみで巧妙なごまかしを行なっていたのだと、今ならはっきりわかる――知らず知らずのうちに私たちは、消費者が目にする値札から食料生産にかかる本当のコストをひたすら隠すというゲームに参加していたのだ。この直線的システムで生産される食料は人為的に値段を抑えていた――実際のところ、この価格は政府の助成金で賄われ、環境や野生生物、水生生物、そして私たちの健康を代償にしていたのだ。こうした隠れたコストは目で見ることができず、私たちの世代の搾取的で集中的な農法が未来の世代にどのような影響を及ぼすか理解することもできなかった。巡り巡ってツケが回ってくることに気づいたときには、戦後の工業型食品システムが提示したきらびやかな約束は輝きを失う。地球とそこに暮らす生物、農村の労働者と交わした契約は、ハンバーガーを多少安く食べられるようにはしてくれたが、史上最悪の契約だったのかもしれない。

しかし、よりよい方法に戻すことは当時も今も容易ではない。行きすぎた工業型システムは、もはやこのシステムのツールを使わなければ仕事ができないところまできてしまったのだ。ツールを使わないと——少なくとも何年間かは——利益を上げることができず、使用せずにやっていけるようにしようとすると、たちの悪い麻薬の禁断症状のような状態になる。農場で化学薬品を使うのをやめてからというもの、かつては何のためらいもなく薬品を使っていた時期が来るたびに、私は以前のように簡単に農場一面を緑に変えたいという誘惑と闘わなければならなかった。まるでヘロインを断った中毒患者のようだったことは認めよう。わずかな硝酸アンモニウムのために人を殺しかねないような日もあった。

それでも道を誤らなかったのは、後戻りはできないという確信があったからだ。私はついに還元主義的アプローチの醜《みにく》い弱点を理解した。工業的肥料をつくるには鉱山からリン酸塩とカリウムを採取するのだが、枯渇した後どうなるかまで考えられてはいない。作物を育てるために帯水層や湿地帯、源泉から水を引いているが、それらが水を補給する能力のことも考えてはいない。牧場や畑から生産力を絞り出すために土壌にダメージを与え、水を流出させる化学薬品を使うことで、数インチの貴重な表土も一緒に流されている。食料生産の利益を増やし、効率を上げるために農家の役割は縮小され、機械的な機能を果たす小型装置のようになったため、これまで受け継がれてきた、あらゆるものに関する知恵は失われた。平均的な学生だった私程度の自然科学の知識でも、依存していたものが枯渇したら、それを使う側にとっては人生が一変するような経験になることとくらい予想できる。私は来るところまで来て、効率性の飽くなき探究のために効率性よりもずっと大事なレジリエンスを手放していたことに気づいた。不都合な真実は、効率性とレジリエンスはほとんど相容れないということだ。効率のために努力をすればするほどレジリエンスを失う。あれほど長い間、あんなにも誤解していたなんて信じがたい。

今こうして語るととても賢明に聞こえるが、私に学識はなかった。25年前、40歳だったウィル・ハリスは自分から「気候が変動していることは間違いない。私は農法を変えることで気候の変動を軽減する」と宣言したわけではない。そんなことは起こらなかった。当時は気候変動のことを語る人などほとんどおらず、ジョージア州南西部の農家には気候変動を軽減する方法を考え出すことはおろか、認識することすらできなかった。それに異常気象や送電網の故障、サイバーアタックやパンデミックを映し出す水晶の球を手に「よりレジリエントな農業システムを確立しなければならない！」と言いだしたわけでもない。それでも、水や土壌、町や動物が機能を回復したことで、私たちはレジリエンスを手に入れた。不快で間違っていると思うやり方をやめただけで変化を起こせたのだ。悲嘆に暮れていたわけでもなければ、慈善活動のつもりでもなかった。しかし、それまでずっと自然と闘い続けた結果、どうも勝ち目がないことに気づいた。だからこそ、人生半ばにしてテクノロジーを称えるのをやめ、還元主義的科学に背を向けたのだ。企業から支援を受けている専門家や企業の名札を付けたコンサルタントだけでなく、企業のあらゆるルールに従っている農家や牧場主の話を聞くのもやめた。そして、すべてを知っていて決して嘘をつくことのない自然の声に再び耳を傾けるようにしたら、農場はまた正しく機能するようになった。今では揺るぎなく、はっきり確信していることだが、じっと座って口を開かずに注意を払えば、自然は私たちが知るべきことをすべて教えてくれる。農場がうまく働くようにするために必要なすべてを提供してくれるのだ。自然はすべてを知っていて、すべてを記憶にとどめ、最終的な決定権を握っている。

第2部

自分で壊したものを修復する

第4章
自然のサイクルを修復する

ここで、ある秘密を打ち明けよう。秘密なのは解き明かすのが難しいからではなく、あまり多くの人に知られていないからだ。知っている人は数人いるが、おそらくみなさんは会ったことがないだろう。私は彼らのほとんどの電話番号を携帯に登録していて、自信を持って「私たちのような人間は多くはない」と断言できる。それに私たちは忙しく、戸別訪問してパンフレットを配り、誰かを改心させようとしているわけではない。それでもこの秘密を知るのが重要なのは、食料となる動植物がどのように育てられているか、より賢明かつ詳しい見方ができる

ようになるからだ。

その秘密とは、もし農家が関係者全員にとってよりよい方法で食料を生産したいと思い、砂漠化ややせた土地、水質汚染という負の遺産を次の世代に引き継がせたくないと思うなら、最終生産物にばかり注目するのをやめ、生命と成長の源である自然に目を向けなければならないということだ。それには、農場で自然が本来の機能を果たせているか確認する必要がある。自然に協力できているだろうか？　それとも逆らっているだろうか？　その上で、自然と協力するために全力を尽くさなければならない。

「フードチェーンの出発地点に当たる基礎の部分を重視すること」。これは考えてみれば当たり前のことだ。なんといっても、長持ちする家が欲しければ、まずは土台をつくるだろう。体に合う服が欲しければ型紙をつくる。そして、人々に栄養を提供し、生活と健康を支えたければ、種子から芽が出て、雨が降り、植物の根がミネラルを吸収できるようにする、自然のサイクルが確実に正しく機能するようにすることだ。ご存じのように自然は豊かさを生み出すようにできている。あらゆる現象は――正しく機能していればの話だが――それを目的としている。ところが過去80年間、工業型農業を行なってきた結果、状況は一変し、昔から続いてきた自然のサイクルは、農業投入材という人工的なテクノロジーを大量に加えなければ恵みを生み出せなくなった。自然ほど強力で恒久的なものを妨害するには膨大な力が必要だ。それを人類は何らかの方法で見つけ出した。

私は天才ではないので大発見はできないが、小さな発見なら毎日している。農業に使われていない土壌には植物が青々と茂っているが、作物を育てるために使われている土地には茂っていないのを見たとき、私の計画は台無しになった。突然ひらめきを得ることもなく、具体的な方法を編み出すことも難しかった。別の道へ足を踏み入れたとき、私は「リジェネラティブ農業」に向かって意識的に大胆な飛躍をしたわけではなかった。当時はまだリジェネラティブ農業という言葉も、その考え方も、私にとって（というか実際のところ、この時点では誰にとっても）存在していなかった。むしろ私は墓穴を掘るのを途中でやめたと言ったほうがいいだろう。シャベルを置いて終わりにしただけだ。

すると少しずつ不具合が生じるようになった。過去数十年間で初めて農場が劣化し始めたのだ。虫や雑草を絶滅させる化学薬品や肥料を使わなくなったとたんに牧草地が荒れてきた。動物たちに調合薬を与えるのをやめたところ、まだ不健康なエサを与え続けていたため、胃腸系や肝臓の深刻な病気を引き起こした。そこで牛たちに牧草だけを食べさせるようにしたら今度は過放牧になり、牧草が足りなくなった。まだ取り返しのつかないところまでは至ってはいなかったものの、その一歩手前まで来ていた。

ところがこれらの問題が役に立った。問題があったおかげで私は全神経を集中させるようになったからだ。そして、以前は気にも留めていなかった、牛と牧草地に**本当のところ**何が起こっているのかに注目した。それまでの私は負けず嫌いで、片意地を張っていたが、少し謙虚になってよく観察した結果、それまで農場の生産性を高め、収益を増やすためにしてきたすべてのことが、自然が機能するための基本原理を破壊していたことがわかった。農地からの収穫を無理やり増やそうとしたせいで、目に見えないところで私の**ために**働いていてくれていたものの土台を崩してしまったのだ。私は食料を供給し、人々を支えるというビジネスに従事していたわけだが、これまで農場を支えてくれていた、命という自然の恩恵を見落としていた。

工業型農業を行なった結果、土壌の様子や感触がいかに変化したか、また同じ生態系の中でも人が手を加えていない場所と集中して耕作している場所では保水力がどれだけ違うか、いったん気づくと、もう見落とすことはなくなった。これがより顕著にわかったのは、近隣の農家が手入れの行き届いたモノカルチャーで育てている綿花や落花生、トウモロコシ、そして、その年の収穫を終えた区画で無残に放置され、むき出しになった土を見たときだった。

どうしてそれほどはっきりわかるようになったのかは説明できないが、おそらく工業型農業の高揚感から脱し、専門家や投入物という背景の雑音に気を取られなくなったおかげで、子どものころ自然の中で感じた謙虚さを思い出せたからだろう。私は森を散策し、自然の恵みの食べ物を探し、手つかずの自然の中で迷って怖い思いをした。ほかの少年たちと違い、うちは日が暮れても家に帰らなくてよかったのだ。それに降水量150ミリの大雨やトウモロコシ畑を猛スピードで進む竜巻、ヘビやクモといった自然のもたらす危険も十分に経験していたため、人間が自然を出し抜き、改良すべく、どんなうぬぼれた試みをしようとも自然には歯が立たないことを知っていた。ちなみに父はヘビに噛まれたり、クモに刺されたりしたときしか緊急治療室に行かなかった。というのも、このあたりの人々は出血が止まらなくなりでもしないかぎり、医者に行ったりしないからだ。人間は大きな目標を掲げ、最新のテクノロジーを駆使して自然のリズムを覆したり、収穫を増やしたりしようとしてきたが、自然から見れば人間など常に、ハリケーンの中のおなら程度の存在だった。

　それに加えて、私は生まれつき疑い深いたちで、外部の権力者から何かを信じろと言われるのが好きではなく、ましてや自分の土地で何をするか指示されるなどもってのほかだった。特効薬だと言って売りつけられた工業型農業のツールにさほど効果がないことに気づいて以来、何らかの製品を宣伝している博士号を持つ専門家や、私の農場に役立つという最新のイノベーションを売り込むテクノロジー業界の神的存在への信頼は地に落ちた。私にとって、企業が公開した資料を隅から隅まで調べることは難しくなかったため、夜な夜な母屋の食卓で研究論文を熟読し、製品クレームに関する細則に目を通した。こうして疑いの目で見ると、農家に提示された契約内容がひどいものだったことが明らかになっていった。農家は約束された利益の半分を独占法人である企業に前払いする。同社が扱う一連の投入材や技術の高額な代金を支払うのだ。ところが蓋を開けると、これらの投入材や技術は約束の**半分の**利益しかもたらさない。「特効薬」とは名ばかりだからだ。しかも予期せぬ**ありとあらゆる**有害な影響を農家と社会全体に押しつけ、契約を持ちかけた企業はまったく費用を負担しない。こうした企業は自分たちの製品が土壌や水や大気、製品を使用する人々（および、そうして生産された食料を口にする人々）の健康に及ぼすダメージについて我々農家に伝えていなかったのだ。そこで私が「あの口のうまい連中はほかにどんな事実を隠しているのだろう？」と考えるようになったのは驚くことではないだろう。企業が提供した製品の大半を廃棄しても不安は一切感じなかった。近代的な工業型システムで農産物を育てるのは、ズボンをはいたまま小便をして暖まろうとするようなもので、ごく限られた時間だけなら大丈夫かもしれないが、長期的に見たらとんでもない戦略だ。

こうして私は自然の力に対して再び最大限の敬意を抱くようになり、うまくいかなかったらテクノロジーの約束に頼るという選択肢は排除した。ジェニーがよく言っているように「ひとつのお尻で2頭の馬に乗ることはできない」からだ。工業型システムは農場と動物たちにダメージを与え、かつてはホリスティックで実り豊かだったシステムをバラバラにして徐々に劣化させ、恒久的で自然発生的な農業の循環型システムを簡略化し、短期的利益のために製品を生み出す一連の組み立てラインに変えてしまった。私はこの工業型システムの片棒を担ぐのはやめる決意をして、それにこだわり続けてきた。この選択肢を受け入れ、尊重し、嵐に見舞われても鞍替えすることなく最後まで突き進む覚悟を決めたのだ。

多くの農家が同じように転換を図ろうとして、なんとか信念を貫こうともがいているが、彼らの気持ちはよくわかる。即効性があって利便性が高く、比較的リスクの少ない対処療法的アプローチを手放すのは、思いのほか難しいからだ。とはいえ、もし手放せたら得るものはずっと大きい。別のチームに移籍するには当然ながら膨大なコストがかかり、ストレスを感じるが、その何十倍も取り返せるのだから。自然は利益の半分を前払いで請求したりしないし、予期せぬ悪影響を及ぼしたりもしない。自然は私たちのためになる方法をすでに編み出してくれているので、それに協力することを受け入れるだけでいい。闘って勝ち取る必要はないのだ。しかし、この発想の転換が最も難しい。

私が時間をかけて徐々に農場経営を脱工業化することができたこと自体は驚くことではない。多くの試行錯誤を必要としたが、雑音に耳を貸すのをやめて目の前にあるものに集中したら、限られた知識しかなくても理解できるはずだ。しかし、第一に自然のサイクルが壊されていることを理解し、修復が必要であることに気づき、対処しなければならないと決断できたことについては達成感を覚えている。たとえていうなら、寒いと思ったらベストを羽織り、空腹を感じたら何かを食べるのと同じだ。自分の土地の水循環や微生物循環にダメージを与えて滞らせてしまっているのに気づけば、それを修復するために何らかの手立てを講じる。この言い方は少々控えめすぎるかもしれない。修復するというのは、ボタンを押したり電話をかけたりして誰かに一連の解決策を有料で提供してもらうという意味でもなければ、自分の分析力を駆使して徹夜で解決策を探し出すという意味でもない。もっと時間がかかり、内省的で一筋縄ではいかないプロセスなのだ。具体的に説明しよう。まず際限なく時間を費やして農地と家畜の群れを観察し、問題を特定し、ダメージを修復して農場がもたらすはずの恵みを取り戻す方法を考える。悩みに悩んで眠れない夜を過ごし、ワインの量が若干増えることもあるだろう。そして、また農地と群れを観察する。するとある時点で自分のどんな行動が土壌や家畜に悪影響を及ぼしているのかわかるので、それをやめる。やめてからしばらくは禁断症状に苦しむが、手に入るツールを使って、手近なところから農場の状況をいくらかでも改善する努力を始める。最初の試みがうまくいかなければ、新しい計画を立て、代わりにそれを試す。一度に１ステップずつ、計画し、実行し、失敗し、再度計画し、再度実行し、それを繰り返すことで、農場を修復する方法を考え出す。計画、実行、評価、再計画、実行、評価を繰り返すうちに役に立つ方法がわかり、私が「経験的知恵」と呼んでいる知識を構築できる。私はいくつかの理由により、これを行なうのに有利な立場にいたと思っている。私は生態系と家畜を激しく虐待していた。ほかのほとんどの農家以上にダメージを与えていたのだ。そのため、なおさら修復しなければならないという思いも強かった。また、野生に囲まれて過ごした子ども時代のおかげで、自然が何を必要としているかすぐに理解する能力もあった。そして必要に応じて改善を行なう資金もあった。さらに私は父に似て、生まれつき他人の考えを気にしないたちだったので、同調圧力にも屈しなかった。しかし、なんといっても私たちが成功したおもな理由は、途中でやめるという発想が一切なかったからだ。一度たりともやめることは考えなかった。

話を進める前に、少し過去のことにも触れておいたほうがいいだろう。こと農場経営と食料に関していえば、私は自然のサイクルがすべてだと思っている。しかし、誰もがそうしたことについて書かれた本を読んでいるわけではないことを、身をもって学んだ。ということで、カウボーイなりに解釈した科学の話をしよう——つまり、手短で明らかに詳細が欠けているという意味だ（幸い、私は学者ぶるような傲慢なタイプではない）。あるとき山羊たちの様子を見に行くため、ホワイト・オーク牧場の東の角にあるワニの池のあたりをひとり車で走っていると、これらのサイクルが働く様子が心に浮かんだ。ワニの池は特別な場所で、父が１９５０年代にデビルズ・ブランチと呼ばれていた、絶え間なく流れる小川をせき止めてつくった。そのほとりには昔から釣りのための小屋があり、父と仲間や従業員たちが、牛の世話が終わるとここで休憩し、バス釣りをしたりタバコを噛んだりしていた。ちなみにこの小屋は子どもが生まれるまで5年間、私と妻のヴォンが初めて一緒に住んだ家でもあった。このエピソードだけでもヴォンの聖人のような人柄がわかるだろう。お世辞にも「質素ながら趣がある」などと言えない代物で、本当に田舎風の建物だった（今ではファームステイ向けにすっかりリノベーションをして、柔らかいリネン類を備えた2ベッドルームのしゃれた家になり、ボート乗り場のデッキからは直接ワニを観察できる）。

池の片側は大きな沼で、高い壁のように葉が茂り、暑い日には湿気で湯気が上がっているように見えた。植物が熱を発散し、その下の地面を冷やしてくれるのだ。池の上空では燕が目に見えないほど小さい虫を追って線を描きながら飛び、そのすぐ下ではカメが水生昆虫を探して右へ左へジグザグに泳いでいる。たとえ五感のうち2つしか反応しなかったとしても、この場面の純粋な生命力とバイオームのすべてが適切に機能していることを即座に感じ取れるはずだ。私は車を走らせながら、そもそもこうした多種多様の生物を生み出した膨大な力は何だったのだろうと考えた。するとこの惑星の初期の姿が頭に浮かんだ。凍った地球が太陽の周りを回っている。地球は氷に包まれ、冷たく薄い大気に覆われている。氷河は極点から赤道まで広がり、海は厚い氷の下に隠れてほとんど生命はなく、劇的な雪解けを待っている。そして、地球が誕生してから数十億年後に何らかの作用で生物の多様化が一気に進んだ、いわゆるカンブリア爆発が起こった――どうしてカンブリア爆発が始まったかまでここで議論するつもりはないが、とりあえずこの時期に生物の種類と数が爆発的に増えたことは事実のようだ。その後、相互に関係する一連のサイクルが始まるのが見えた。このサイクルが、凍った地球を別のものに変えたのだ。

植物は太陽から放射されるエネルギーを得られるように進化した。光のエネルギーは、凍った地球をただ温めて反射するのではなく、光合成によって植物の組織に吸収され、糖質が生成されるようになった。さらに糖質はタンパク質や脂質に変えられるようになった。成長する植物の一部である葉緑素はさまざまな形で姿を現す。まるでクレヨラ社製の64色入りクレヨンで白い紙に殴り書きしたかのようだ。そして、その植物をミニチュアのソーラーパネルである葉が覆い、エネルギーを吸収して地中に送り、成長のために使っている。これが「エネルギー循環」の始まりだ。

また、光合成を行なう植物は二酸化炭素などの温室効果ガスを吸収した。植物は大気中に気体として存在している炭素や窒素、その他の物質を隔離し、それらを土壌に取り込まれた植物バイオマスや液体炭素、窒素といった個体や液体の化合物に変え、ほかの種の生存を支えた。周期表に載っているこれらの元素があらゆる生物形態の土台となることで、地球という岩石に植物以外の生物も棲めるようになったのだ。こうして「炭素循環」も稼働し始めた。

植物が放出する液体炭素は土壌中の植物の根の周りに棲んでいる細菌や菌類、原生動物などの微生物に栄養を配る。こうして栄養の行き届いた微生物は枯れかけた植物や枯れた植物を有機物に分解し、この有機物が土壌で生物を育てられるようにする。微生物が植物を腐敗させることで光合成による化合物が生物学的に利用可能になり、虫などの生物のエサになるのだ。根の周りにいるほかの微生物は植物のために一種の免疫系をつくり出し、植物の繁栄に一役買っている。数え切れない数のごく小さな生物が共生し、人智を超えた働きをしているといえるだろう。今では人間の腸内で何が起こっているのかわかってきているが、同じように微生物がシステム全体を維持するための重要な役割を果たしている。こうして「微生物循環」が始まった。

コケが石を分解するように、土壌中の石のミネラルが微生物によって合成され、植物がそれを生物学的に利用できるようになる。微生物はこうして合成されたミネラルを植物が光合成によってつくり出したショ糖と交換する。これは自然の共生の初期の例である（私たちの牧場で牛とアマサギが共生しているのと同じようなことだ。牛が歩き回って虫を飛び立たせ、それをアマサギが食べ、アマサギが虫の数を減らすことで、牛の血を吸う害虫が発生しないようにしている）。これが「ミネラル循環」の誕生だ。

光合成によって大気中の温室効果ガスが減少し、植物の組織が、この岩石の表面から日光の放射エネルギーを吸収したおかげで、地球の温度は低下した。そのおかげで水が蒸発散し、植物を通って大地から大気へ移動し、その後、雨になって降るようになった。一方、炭素が豊富な土壌には水を蓄えられる構造があり、いつでも地下水を利用できるようになったおかげで植物が育ち、水が大気へと移動する。こうして「水循環」が機能するようになった。

青々と茂る植物と豊かな水のおかげで草食動物が進化した。草食動物は集まって群れをつくり、食物連鎖のずっと上位にいる肉食動物に追われた。草食動物は植物の葉を食べ、堆肥に変える。草食動物の糞尿は微生物に吸収され、植物の根に栄養を供給することで、ミネラルをさらに循環させられる。草食動物に葉を食いちぎられた植物は、回復するために根の成長を加速するので、一部の根冠細胞が剥離するのだが、そのおかげで炭素などのミネラルが土壌中に閉じ込められる。植物はまさに炭素のポンプのような役割を果たしていて、大気中の温室効果ガスを吸収し、こうした気体を植物由来の物質に変えている（そのうちの一部は根という形で土に埋まっている）。そして植物が枯れたり、家畜に食べられて弱ったりすると、この炭素の一部が土壌に固定される。恐竜のいた時代にはこうして多くの化石燃料の元が地下に閉じ込められた。動物の群れは土地からエサを得る一方で、死後は腐敗した遺骸が土壌中の有機物となることで、土壌を豊かで生産性の高いものにした。誕生、成長、死、腐敗を繰り返すのだ。こうして「放牧循環」が登場した。

今説明したのはこれまで起こったなかで最高に美しく、複雑で、重要かつ影響力の大きい出来事なので、ぜひ読み返してほしい。これはまさに神の御業だ。そして、物事を改善し、より早く、より大きくすることに取りつかれた私たち人間は、この御業を台無しにする方法を見つけた。人間はこのすばらしい地球に存在したなかで最も破壊的な生物なのだ。

今ここで取り上げたよりもずっと多くのものが循環していることは明らかだ。しかし、そのうち前述の６つの例をあげれば、何億年も絶えることなく回り続ける自然の循環型システムがいかに強力で、そこから紡ぎ出される恵みがどのようにして、生物のいない黒や茶色や灰色の岩石を命あふれる青と緑と白の惑星に変えていったかイメージするには十分だろう。少なくともある時期には地球上の一部の地域を75トンもある恐竜が歩き回っていたが、彼らは植物だけを食べてこの驚異的な大きさまで成長できたのだ（この恐竜はアルゼンティノサウルスと呼ばれている。よかったら自分で調べてみてほしい）。アルゼンティノサウルスはゾウの約４倍大きく、頭だけでも馬１頭分の大きさだったというが、それでも植物しか食べていなかった。75トンもある草食動物を支えられるほど栄養豊富な植物が誕生した、多種多様の微生物を含むこの土壌がどれだけ豊かだったたか、どれだけミネラルを含み、炭素と窒素で満たされていたか、想像できるだろうか。誕生、成長、死、腐敗という巨大な循環を行なう上で、降雨のすべての滴を吸収する地球の保水力がどれほどか想像できるだろうか（水循環が適切に機能することで生み出される湿気が腐敗のプロセスの鍵であり、腐敗は土壌の有機物を生み出すのに役立っていることに気づいている人はほとんどいない。湿気は自然の循環のすべての側面に欠かせないものなのだ。実際、地球上にこれほどたくさんの水が存在しているのはなぜだかわかるだろうか。それは自然が供給してくれているからだ）。それに当時どれだけ多くの植物種が存在し、ありとあらゆる形や色の葉が異なる帯域の光を光合成することで、太陽エネルギーを最大限活用し、気が遠くなるほど多くの炭素を吸収し、石油やガス、石炭として地中深くに貯蔵するに至ったか、想像できるだろうか。私は少しの間だけでいいので、時間をさかのぼり、どれだけ美しかったのか、ぜひこの目で見てみたいと心から思っている。想像しただけで胸が高鳴るほどだ。

炭素循環と水循環、エネルギー循環とミネラル循環のおかげで、無数の植物や動物、微生物が互いに共生関係を結び、発芽し、誕生し、成長し、腐敗し、すべての循環に供給されるようになった。その結果、どれだけ豊かで多くの自然の恵みが得られたか想像するのはすばらしい。自然の循環がまったく妨げられることなく完全なままで機能すれば、すべての循環が相互にかかわり合い、フル回転で活躍し、その結果、生き生きとしたバイオームが得られる。恐竜に踏まれて繁殖力が高まるというイメージを初めて思い浮かべたとき、とても奥深いものに感じられた。１９７０年代にジョージア大学で土壌に関する授業をいくつも受講したが、土が有機体であると考えさせるような言葉は一切聞かなかった。私たちは細菌や真菌や線形動物がいなくなれば、世界は今よりずっとよい場所になると信じて疑わなかった。今でも森や水路、家畜を放している放牧場を見ていると、外部の人やものの力を一切借りずに数億年にわたって循環が機能し続け、見事に役割を果たしていることに畏敬の念を覚える。そして、沼とつながったワニの池ですら、魅力的に見えてくる。これらの循環は活発に働いていて、ハミングでも聞こえてきそうなほどだ。あらゆる人工的なテクノロジーを駆使しても、私たちホモ・サピエンスは自然の功績の足下にも及ばない。それを知れば、好奇心が特別強い人でなくとも、人工光のもとで水耕栽培をしたり、大豆をつぶしてフェイクミートをつくったりすることが賢明で、よいことだと思われているのはなぜなのか疑問に思うことだろう。

だからこそ、この完ぺきなシステムをないがしろにしたダメージは大きい。率直に言わせてもらえば、アメリカ先住民はこれらの循環と共に調和して生きる方法を知っていて、その結果、自然の恵みを享受した。ところが（私の祖先である）ヨーロッパ人がやってきたとたんにすべてが台無しになった。ヨーロッパ人は耕作地を得るために森を切り開き（炭素を地面に引き込むのに役立つ木々を切り倒したり、時には焼き払ったりして）、土を耕し（土壌の複雑な構造を壊し、そこで育ってほしくない生物をやっつけ、確実に種子と土が密着して発芽しやすくなるようにし）、土壌の栄養を補給せずに作物を植えた（そして収穫が終わったら別の区画に移動した）。森を切り開いて焼き、それを繰り返す。私が仮に北アメリカ先住民の族長で、現在の知識を持っていたとしたら、何か月もの航海で飢えた人々が船から下りてきたところを皆殺しにしていたことだろう——実際にそうしようとした人もいたようだが、私は彼らを責めるつもりはない。私はヨーロッパ人の船を焼き払い、浜辺に立てた杭にその頭を刺し、後からやってくるかもしれない人々への見せしめにしただろう。「どうだ、これを見ろ。全員家へ帰れ」と。

その後登場した工業的ツールは事態をはるかに悪化させた。手つかずの森や草原、その他の多様な生態系が切り開かれて農地にされ、豊かな有機体が化学薬品によって酸化することで、より多くの土壌がやせ、その魔法を失い、微生物が死ぬことでさらにミネラルが失われた。光合成にも影響は及んでいる。集中的なモノカルチャーで1種類の植物しか育てなくなると、葉の色や形の多様性が失われ、太陽光を最大限に吸収できなくなった。葉が生い茂って光合成をするのは、自然界のように一年中ではなく、1年のうち3分の1だけだからだ。収穫後にむき出しの土を風雨や日光にさらすことで、土壌はさらに生物を失い、無防備になり、保水力が下がり、地球の表面温度がさらに高くなった。絶え間ない耕作は土壌の構造を破壊し、微生物を殺した。いうまでもなく、一度に1種類の作物しかつくらなければ、土壌微生物は（人間の体と同じように）生存に欠かせない多様な栄養源や腐敗した植物が得られなくなる。農家はそれを補うためにより多くの投入材を使い、弱体化してしまったものを補強しなければならなくなった。近代的な食料生産と輸送のために化石燃料を使うのは、地中深くに石油やガス、石炭という形で埋蔵された膨大な量の炭素を引っ張り出して、上層大気へ放出し、すでに温暖化した温室に毛布でカバーをするようなものである。閉じ込め型のフィードロット（および家畜のモノカルチャーの増加）は、近隣の農地に生息する自然の微生物に大打撃を与えた。堆肥の使用量が過剰だったり、不足したりして、栄養バランスが劇的に変わってしまったからだ。また、畜牛や養豚で発生するすべての排泄物を処理して堆肥を生産するためにつくられたラグーン＊と呼ばれる不快な人工的集水システムは、メタンという形でさらに多くの炭素を大気中に放出し、家畜の体から排出された抗生物質が近隣の環境に溶け出している。その過程で、これらの活動は、地球上で何らかの役割を果たすように進化してきた何万種もの植物や動物、虫、微生物を絶滅させた。

モノカルチャーの生産効率を上げるためにテクノロジーを誤用したことで、自然のサイクルが静かに失速していった。これは最上位機種の8気筒エンジンを無理やり1気筒で走らせるようなものだ。近代的な集中型食料生産の結果生じた生態系への影響については、詳しく記した本が何冊も出版されている。作物栽培や畜産、林業、工業、建設業、都市開発ほか、自然を侵害する多くのテクノロジーを通じて、私たちはかつて生産性の高いパラダイスだったところを、例の砂利を敷いた安酒場の駐車場のような（あるいはそれより悪い状態の）農地に劣化させて

＊糞尿をため池に滞留させて堆肥をつくる施設

しまったと言って差し支えないだろう。これまでの人生で私は数多くの生物を観察してきたが、豊かな恵みを生み出す既存の自然サイクルを壊した生物は人間だけに違いない。

地球上に人類が誕生してから、まだわずかな時間しかたっていないことを考えると、人間が地球に及ぼした影響のけた違いの大きさに驚く。私たちが恐ろしい破壊へ向かって進んでいることは明らかだ。どうしてほかの人々にはわからないのだろうか。おそらく経済および社会全体が、私自身を含めすべての人々に物事を俯瞰**しない**ようにインセンティブを与えているからだろう。私たちは、化石燃料から無限にエネルギーを得られ、好きなときにエアコンを使うことができ、自動車のガソリンタンクは満タンで、食料は安く買え、何百万もの仕事が何らかの形で自然の蓄えを絞り出すことに、これからも依存していられるものと期待している。しかし、こうした蓄えがどうやってできたのか、その蓄えを生み出したサイクルがいかに脆弱なものか理解していない。そのため、ほとんどの人はそのことを考えないようにしている――ハリケーンや高潮、パンデミック、化学物質が誘発したがんなどに見舞われないかぎり。自分たちが何をしているのか理解することは、地獄からのパラダイム・シフトだ。それがなかなかできないのだが。

同じく、農家も広い視野を持たないようにインセンティブを与えられていた。過去何年にもわたって、私は農場に数多くの農業専門家や科学者を招き、時にはコンサルタントを雇って、難しい問題を解決しようとした。彼らは善意に満ちた人々だったが、ひとりの例外もなく、自分の専門分野や苦労して得た知識だけで世界観を構築していた。彼らに、同じ根強い問題について相談したところ、土壌生物学者は微生物と菌類のバランスが崩れていると診断し、植物遺伝学者は遺伝学的にうまく機能していないと言い、家畜の専門家は自分たちが提供する種牛を購入するよう勧め、それぞれの専門分野によって十人十色の回答が返ってきた。しかし、誰一人として農場が複雑な有機体であり、すべての部分が相互につながって次の部分に影響していることを考慮してはいなかった。彼らはまるで野球の試合を塀の細い隙間からのぞき見ているようなものだった。私にはその理由がわかる。ランドグラント大学＊の農学部は何十年にもわたってこのアプローチを教えてきたからだ。自分の専門分野の知識に特化しすぎると、ほとんど何もわかっていないと気づくまで、狭い範囲のことばかり学び続けることになる。

自然のバイオームとそれを機能させているサイクルを扱っている場合、バイオームとサイクルを分けて考えているわけではない。相手にしているのは複雑なバイオーム全体である。このバイオームは独自のニュアンスを持っていて、さほど離れていない場所のバイオームとも異なるだろう。農家は自分で選んだコンテクストに沿って働いている。つまり、目標に向かって農地と共に働いているのだ。この農場における私のコンテクストは、沿岸サバンナのバイオームを機能させ、換金できる10種類の肉およびさまざまな食品を生産し、農場のシステムの中で利

＊アメリカ政府が農学、軍事学および工学を教える高等教育機関を設置するために公有地を供与してつくられた大学

用したり、外部に売ったりしているということだ。これは唯一のコンテクストというわけではなく、同じ土地に果樹園をつくり、果物やナッツ類を育て、木の周りで豚や牛などを飼い、森林農法《アグロフォレストリー》を行なう人もいるだろう。いつか私の子どもたちが経済的動機からここで森林農法をする日が来るかもしれない。だが、私は牛飼いの息子であり、何を置いても生涯牛飼いを続けるだろう。つまり、私のコンテクストは私の人となりによって形づくられている。外部の専門家がリジェネラティブなシステムを構築し、運営する方法を手取り足取り教えるガイドブックをくれたらすばらしいが、そう簡単にはいかない。ガイドブックが役に立つのは宇宙船などの複雑なシステムだけで、自然のようにさまざまな要素が影響し合う、複合的なシステムの操作マニュアルをつくれる人はいない。

農場で壊れてしまったものを修復しようと決意したとき、私は参考にできる本やテンプレートなど一切持っていなかった。直感に従って転換し始めただけだったのだ。以前はエサとして穀物を補っていたが牧草だけを与えて一生牧場で飼うという大胆な（多くの人は愚かだと思った）決断をしたとき、私は試されていた。それまでは放牧地の草がなくなる心配などしたことはなかった。足りなくなったらエサを入手すれば済んだからだ。このモデルなら牛たちが腹を空かせることも成長が止まることもない。エサ代を払わなければならないが、そんなことはお構いなしだった。その分、多くの牛を売れば元は取れるのだから。ところがトウモロコシを一切与えないとなると、良質で甘く、栄養が豊富な牧草をもっと確保しなければ、家畜を売り物になるくらい大きく健康に育てることはできない。どこかへ出かけていって土地を買い足せば済むという問題ではなく、今所有している土地をうまく運用しなければならなかった。その結果、私はもし曾祖父のジェームズ・エドワード・ハリスと祖父のウィル・カーター・ハリスに質問できたら、彼らはきっとこう答えただろうと思われる回答にたどり着いた。その回答とは「牛は毎日移動させなければならない」ということだ。

近代の牛飼いが行なっている工業型放牧モデルでは、広い牧草地に牛の群れを1か月間とどまらせる。このやり方は都合がよく、あまり努力を必要としない。フェンスを直し、水をチェックするくらいで、大した労力をかけないで済む。しかし、牛たちを1か月も好きなようにさせたらどんなことが起こるかご存じだろうか。牛たちはバラバラに広がって、周りに生えている草をゆっくり食べる。そして、最もおいしい牧草を根元まで食べ、その牧草が再び生えてこられないようにしてしまう。文字どおり食べ尽くしてしまうのだ。すると最も生えてほしくない植物が生えてきてしまい、植物種の多様性が減り、雑草の問題が発生して、放牧地に高額な化学薬品をまかなければならなくなる。また、牛たちが何週間も同じ場所を歩き回るため、土が踏み固められ、その結果、土壌が次第に劣化してしまう。私はメキシコ湾岸の海岸平野の土壌は世界最高だと信じて育った。アメリカの農場の子どもたちの多くは、どこに住んでいようと同じように教えられていることだろう。実際のところ、この地方の土は砂が多く、ミネラルが少なく、栄養を保つのに向いていないため、無防備であまり活力はない（なんといっても、太古の昔、ここは海底だったのだ！）。私たちの土地には中西部の土地のようなレジリエンスはなく、ダメージの影響を受けやすい。またしても人間がよりよいアイデアを思いついたと決め付けて、捕食者に追われて徐々に群れが移動していたころの自然な放牧循環を破壊したせいで、ほかのすべての循環も一緒に崩れてしまった。こうして微生物の多様性とミネラルの吸収、保水、植物の成長と健康がひそかにダメージを受けた。

私が学んだのは、自然のどのサイクルもほかのサイクルから切り離してはならないということだ。私の尊敬する人物のひとりで、高名なナチュラリストのジョン・ミューアは、自然の中で糸を引けば、すべてがつながっていることがわかるというような言葉を残している。ひとつのサイクルを消耗させ、傷付ければ、すべてのサイクルを消耗させ、傷付けることになるのだ。しかし、逆もまた真なりで、ひとつのサイクルを修復できれば、ほかのすべてのサイクルも修復され始める。そこで私は放牧循環から修復し始めたのだが、これは過去に戻ることを意味していた。

数百万年前、バイソンの大きな群れがジョージア州南西部の沿岸平野のサバンナを横切って移動した。年老いた個体や手足の不自由な個体、弱い個体、先天異常のある個体など、一番狙いやすいターゲットを捕らえようとする高地のハイイロオオカミや、水辺に住む大型のネコ科動物から徐々に追われたのだ。捕食される側の群れは、肩を寄せ合った陣形を維持した。本当に役に立つ防御手段はそれしかないからだ。捕食者は弱い個体を間引くことで、群れを強くし、レジリエントにするという進化上の役割を果たしていた。

絶えず移動している巨大な群れが土地に及ぼす影響は大きいが、一時的なものだ。こうしたすべての動物の重みと動きは土壌と植物の平穏を乱したが、よい影響も及ぼした。一部の植物は食べ尽くされ、残りの植物は何千もの蹄に強く踏みつけられ、毛布のように地面を覆い、ゆっくりと腐敗していった。種子は地面に埋まり、若い植物が新たに芽を出した。草食動物の胃液は植物のセルロースを分解し、土壌中の微生物（すべてのゲップやおならに含まれるメタンを代謝できる細菌も含む）にとってスーパーフードである、窒素の豊富な糞尿といった、動物が出すあらゆる液体が地面に堆積した。群れが移動したら1年以上同じ場所に戻らないことも多かった。そのおかげで植物は時間をかけて復活することができた。根は長く強くなり、土壌を同じ場所に固定し、湿気を保ち、炭素と栄養を地下に貯蔵した。それが地上の植物を青々と成長させ、そのため過酷な太陽の光や土砂降りの雨から土壌を守るのに十分な葉を常に維持できた。自然のサイクルは回り続け、目を見張るような結果をもたらした。草原には深く根を張った多様な植物が生い茂り、のちに誕生する人類も含めて、無数の生物を生み出し、養うことができる生命の奇跡という地位を確立した。アメリカのグレートプレーンズなど、背の高い草の茂る平野やアフリカのセレンゲティなど、ジョージア州南西部のサバンナよりも有名な草原はあるが、基本的なことはここもほかの草原も同じだ。私にとって大きな意味を持っていたのは、牧草地は群れと共生して進化したという点だ。人間の干渉はなかった。土地と動物（と虫と鳥）は共生しながら繁栄している。地球のあらゆる変化を経験しながら、姿を変え、適応してきたが絶えることなく生き延びている。これがあるべき姿だ。

そのため、うちの放牧場の様子がおかしくなったとき、私は考え方を変えた。進化が正しければ私たちは「もっといいアイデアが浮かんだ」などと言うはずはないだろうと思った。これも小さな発見のひとつだったのだろう。一部の土地でずっと放牧するのは、控えめにいっても不自然だ。自然はすでに土地と動物を一緒にすることで、1＋1＝3になり、想像をはるかに超えた恵みをもたらすことを証明している。さらにいうなら、土地が健全で豊かであるには、群れが集まってゆっくり移動し、集中的に強い影響を与える**必要がある**のかもしれない。そこで土地に望みのものを与えてみようと考えた。私たち工業型農家が生み出した土地と動物の間の亀裂を修復すべきだと。

私は学者ではなく、実際に行動するタイプの人間であり、左脳領域からもかなり離れたところにいる。私はうまく機能することさえわかれば、その**理由**がわからなくても実行する。ほかの人々が二の足を踏んでいても、もう十分わかったからやってみようと言うことも恐れない。進化生物学については、かろうじて及第できた程度の知識しかないが、それで十分だった。私の理解はあやふやだったが、大昔に行なわれていたことをまねて牛たちを密集させ、より頻繁に移動させるようにした。正直なところ、生物模倣《バイオミミクリー》としては不完全だった。バイソンもいなければオオカミもおらず、昔の条件を正確に再現できなかったからだ。それでも私なりにできるかぎり条件を近づけるようにした。農場の所有する40ヘクタール以上ある広い牧草地を鉄条網でできた仮設のフェンスで何十ものずっと小さいパドックに区分した（その後、常設の柱と鉄条網のフェンスに替えた）ので、群れはまるで身を守るために集まったかのように必然的に肩を寄せ合った陣形をとらざるを得なくなった。牛たちは本能的に自分が最も必要だと感じる栄養をたっぷり含んだ植物を選んで食べ、地面の草を一掃したが、草を食いちぎるのは一度だけだった。植物を根絶やしにするほどではなく、健康に生え替われる程度に踏み荒らされたところで、私は偽の捕食者役を演じて牛たちを背後から追い、次のパドックへ移動させた。私なりにオオカミや大型ネコ科動物のゆっくり安定した追跡をまねたつもりだ。私はこのテクノロジーを「規定的放牧＊」と呼んだが、現在では輪換放牧（ローテーション）あるいは「モップ放牧」と呼ばれている（規定的放牧を始めて15年後、私よりも前から故郷のジンバブエでこのテクノロジーを活用し、土壌を修復していたアラン・セイボリーの功績を知り、「なんだ。これ

＊ prescriptive grazing

はうちがやっていることと同じじゃないか！」と思った。ジョージアで成功した生物模倣はアランがすでにアフリカで考え出していたものとまったく同じだった。生態系は大きく異なるが、基本は決して変わらない。自然は不変で一貫しているのだ）。

すぐに気づいたのは、うちで飼っていた動物は放牧循環を再生するのに適していたということだ。牛は大型で重く、たくさんの葉を食べる。窒素が豊富な尿で土壌を満たし、多くの糞を落としていく。私はその様子をずっと見てきた。牛の糞はその個体の健康状態を知る最初の糸口となる。しかも非常に価値が高い。私と一緒に放牧場を歩きながら、人々は糞の山を見ると「ゲッ！」と言って、まるでそれが命を脅かす溶岩の山か何かのように恐る恐るよけて歩くが、私は「ここではあれが純粋な通貨なのです。金に換えられる土壌微生物はこれだけですから！」と説明している。牛が排泄するやいなや微生物は糞を使い、糞に仕事をさせる。私が敬愛する人物のひとりで、20世紀前半の農学者であり、発明家であり、農業科学者であったジョージ・W・カーバーは、自然に無駄なものは存在しないという名言を残している。堆肥は最もよい例だ。反芻動物は起きている時間の約半分を、放牧地で多年生牧草とマメ科植物を食べ、それらを消化することに費やしているが、これにより2つのことを同時に行なっている。タンパク質と炭水化物の宝庫だが、人間には食べることができないセルロースを、人間にも食べることができる大量の肉に変え、土壌中の微生物には直接消化できない植物の繊維を発酵させ、自然界で最高の土壌増強剤である牛の糞に変えてくれるのだ。牛は人間の胃とはまったく異なる４つの胃（あるいは反芻胃）を持っていて、一頭一頭が容量１８０リットルの発酵室のようなものだ。この発酵室に棲む自然に発生する微生物（牛の微生物叢《マイクロバイオーム》）にとって、消化器系を通過する繊維はごちそうだ。微生物は増殖し、消化しやすく前消化された大量の繊維と共に最後部から外に出る。この微生物と前消化された繊維の混合物は、牛が草を食べ続けることで安定的につくられる副産物であり、牛の行く先々に落とされ、フンコロガシなどの虫の働きにより、土壌の上層部からより深い層へと運ばれる。土壌微生物コミュニティはこの有機物からうまく栄養を摂り、繁殖し、繁栄する一方で、**自分たちの**仕事もしている。植物の根がミネラルを吸収できるようにしているのだ。このおかげで植物はさらに成長し、さらに多くの葉が光合成できるようになり、牛のエサを増やすことに貢献し、牛がもっと多くの糞尿を地面に落とし、さらに多くの微生物のエサとなる。こうして土壌を改善する無限のサイクルができあがるのだ。このことから、私は「クソ」という言葉を軽蔑の意味で使うべきではないと考えるようになった。糞は牛のお尻から落ちる無料で手に入る流動資産であり、絶え間なく（金融市場の通貨のように）預け入れられ、命のサイクルの一部から次の部分へ簡単に交換され、やがてより多くの富を生み出す。健康な動物は多様な種類の草や葉を食べ、強く尽きることのない草原が動物たちを支え続ける。草食動物が進化の過程で身に付けた習慣に従って生きるだけで、うちの農場では家畜の群れが生物学的資本をつくりあげている。おかげで、私はその資本を活用して、毎年、良質な食料を生産できるのだ。これはすばらしいシステムであり、人間がつくりあげたいかなるものよりも、はるかに優れている。閉じ込め式の畜産では、なぜ動物の糞（および堆肥にできる死骸）をより多くの良質な食料を生産するためのツールとしてではなく、管理するのに費用のかかる汚いものであり、厄介な廃棄物として扱うのか理解に苦しむ。

規定的放牧が軌道に乗ると、今度は土壌のために物事を改善するという覚悟をしなければならなかった。それまでは動物を種類ごとに小規模な群れに分けていた。たとえば高齢の母牛はひとつの群れで少し過保護に扱う必要があった。若い雌牛は別の群れ。中年の牛はまた別の群れであり、それぞれ注意して観察すべきことが微妙に違っていた。しかし、土壌に短期的に強い影響を及ぼし、そのあとで長い時間をかけて回復できるようにするには、大きな群れが必要だった。そこで多くの小さい群れを組み合わせ、３つの大きな群れをつくった──夏に出産した母牛の群れ（とその赤ちゃんたち）と、まだ出産経験のない若い雌牛の群れ、冬に出産する群れ、そして雄牛たちから成る小さめの群れだ。牛たちにとっては以前のほうが多少よかったかもしれないが、土壌にとっては今のほうがずっといい。これが現在、私の行なっている農法のホリスティックな部分だ。たとえば動物の体重が早く増えているかといった、ひとつの結果にばかり取りつかれたように注目するのではなく、土地、動物、コミュニティというすべての側面を考慮して、今日ひとつの面にプラスになることをしたら、明日は別の面にプラスになることをしている。そして、来る日も来る日も、四六時中これを続けている。だからこそ、ホリスティックな土地管理は大学1年生用の教科書にまとめたり、標準化されたテストで理解度を測ったりできないのだ。

群れの本当の力を知る唯一の方法は、群れに寄り添い、すべての感覚を駆使して感じ取ることだ。牛を移動させるというと、私たちが角の店までのんびり歩いていくように、ひとつのパドックから次のパドックへ、ゆっくりハエをたたきながらぶらぶら歩いていくように聞こえるかもしれない。しかし、実際は大違いだ。１４００頭の動物が一斉に突進するのである。50万キロもの動物の肉体が発する驚異的な力が土によい影響を及ぼす。鮮やかなジョージアの空の下、つややかな毛並みの動物たちが絹のリボンのように波打ちながら、川のように流れていく様子に息をのむ。牛たちは何かを怖がって走っているわけではない。銃を下げたカウボーイが、牛の後ろから大声でせき立てているわけではないのだ。これは抑えようのない本能的行動で、エネルギーにあふれた動物たちが最もおいしくて栄養価の高い葉を得るために先を争っているのである。担当のカウボーイ（ほとんどの場合は畜牛マネジャーのスコット・クリーブランド）はゲートを開けると急いで飛び退く。すると牛たちは、パブロフの犬がエサの合図のベルの音を聞くとよだれを垂らしたように、食べ放題のビュッフェに向かって突進する。牛たちは、アイスクリームくらい魅力的な甘くてジューシーなイネ科草本やクローバーなどの広葉草本が次の放牧地で自分たちを待っていることを知っている。こうした草が最高の状態で青々と茂っているのは、この牧草地には過去1か月半、牛が一頭も足を踏み入れていないからだ。これは適者生存の闘いであり、総天然色《テクニカラー》で描き出されるリアルタイムの進化である。最も強い個体が生き残る。どの動物もエサにありつけるが、最高のエサを得るのは最高の個体なのだ。

ホワイト・オーク牧場ではこれを毎日欠かさず繰り返していて、私は何千人もの見学者がその光景に見入っている様子を見てきた。くだらないことに腹を立てていた頭の固い人々でさえ、目がくらむような感動に襲われる。大げさではなく、サバンナを移動する牛の群れには、信じがたいほど力強く、ほとんど神聖ともいえる何かがある。家畜の育て方など一切知らなくても、それを感じ取れるはずだ。これは自分自身がサイクルの中にいるという感覚から来るのだと思う。手つかずの浜辺に立っているときや、滝つぼで水に浸かっているとき、山の頂上から風の強い谷を見下ろしているときと同じくらい、肌で天候を敏感に感じ、興奮する。すべてが理想的な状態で機能している。**この土地は自らが望むとおりのことをしているのだ。**

規定的放牧とホリスティックな土地管理がうまくなるにつれて、動物たちに対する考え方も変わった。もはや家畜を、最大の収益を得るために効率的に育てる、組み立てラインに載ったコモディティと見なすことはできなくなった。また、学校で習ったように放牧は科学であるという考え方もできなくなった。私はおそらく祖先たちと同じように、牛たちを自分の仲間であり、地球の片隅にある自分の土地を改善する手段と見なすようになり、農場を牛たちが何よりも望んでいると思われる場所、つまりこの場合でいうと惜しみない木陰のある、すばらしく生産性の高いサバンナの草原に変えた。私の年代は動物が土地に与える影響など教わっていなかった。父の世代はこうした影響に接していたが、内燃機関や還元主義的科学のツールに夢中になるあまり、忘れてしまった。私は心の奥底で、この方法を思い出すべきだと感じている。牛たちは今でも売るための生産物だが、それより大事なことに、この農場の能力とあるべき姿を維持するのを助けてくれる道具なのだ。土地はカンバスであり、牛たちは絵の具である。この絵が仕上がって一番下に署名する段階までくることはないが、それでも私はこの作品をよりよいものにする作業を楽しんでいる。

時がたつにつれて絵の具の色はどんどん増えていった。農場にほかの動物を加えたからだ。複雑なシステムの中で何かひとつのことを変えると、ほかのすべても変わる。このシステムはそうして働いている。雑草をコントロールして柵の周りに草が生えないようにするために使っていた化学殺虫剤を捨てたら、生態系に合った別の解決策を探す必要がある。工業的肥料を手放したら、自然の力ですくすく成長できるようにしなければならない。それがリジェネラティブな土地管理モデルの難しいところであり、計画全体を永遠に見直し続けることになる。私はただの牛飼いではいられないとわかっていた。たとえリジェネラティブな畜牛を行なうとしてもだ。結局のところ自然はモノカルチャーを忌み嫌っている。これは1日目に学ぶ最初のレッスンだ。新しいものに飛びついてばかりいては失敗する！　私は自然を手本にすると誓った。そのためには、私もモノカルチャーを忌み嫌う必要がある。これは動物の種類を増やすことを意味していた。

　ご存じのように自然界には、ひとつの種類の動物がひとつの種類の植物だけを食べている光景など存在しない。そんなことは起こらないからだ。植物も、それを食べる動物も、すべてが多様だ。牛はイネ科草本と一部の広葉草本を食べ、牛が食べない種類の広葉草本を羊が食べる。山羊は密生した木の若芽をちびちびかじり、豚は土に埋もれた根やその周りに棲む虫を好む。それぞれの種が、土壌が健全であるために必要な程度だけ土壌を乱す。現在の状態に揺さぶりをかけることで、土壌および動物たちの全体的なレジリエンスを高めているのだ。種ごとに影響を受けやすい寄生虫や病原菌は異なり、さまざまな種が混合作《ポリカルチャー》＊の中で共生している——複数の種の動物や植物、虫、微生物が互いに共生関係を結んで繁殖している——この多様性のおかげで、有害な生物が増えすぎないようにできているのだ。モノカルチャーの畜産を強行する場合、私が20年間も気づかず習慣的に行なっていたように、群れを同じ場所に長くとどまらせすぎて土壌を過剰に乱すだけでなく、特定の種に影響を及ぼす寄生虫や病原菌がはびこり、病

＊複数の動植物が同じ場所で同時に栽培・飼育される農業形態

気を引き起こす温床となる。これは自然の意図に反することだ。そのため私は1種類ずつ、羊と山羊、豚、鶏を農場で飼い始め、土壌にさらに多くの影響が及ぶようにして、すでに複雑なシステムをさらに複雑にした。

とはいえ、適切な状態に戻すのは一朝一夕にできることではない。この種の農法に関する完ぺきなマニュアルが存在せず、農家の若者に**何をすべきか正確に教える**ことがカリキュラムで義務づけられているはずのランドグラント大学で盛んに教えられていないのは、まさにそのためだ。私はポリカルチャーもモノカルチャーと同じくらい過剰に土壌を乱してしまうことに気づいた。たとえばあるとき、私は不要な松の木立に豚を十分に長く放しておけば、松の木を**何本か**間引けるだろうと考えた。松の木は密に生えていて、下に生えている草が十分に日光を浴びられていなかったため、豚に松の木を間引いてほしかったのだ。ところが豚たちには間引くという発想がなく、松の根を食べ尽くして木立ごと破壊してしまった。またあるときは、大型の産卵鶏を下り坂のない放牧地に長くとどまらせすぎた。十分な雨が降らなかったこともあり、1か所の平らな場所に落ちた窒素の豊富な排便は流されず、土壌微生物を全滅させ、気づいたときにはあぶなく生産力を失うところだった。農場で異なる種類の動物たちをローテーションさせる作戦については、話し始めるときりがないのでやめておこう。当初、私はこのローテーションでも失敗した。牛の群れを毎日移動させるのはすばらしいアイデアだと思った私は、ほかの動物も同じように移動させ、牛に合わせようとした。ところが私はうかつにも**これらの**動物の本能的行動を考慮していなかった。牛は牧草地で草を食み、長い距離を移動できる動物だ。一方、羊は採草地*で草を食べる動物で、牛とは移動の仕方が異なる。山羊は木の葉を好んで食べる動物で、食べ方も移動の仕方も異なる。豚は森の生き物だ。家禽類はほとんどの場合、森と草原の境目にいるのが好きだ。理論上、牛の群れに喜んでついてくる鶏の群れはイメージできても、現実にはうまくいかないことがわかった。鶏の群れに牛の群れの跡を追わせるのは信じられないくらい多くの労力を要し、動物たちにとってもストレスになり、誰もが辟易していた。私がこのやり方をあきらめるのがもっと遅かったら、優秀な畜産担当者を全員失っていただろう。そもそも西部を横断する大型家禽類の話など、誰か聞いたことがあるだろうか。聞いたことがないのには理由がある。豚と家禽類はあまり遠くまで速く移動したがらないのだ。物理の法則にも、豚や家禽類の生態にも反している。牛と家禽を同時に移動させるメリットはごくわずかで、私は間もなく、苦労してまで実行する価値はないと判断した。

計画、実行、失敗、再計画により、この農場で複数の種類の動物を飼うための経験的知恵を得て、ついに適切なバランスを見つけることができた。今では牛は牧草を食べ、羊と山羊は雑草や低木の葉を食べ、豚は人を寄せ付けないジャングルを切り開いて大いに貢献し、5種類の家禽類（鶏、七面鳥、ガチョウ、アヒル、ホロホロチョウ）は地虫や昆虫をついばみ、すべて

*干し草を育てるための低地帯の牧草地

の動物がその放出する臭気で土壌を豊かにし、自然のサイクルを修復し、土壌を改善することに大いに貢献している。

現在私が「よく管理された牧草地」と呼んでいるものは、かつて慣れ親しんでいたものとは異なる。以前はあたり一面、ティフトン85バミューダグラスで埋め尽くされた景色しか認めなかった。ティフトン85バミューダグラスは特別に掛け合わせてつくられた栽培品種で、肥料をカロリーが高く、効率のよい（一部の品種の牛であれば1日に1、２キロ増えるような）エサに変えるために購入して植えていたのだ。私は背の高さも色も均一で、場違いなところから生えている葉は一枚もない状態で幅広い帯状に生えたティフトン85が見たかった。ところが、美しく、よく管理されていると感じる基準は一変した。今は自分の土地に**より多くの**ものがあればあるほど、目に心地よく感じるようになった。たとえば1平方メートルに何百もの植物が生えていると魅力的に感じる。多様な植物は根域も多様で、多様な栄養を固定し、蓄積してシステム全体の生産性を格段に高める。ブラフトンのよい牧草地にはバヒアグラスと数種類のバミューダグラス、セイバンモロコシ、シマスズメノヒエ、シロツメクサ、アローリーフクローバ、紫のバーベナ、ウイキョウ、ネズミムギ、ブタクサ、アカザ（ハリビユ）、キビ、サンヘンプ、メヒシバが誇らしげに茂っている。モノカルチャーとは正反対だ。ここは世界最大のサラダボウルであり、牧場《ランチ》ドレッシングでもかけたら食べられそうだ。この農場を取り囲むようにさまざまな種類のつる植物や木、低木が生えている。チョウやミツバチ、蚊などの微小動物相の個体群が草の上を忙しく飛び回り、重要な仕事――ホタルが夜、行なっているのと同じ活動――に精を出している。昆虫の幼虫やアリ、シロアリ、そして、ずっと小さい土壌生物が地面の下で働いている。齧歯類《げっしるい》や爬虫類《はちゅうるい》がちょこちょこ走り回ったり、するすると滑るように地を這ったりする様子が目に入ることもあるだろう。あらゆる種類の鳥たちが昆虫を追ってくれるおかげで、使用する殺虫剤が少なくて済む。同じようにフンコロガシが糞を食べてくれるおかげで、ハエやアブなどの幼虫を減らすことができる。池にはザリガニが戻り、カミツキガメやカエルも帰ってきた（私が子どものころはカエルがよく車にひかれ、道中にベタベタした染みがたくさんできていた。その後、この現象は見られなくなっていたが、化学薬品を使わなくなったら、また見られるようになった。カエルたちが帰ってきたのだ）。それにどこかの小川へ向けて移動中のワニが道を横切ることもある。ワニは自然界の廃品回収業者で、命のサイクルを維持するのに一役買っている。実際、どこを見ても誕生、成長、死、腐敗という命のサイクルが目に入るはずだ。

　今でもきちんと整列し、手入れの行き届いた統一性のある畑の魅力に抗えない近隣の農家に言わせれば、もちろん私の農場の中にはみすぼらしく見えるところもあるだろう。しかし、生物学的多様性は自然のサイクルが働いていることを示しており、生産性が高いことがわかる。

また、私たちが粘り強くがんばっている証拠でもある。まるでステロイドをやめたトップレベルのアスリートがパフォーマンス強化薬を断つことによる初期の禁断症状を乗り越えたあとのように、農場も一時期ひどい状態になったが、すべてが徐々に再構築された。そしてアスリート同様、私たちはかつてのように狭いカテゴリーでメダルを取ることはもうないかもしれないが、全般的な健康状態は以前よりずっとよくなった。自然の生産力が戻ってきたのだ。こうして私たちは生命のあふれる風景を手に入れた。

畜牛農場という工場――私に言わせればどんなモノカルチャーも工場だ――を経営し、複雑なシステムの歯車にすぎなかったころ、私の日課はシンプルだった。よい農家であるための鍵は、症状を見つけることができ、何を使えばそれを殺せるか知っていて、それを殺すことでより多くの利益が得られると信じて、どっしり構えていることだった。こうして私たちは、ジェニーが革新的に伝統的《ラディカリー・トラディショナル》と呼び始めた農法の話に戻ってきた。私にとってこれは矛盾した言葉ではなく、非の打ちどころのない表現だ。農場経営は職業であり、私たちはそれをここで行なっている。伝統は私たちのスタイルを説明する言葉であり、この農場のルーツと、かつてすべての農家が持っていた自然のシステムに関する知識を回顧するものだ。そして、革新は私たちが仕事をする際の姿勢のことであり、どれだけ懸命に努力しているかを表している。多くのアメリカの農家とは異なり、現在、私たちはすべてのものを**活かす**という革新的な目標に向かっている。そのため私たちの仕事は複雑で、以前よりも観察に費やす時間がずっと増え、頭の中でさまざまなことを結びつけ、ジョン・ミューアがしたように自分の周りの世界をよく調べながら、糸がどう結ばれているのか解き明かそうとしている。牧場や農場で問題が起こっていないか詳しく調べるのではなく、私は**正しい**ものを探している。同じゴールを目指す生物学的な競争相手を殺す代わりに、どの生物学的活動をサポートすれば生産性を最大限に高められるか考えているのだ。これは時間がかかり、自動操縦で行なうことはできない。ケーキの素を使ってケーキを焼くのではなく、一から手づくりでパンを焼くようなものだが、これはいいことだ。箱入りのケーキミックスにあるのは効率性とカロリーだけで、レジリエンスやほかの栄養はほとんどない。

革新的で伝統的な農場経営は、土地とのつながりを深めるもので、私はその過程を大いに楽しんでいる。カヌーに乗って魚を突くのをやめ、ちゃんとした靴を履いて農場の仕事を手伝うようになって以来、農場は働くところであり、森や水路は遊ぶところだとはっきり意識するようになった。私は成人後の人生の半分をそうやって過ごしてきた。しかし今では考えを改めた。バイオーム全体が仕事の場であり、遊びの場なのだ。私は両者と分け隔てなく同じように接している。

その結果、私の仕事の肩書も変わった。かつては名刺に「ウィル・ハリス3世　ホワイト・

オーク牧場代表」とくっきり仰々しく記していたが、今は煮沸した牛の肋骨をシャツのポケットに押し込んで持ち歩き、必要とあれば、そこに書かれた情報を写真に撮ってもらう。この骨には「ウィル・ハリス３世　農場管理者、牛飼い」と刻まれている。私の仕事は生態系を回し続けることであり、ときどき自分はサーカスの皿回しのようだなと思う。前後左右に皿を移動させ、一枚も割れないようにするのだ。このような農場経営は、直感を頼りにさまざまな状況に対応しながら、絶え間なくダンスを踊っているようなものだが、実際はとても達成感を得られる仕事だ。

私は、たとえばコンピュータのソフトがどう機能しているのかなど理解できないし、楽器を演奏することも、音程を外さずに歌うこともできない。実のところ掛け算の九九も、リンカーンが行なったゲティスバーグの演説も暗記できなかった。それでも自然のサイクルと力について、またそれらがどう働いているのか、実践的に深く理解することができた。それが私の才能であり、土地と家畜の群れが適切に機能できるように管理すれば、神が約束した恵みから、必ず利益を得ることができることに気づいた。リジェネラティブ農家が神に誓うのは**すべての**サイクルの働きを維持することであり、ひとつやふたつのサイクルを維持することではない。

夜寝る前に私は目をつぶり、窓のすぐ外でこれらのサイクルが回り続けているところを思い浮かべる。これをイメージしないと眠れないのだ。祖父や曾祖父がしていたのとおそらく同じ方法で窓の外にある農場の世話ができているとわかると安心する。彼らは、牛飼いが牛たちのためにできる一番よいことは牛たちを観察することであり、農場管理者としてできる一番よいことは自分の足で農地を歩き回ることであると、いつも教えてくれていた。

第5章
人間らしさを取り戻す
――アンチ工場型の動物福祉

新しい飼育法に切り替えてから数年間は苦難の連続だった。すべての牛を完全にグラスフェッドにしようとしたが、それはすっかり一般的となったアメリカ産コーンフェッド・ビーフではない牛を年間８００頭売ることを意味していた。もう生後7か月の牛たちをフィードロットに送りたくはない。十分に成熟するまで牧草だけで育てたいのだ。しかし、この育て方は慣行農法よりも高くつく上に、はるかに難しいことがすぐに明らかになった。最初はすべての牛を飼い続けられず、しばらくは多くの牛をフィードロットに送っていた。牛を手元に残すと資金

繰りにどうしても必要な75万ドルが手に入らない上に、もう一年エサを与えて世話をする費用として25万ドルかかる。私はこの重荷を担うために全力を傾けねばならなかった。

しかも私は当時としてはとてもニッチな商品を扱うことになった。ほかにも「グラスフェッド」の生産者はちらほら存在していたが、そのほとんどは、まだ最後の4～5か月は牛を太らせるために牧場でコモディティのトウモロコシを与えていた。だが、私はそのようなことはしたくなかった。トウモロコシを与えるのをやめると決めたらやめるのだ。そのせいで私は、はみ出し者になった。

私が最初にグラスフェッド・ビーフを売ったのは地元の人々が買いに来る市場で、彼らが求めていたのは半頭分の冷凍用牛肉だった。地元の食肉処理場から半頭分の胴体の肉を直接仕入れ、家庭の冷蔵庫に1年分ストックするのだ。こうした顧客はグラスフェッド・ビーフに関心があるわけではなく、そのために余分なお金を支払う気もなかったため、平均的な価格に少し上乗せするのがやっとだった。屠殺できる年齢に達した残りの成熟した牛たちはコモディティ市場に送り続けた。ほかにどこに売っていいかわからなかったからだ。人生で初めて収入が激減し始め、現実の厳しさを思い知った。プロセスのあらゆる部分を変えないかぎり、土壌と動物たちとコミュニティによい方法で農場を経営することはできなかった。工業型システムから足を洗ったことで、これまで外部化し、人為的に安く抑えられていたコストを内部化しなければばならなくなった。私は生産物の価値を高めるための付加的コストを負担していたが、生産物をコモディティ市場に売ったら、その価値を引き出すことはできない。生産物を換金するためのよりよい新しい方法を思いつかなければ、お金は出ていく一方だ。こうして何度も眠れない夜を過ごした。

２０００年代前半、もっとよいやり方があるかもしれないと初めて気づいた瞬間のことを今でも覚えている。工業型農業を行なう多くの畜牛業者が最新情報を得るために購読している雑誌『Drovers Journal（ドローバーズ・ジャーナル）』誌の最新刊がデスクに置かれていたので、ページをめくっていると、ある記事の一文が目に飛び込んできた。なんでも「ヒューメイン・ファーム・アニマル・ケア（人道的家畜愛護）」と呼ばれる新しい非営利団体が創設されたのだとか。記事ではアデル・ダグラス・ジョリーが代表を務める誕生したばかりの団体を取り上げていた。この団体は、のちにサーティファイド・ヒューメイン＊としてよく知られるようになる。今、こんな言い方をすると奇異に聞こえるかもしれないが、同じひとつの文の中に「humane（人道的）」という言葉と「livestock（家畜）」という言葉が使われているのを見たのはこれが初めてだった。それまで人道的に動物を扱うといえば、ペットや救助された動物、動物保護施設の話と相場が決まっていた。この対立するように思える２つの言葉が並んでいるところに出くわすとは驚きであり、思わず３回読み返した。私は農場で動物福祉をどう実践すべ

＊「人道的と認定された」の意

きかあらためて考えていたところだったが、そんなことをしているのは自分だけだろうと思っていたので、ほかにも同じことを気にかけている人がいると知って心が躍った。なぜなら、第一に思いやりを持って動物たちを育てれば、未来の顧客を教育する仕事はしないで済みそうだったからだ。この新しい「サーティファイド・ヒューメイン」という団体から自分の事業について認証を受ければ、安定したビジネスができるに違いないと思った（実際のところ、それほど単純ではないことが後日判明したのだが）。第二にこの記事は、残酷に閉じ込められることなく、よりよい環境で育てられた肉を求める新しいタイプの顧客が登場しつつあることを示唆していた。彼らは少し余分にお金を支払うことをいとわないので、あとはこういう顧客を見つけるだけだ。

私はこの種の肉を生産するのであれば、消費者にもっと直接売るべきだと判断した。それには食料品店チェーンに１００％グラスフェッド・ビーフの供給業者として受け入れてもらう必要がある。**大手**食料品店チェーンにはいくつもの店舗があり、数十万人の顧客がついている。そのようなチェーンと取引しようとしたことのある人はなかなかいないだろうが、有名食料品店チェーンと供給契約を結ぶのは、ロシア語で微分積分を習うよりも難しい。ジョージア州ブラフトンでは多少知られているとはいえ、平均的な農家である私たちにとっては聞いたこともないような話だ。大手食料品店チェーンのサプライチェーンとニーズは非常に安定している。

こうしたチェーンで肉の仕入れを担当しているプロは、タイソンやカーギルといった企業の担当者に電話をかけ、たとえば１／４キロのフィレミニョン＊21トン分を６口、６か所の倉庫に次の四半期中毎週配達するなど、途方もない量の注文をする。ホワイト・オーク牧場はほかのほとんどの牧場より大きいが、１／４キロのフィレミニョン21トン分を６口も農場のゲートから送り出したことはない。

とはいえ、運は勇敢な者の味方をするということわざは正しいのだろう。一番にグラスフェッド・ビーフを扱い始めたおかげで、私は最初からとてもよいポジションを占めることができた。あるいは、この農場の存続を切望しているハリス家の祖先の霊に見守られていたおかげで、特別運がよかったのかもしれない。どういうわけか私の突拍子もないアイデアがよく功を奏した。父には「ウィル、おまえは間違いなく、揺れているバケツの中に用を足せるくらい運がいい」と言われたものだが、ビジネスにおいて何度もこれに匹敵する幸運に恵まれた。

ある日のこと。うちで働くカウボーイの親戚の女性が農場を訪れた。彼らの家族はフロリダ州レイクランドの出身で、偶然だが、レイクランドには南西部最大の食料品店のひとつであるパブリックス・スーパーマーケットの本社がある。この女性は同社の管理部門の秘書室長だった。私が牛肉に関する構想を話すと、彼女は乗り気で、当時、同チェーンの主任食肉仕入担当者だった上司のジョン・テルフォードに電話をしてくれた。こうしてトントン拍子で彼との面

＊ヒレ肉の厚切りステーキ

会が決まり、私は望みをかなえることができたのだ。当日、私はレイクランドの本社を訪ねた。同社にグラスフェッド・ビーフを供給する計画について、大まかな図をナプキンに描き「私がウィル・ハリス3世です。御社のお客様に、初めて目にするアメリカ産のグラスフェッド・ビーフを提供するお手伝いをさせてください」と言うとジョンはあれこれ難癖を付けて断ろうとした。「グラスフェッド・ビーフは味が違います！　それに火の通り方も！」と彼は主張した。「味が均一ではないし、サシ*まで入っていますよね！」。顧客はきっと困惑するというのだ。しかし私は工業型システムではない農場で生産された牛肉を高く評価する顧客もいて、割高でも買ってくれるのだと説明した。するとジョンはため息をつき「この商品をうちの店に置くのはどれだけ大変か、おわかりいただけていないようですね」と答えた。

私は何が足りないのか訊ねた。ジョンはいちいち問題点を列挙する気はなさそうだったが、粘っていたら根負けして説明してくれた。まずは無限に続くペーパーワークをすべてこなし、加工と梱包、統一商品コードの問題を解決し、ウェブサイトをつくる必要があるとのこと。さらに農務省から認証を受けて加工し、PL保険（生産物賠償責任保険）に加入し、そのほかにも自宅のキッチンで作業しているような牛飼いにはまったく無縁の信じられないくらいたくさんのこまごました手続きをすることを確約しなければならなかった。

ジョンから聞いたことをすべて黄色いリーガルパッドに書きとめると、2ページ分いっぱい

＊筋線維内の脂肪

になった。そして、この面倒な作業が終わったらまた会ってもらえるか訊ねると、ジョンは笑って「もちろんですよ。もっとも、またお会いできるとは思っていませんがね、ウィル」と答えた。私は何も言わなかった。きっと私はあきらめるから、会うのは今回が最後になると踏んでいたに違いない。しかし、私は必ず戻ってくると確信していた。

すべての項目にチェックを入れられるようになるまで、たっぷり12か月かかった。費用がどれだけかさんだかはわからない。その過程で、グラスフェッド・ビーフのブランドに名前を付けた。当初使う予定だった名前よりもずっとふさわしい名前が見つかったのだ。ご存じのとおり、ここは家族農場で、それまではテナック・オークと呼ばれていた。この農場の生態系の中に生えているホワイト・オークへのオマージュとして曾祖父が思いついた名だ（テナックはホワイト・オークの通称である）。私はグラスフェッド・ビーフの公式名称を「テナック・オーク牧場」にしようと考えていた。しかし、それも初めてのウェブサイトができるまでの話だった。ちなみにこのウェブサイトはバプテスト派の牧師の奥さんにつくってもらった。当時はほかにそんなことのできる知り合いはいなかったからだ。奥さんは彼女の家のキッチンにある朝食用の小さなテーブルでノートパソコンを開き「このウェブサイトの名前は何にしますか？」と聞いた。私が答えると今度は「どんなスペルですか？」と聞かれた。「そうですね。年配の人のなかには『Tenak』と書く人もいますが、ハリス家ではずっと『Tenac』と書いています」。私の答えを聞いた彼女はちらりとこちらを見るとパタンとパソコンを閉じてこう言った。「本当にこれから一生、公に『Tenac』というスペルを使い続けるつもりですか？　それならいっそ、ホワイト・オークにしてしまってはどうでしょう？」。私は賛成した。あれは私にとって最高の衝動的決断だった。

最初に会ってから丸1年後、報告書類がすべてそろうと、すぐにジョン・テルフォードに電話をして、私のことを覚えているか訊ねた。ジョンは「ああ、ジョージアから来たクレイジーな牛飼いですね」と答え、6週間後にオフィスに来るようにと言った。指定された日、私はバンカーズボックス＊2箱に詰め込んだ、おそらく30キロほどの書類を持って彼のオフィスを訪れた。ジョンに言われたことはすべて完ぺきに最高のクオリティで仕上げてある。かわいそうにジョンはゴクリとつばを飲んでこう言った。「**1店舗だけ**置きましょう。ただし、商品は棺《コフィン》ケースで売ることになります」。私は「コフィンケース」が何を意味するのか知らなかったが、すぐに理解した。たとえば3月に七面鳥を売ったり、賞味期限の迫ったひな鳥の肉を売ったり、半端ものの肉製品をまとめて入れてある、一風変わったカバーのない冷凍ショーケースのことだ。しかし、条件はもうひとつあった。実演販売を行なって、顧客に商品を勧めなければならなかったのだ。こうして私は郊外のスーパーマーケットで、忙しい母親やおねだり上手の子どもたち、質問攻めにしてくるご隠居を相手に8時間もミートボールを配り続けることになる。

＊アメリカで銀行が書類を保管するために使っていたダンボール製の箱

　土曜日と日曜日は農場を離れ、明るい蛍光灯の下で、楊枝に刺したミートボールを配るだけでも、ナマズの入った袋で殴られるのと同じくらい気乗りしなかったのだが、その上、ミートボールを調理するアトランタのシェフ、アシーナ・ペンソンへの報酬というコストも負担しなければならなかった。しかしながら、この経験から、期待していた以上に多くのことを学べた。私はジュージューと音を立てるスキレットで買い物客を惹きつけた――トイレットペーパーや冷凍エンドウなどをまとめ買いしているところへ、一口大の温かい肉料理を無料で勧められたら、まず断れる人はいまい。しかし「奥さん（またはご主人）、このグラスフェッド・ビーフをぜひご試食ください」と言うと警戒して後ずさる人も少なくなかった。「**何ですか**？母乳育ち《ブレストフェッド》のビーフ？」。知識の差は歴然としていた。うちの牛たちは牧場で一生牧草だけを食べて育っているのだということ、ご婦人（または紳士）たちは困惑して「**どの牛も**一生牧草を食べているのでは？」と口をはさんだ。彼らの頭の中では「ゆかいな牧場（マクドナルドじいさん）」の歌が流れていたに違いない。そこで私は、すべての牛が牧場で生涯を終えるわけではなく、その日まで彼らが食べてきた牛は、すべて幸せとは程遠い生涯を送ってきたこと――混み合った汚いフィードロットや、浮腫を起こすエサ、１時間に４００頭ものトラウマを負った牛たちが、高速のベルトコンベアで運ばれ、屠殺されていること、労働者も作業の流れを止めないように危険な状態で働かされていること――を説明し、近代的食品マーケティングがかけた呪いを解いた。買い物客たちがショックを受けている様子を見て、私もショックを受けた。畜産をめぐる牧場神話がいまだに強力で、平均的な買い物客は工業的畜産のことをほとんど何も知らないことに私は気づいていなかった。正直に言って、無料の試食品をもらいに立ち止まった人々のほとんどは、私の話を信じていなかったかもしれない。商品を売るために話をでっち上げていると思ったことだろう。しかし、ありがたいことに信じてくれた人もいた。彼らは私の説明を聞いて、やや青ざめ、歩き去ることなく身を乗り出して耳を傾けてくれたのだ。

時には話が弾んでもうひとつミートボールを渡すこともあった。こうした郊外の買い物客は善良な人々で、好奇心があり、多くの面で正しく生きようと気をつけているので、私たちがほかの農場とは違うどんなことをしているのか知りたがったからだ。彼らを魅了したのは、手足の長い私のスタイルのよさと堂々としたカーウボーイハットだと言いたいところだが、実際のところ彼らが足を止めたのは試食品がおいしかったからであり、食料生産業者が語る真実に純粋に驚いていたからだ。これまで、スーパーマーケットで売られている「農務省検査済み」の牛肉を手に取ったとき、今買おうとしているのは**想像しているもの**——典型的なアメリカの田舎町でつくられた肉をおいしい特別なソースにひたしたもの——とは違うと彼らに教える人はいなかったのだろう。だから戸惑うのも無理はない。畜牛業界は決して「閉じ込め型飼育、殺虫剤残留、大豆で太らせたビーフ」などと正確な情報を載せたラベルを貼ったりしないからだ。

買い物客が安い牛肉を楽しむには目に見えないコストがかかり、最も残酷なコストは牛たちが支払っているなんて、思いもよらない。しかし、本当に重要なのは信頼性であり、見ればわかる。だからこそ、彼らは私の話に耳を傾けてくれたのだ。

この最初の実演販売は成功し、パブリックスのアトランタ倉庫の管轄にある店舗であと12回実演販売できることになった。その後さらに12回、今度はもう少し遠いところで実演販売を行なった。私たちのグラスフェッド・ビーフはコフィンケースの冷凍肉から、食肉売り場の目の高さに置かれる生鮮肉に格上げされた。パブリックスはホワイト・オーク牧場の牛肉をアトランタの倉庫に置いてくれることになった。これは約２００店舗で売られることを意味していた。私は週末のたびに実演販売を続け、販売店舗が増え、顧客が増えるにつれて、地元の独立系の農場で生産された私たちのグラスフェッド・ビーフは勢いに乗ってきた。

当初はこうして買い物客に直接会うことに抵抗を覚えたが、おかげで重要な基盤を築くことができた。彼らは「Know Your Farmer（生産者を知ろう）運動」の走りで、その後この運動は私だけでなく、ずっと多くの農家を巻き込んで、はるかに大きくなり、農産物の直売や農場ツアー、後年にはポッドキャストやソーシャルメディアを通じて生産者と消費者が再び直接つながることに貢献した。最も早くからホワイト・オーク牧場の顧客だった人々は、今でも私の等身大ポスターを目にしたのを覚えているという。このポスターは２つ目の卸先となったホールフーズ・マーケットの食肉売り場の奥に貼られていたもので、「ジョージア州ブラフトンのウィル・ハリスをご紹介しましょう」という文と共に、私たちの動物福祉の基準について説明されていた。嘘のような話だが、ホールフーズ・マーケットは私を人道的畜産運動のイメージキャラクターにしたのだ。これは少々苦痛だったが、幸いなことに、友人も隣人もわざわざ車で3時間もかけてアトランタのホールフーズ・マーケットまで買い物に行ったりしないため、最悪の事態は避けられた。こうして私が自分の居場所である農場に帰りたくてうずうずしながら、遠く離れた店舗まで肉用の保冷ボックスをいっぱい積んだトラックを走らせ、何度も実演販売を行なったのは、自分たちの世代が関与した意図せぬ影響に対する罪滅ぼしだったといえるだろう。あるいはこれらの経験は1年にわたるある種の準備運動だったのかもしれない。このおかげで、より良質の肉を扱う新しい市場を確立する闘いにおいて、工業型システムおよび見せかけだけの環境対策《グリーンウォッシング》に対抗するために私が持っている武器は、透明性と信頼だけだと最終的に確信できたともいえる（私はこの「グリーンウォッシング」という言葉を、ますます盛んになってきたビッグ・フードによる人をあざむくマーケティング活動という意味で使っている。ビッグ・フードは日常的に消費者をだまし、自分たちが売っている工業的に生産された食品も私と同じような農法でつくられていると信じ込ませているが、実際は雲泥の差だ。透明性と信頼は私にとって剣と盾であり、どちらも強力な武器なのだ）。

ご存じのように従来型の食肉産業の大手企業は、グラスフェッド畜産を行なっている比較的小規模な農家や酪農家が自分たちのマーケットシェアを多少奪っても気にかけない。彼らが廃棄している食品のほうが、私たちが販売している食品よりも多いのだから。成功を収めた現在でも、私たちはこうした企業の数十億ドルに及ぶ売り上げの一部すら脅かすには至っていない。しかし、私たちの農法にまつわる物語は違う。農場や動物、その育て方の話を聞いた人々は必ず首をかしげる。私たちは牧草地も食肉処理施設もすべて公開しているのだが、そこで行なわれているのが**私たち**のやり方だとすると、**彼ら**は壁と門に閉ざされ、中を見ようとすれば警備員が応援を呼ぶような場所で、一体何をしているのだろう？　この対比がきっかけとなり、消費者は考えるようになる。しかし、ビッグ・フードは人々が考えるのを望まない。それどころか、実のところ死ぬほど恐れているのだ。

関心のある消費者には、過去75年間で動物福祉がどれだけ嘆かわしい状況まで悪化したか、いくらでも説明できる。その変化は明らかだ。これは私たちが依存している食用動物に対する考え方が根本的に変化したことに端を発する。工場型農場システムが登場するまで、当然ながら農家は食用動物を、農場の循環システムに欠かせない要素であり、動物たちは牧草や土壌、環境全体に利益を及ぼす重要な役割を果たしていると考えていた。また、家畜は収益化できる恵みであり、その恵みはサイクルが適切に働いてこそ得られるものだった。ところが直線的なシステムが循環型の旧来のシステムに取って代わったことで、動物たちは商品になり、単純明快な存在になった。この変化には大きな意味がある。生き物を商品と見なし、動物を**飼育**するのではなく肉を**生産**し、効率性を最大の目標にするようになると、多くの罪を正当化できるようになるからだ。

動物たちを共に進化してきた土地から引き離して室内に閉じ込めることも、気温も照明も調整して、鶏たちが自然のタイミングに逆らっていつでも卵を産めるようにすることも正当化できる。

自然界と違って、生物同士の共生関係がまったくない窮屈な囲いの中に押し込むことも正当化できる。効率性の観点から見れば、動物たちを密集させることは問題ではない。高額な工業型施設のローンを返済するには、確実に大量の製品を生産する必要がある。これは人間でいえば「投獄」と同じことだが、人間の場合、監禁されるのは犯罪者だけだ。

自然に反し、健康への影響を一切考慮せず、ただ太らせるためだけにつくられた、消化しにくい穀物を草食動物に与えることも正当化できる。さらにひどいことに新聞印刷用紙をつくる際に余ったパルプや鶏の糞、ほかの動物の骨粉、蒸留酒製造所から出る穀物のカスまで動物たちに与えているが、これらは肉に含まれる健康に悪いオメガ6脂肪酸を急増させてしまう。そして、自らの利益のためだけに低量の抗生物質をエサに加え続けなければならなくなる。これは密集状態でも感染症が広がるのを抑えられる安上がりな方法だからだ。しかし、病原体は人間にも必要な抗生物質に対する耐性を高めてしまう。

また、人件費が増えれば収益が減るため、閉じ込められた動物たちを世話する人を減らすべきだと自分に言い聞かせ、代わりにテクノロジーを追加する。コンピュータ制御の施設は気温調節やエサ、水など、ほとんどすべての作業をコントロールできる。残りの従業員は畜産のスキルを必要としないため低賃金で、家畜の死骸の処理をする。死亡率を補うために、さらに動物を押し込むこともあるだろう。十分な賃金をもらえず心が離れた従業員が純粋にストレスから動物たちを残酷に扱ったとしても、見て見ぬ振りをすればいい。無慈悲なストレスは人間の感覚をまひさせ、その結果、誰もこのひどい行動が間違っていると指摘しなくなる。

さらには、もはや歩けなくなるほど鶏の胸を巨大化させたり、牛を異常なほど太らせたり、豚の筋肉を増強させたりすることも正当化できる。こうした残酷な扱いを受けた動物たちは、きっと無理やりステロイドを摂取させられて、自分のつま先に触ることもできないほど筋肉が硬直したボディビルダーのような心境に違いない。

私はこういった正当化をする人々を悪者にしようとしているわけではない。彼らがどうしてそうなったのか知っているからだ。効率化と、食料をなるべく大量かつ安価で安定的に生産するために行なわれた一つひとつの小さな決断が、動物たちの健康や幸福の実現に予期せぬ結果をもたらした。これらの方法は、ビッグ・アグから資金提供されている、博士号を持った研究者たちによって、農家に悪影響はないと立証されていた。農場を維持するために懸命に働いている生産者にとって、最低基準を満たす以上の生産物をつくろうというインセンティブは徐々に失われていった。コモディティ・システムでは、最低基準を超えても報われないからだ。そのため農家はただ最低基準の商品をつくり続ける。基準が少しずつ低下しても気づかない。ゆっくり移動する氷河のように、毎年わずかに低下するだけだからだ。ヨシフ・スターリンは、十分に時間をかけて人々の自由を奪っていけば、彼らは自由を失ったことにすら気づかないというような言葉を残している。私たちは動物たちの健康と幸福に対して同じことをしてしまった。そして、牛たちが膝まで糞に埋もれてフィードロットの中に立っていても、母豚が子豚をつぶさずに向きを変えることも横になることもできないような分娩枠の中に毎日24時間閉じ込められていても、鶏たちが日の光を見ることなく、互いに押しつぶし合って命を落とすような劣悪な環境に置かれていても気にならないところまで来てしまった。それで大丈夫なのだ。そして「みなさん、何も問題はありません!」と言うようになる。今や動物たちは健康で幸せどころかストレスを抱え、肥満になり、人間の死因にもなっているような多くの病気にかかろうとしている。それでも驚いたことに、ほとんどの人はこうした肉を食べるのは問題だと気づいていない。

おそらく私が長年農場の動物たちの福祉について無関心になっていた原因はこれだろう。私は農場でたくさんの牛を野外の柵の中に閉じ込め、そのほかの多くの牛をフィードロットに送り、ときどき、フィードロットを訪れていた（契約形態によっては牛が屠殺されるまで所有権を農家が保持することがあるのだ。これはあいにく農家にとって酷な取引だった）。しかし、私は非人道的な行ないを定期的に目にしても、自分が関与しているという感覚はなく、ゾッとすることも愕然とすることもなかった。利便性と効率性重視のモノカルチャーの考え方は理にかなっているように思えた。生産物をつくり、フィードロットに電話をかけ、収入の半分が支払われる日を設定し、小切手を受け取り、それをひたすら繰り返す。このプロセスはうまくいっていて、農場もこのシステムの恩恵を十分に受けていた。私は、このプロセスにおいて、動物にエサや水、すみかを与え、意図的に痛みを与えなければ、動物福祉ができているのだと信じて疑わなかった。祖先が慣れ親しんでいた、人間と家畜が相互に関係し合いながら暮らし、お互いの運命が深くかかわり合っている——相手を大切に扱えば、自分も大切に扱ってもらえる——統一体としての生活は、現実としては難しくなってしまった。モノカルチャーの考え方が次の世代に受け継がれ、新しい規範になったのも不思議ではない。私の父は工業的方法を初めて導入し、教師たちはこの方法を教え、同時代の農家はみなこれを実践していたのだから。

このシステムから距離を取るようになって初めて、すべてはそれぞれの部門がほかの部門から引き離されているからこそ成り立っていることに気づいた。ビッグ・フードやビッグ・ミートの役員室にいる賢い人々は、いろいろな数字をこねくり回し、どうすれば効率性を最大化できるか考え、ゲームのルールを設定している。これらの企業は取引している動物たちを実際に目にすることも思いやることもなく、多くの場合、こうした計算をする役員たちの職場は動物たちから何マイルも離れた場所にある。一方、フィードロットや閉じ込め型の豚舎で働く人々は、ブーツを履いて泥の中に立ち、目の前にいるみすぼらしい生き物を見ながら、どうしたらもっと効率を上げられるか**彼らなりに**知恵を絞っている。効率が上がれば、自分たちも役員の座に近づけるかもしれないからだ。この方程式のどこに思いやりのある動物福祉が入る余地があるだろう？　インセンティブは？　動物の生活の質を上げてもインセンティブは得られない。生産コストを下げて経済的効果を上げられれば話は別だが、そんなケースは見たことがない。

ひとりの消費者として、地元で食品を購入する際、みなさんも大いにこれにかかわっている。パックに入った手頃な値段の豚ロース肉や特売の牛ハラミ肉のステーキが、いつでもショッピングカートに放り込み、夕食に食べられるように売られているが、最も悲惨な生き方をした動物の肉でもおいしそうに見せることはできる。私もこうした消費者の気持ちはわかる。肉がどんなところから来ているか知らなければ、値段を最重視するのは当然だ。それでも私は、もし安売りされている動物たちの苦しみが味に反映されたなら、もう二度とその肉は食べたくなくなるはずだと思う。

私は自分が育てた家畜はそのような味にならないでほしいと思った。そこでホワイト・オーク牧場は「アンチ工場型農場」と呼ばれる方向へ舵を切った。複数の種の動物たちを農場の中心という正当な地位に戻し、その地位にふさわしく生活の質を高めるのだ。私たちのやり方はほかの人々のやり方とは異なっていたかもしれない。私たちが実践する動物福祉は私たちのユニークな特性を反映しているからだ。ホワイト・オーク牧場はジョージア州の亜熱帯沿岸平野にあるポリカルチャー＊の農場で、幸運にも毎年、農地を広げている。そのおかげで、ほかの農場にはない選択肢が得られている。たとえば、うちには去勢されていない雄牛の大きな群れ（１０００頭以上）を飼育できるだけの面積があるため、雄牛を去勢しないという選択ができるが、うちよりも狭い農場には難しいかもしれない（以前は農場で生まれた生き物は、ハリスという名前がついていないかぎりすべて去勢していたが、これは私たちが最初にやめた工業的慣例のひとつだった。また子牛たちには生後６か月まではなく９か月まで母乳を飲ませるなど、ほかにもさまざまなことを変えた）。

私はよい動物福祉のための普遍的なルールをつくりたいと思っているわけではない。コンテクストがすべてであり、生産者はそれぞれに異なるチェックリストを持っているからだ。しかし、私が必要かつ実行可能と考える、より広範囲に及ぶ考慮すべき事柄なら共有できる。これ

＊複数の種の動植物が同時に同じ場所で栽培・飼育される農業形態。混合栽培、混合飼養

らが実行可能だといえるのは、私たちのホリスティックでレジリエントな農場で実践してきたからだ。これらの事柄は、農家や生産者が工業型農法からよりよい農法へ変換する際に考慮すべきハイレベルの目標であり、消費者も覚えておけば、より上質な肉を購入することができる。また、それぞれの生産者が本当に動物福祉に投資しているかを問うのにも役立つだろう（適切な動物福祉が行なわれているか、つい第三者の検証結果に頼りたくなる。私も初めて認証プログラムの結果を受け取ったところはそう感じていた。そして人道的扱いだけでなく、生態学や環境保護、適法な労働の実践など、あらゆる認証を受けた。当初はボーイスカウトがバッジを集めるようにすべての認証を求め、コレクションを完成させようとしていたのだ。ところが、こうした団体のいくつかはよい仕事をしていたが、すぐにより大規模な認証業界が誕生し、最近では簡単に達成できる目標を達成しただけで認証を得られるようになった。また、多くの場合、認証基準を上げる際も、柵を30センチではなく3センチずつ上げるように、ごくわずかしか変わらない）。

自分が消費する食料がどのようにつくられたか本当に知りたかったら、確実に知る方法はただひとつ。思いやりのある動物福祉の概念をよく理解し、農家に何を確認すればいいか学ぶことだ。これらの質問は、たとえ一切肉を口にしないと決意している人でも、環境への影響やよりよい土地管理の可能性など、ほかの理由から家畜の飼育法に関心があるなら、きっと役に立つはずだ。私たちの農場での経験をもとにしたもので、発想の転換を促すことだろう。これらに従い、私たちは何年にもわたって大きな規模で動物福祉を実行できることを証明してきた。

　しかし、最初に断っておきたい重要な点は、家畜の福祉はペットの福祉とは趣が異なるということだ。したがって、後者を期待して農場を訪れるべきではない。農場のやり方はペットの福祉とは違うのだ。私は話している相手が農場育ちでないかぎり、会話の早い段階で何を期待できるかはっきりさせる必要があることを学んだ。とにかく一緒に状況を改善したければ、全員が同じページからスタートするべきだ。そのページは人間と動物の関係を**複雑なものと見なして**いる。なんといっても、ここで私たちが扱っているのは、農場の有機体という相互に関係し合う複雑なシステムであり、農場では家畜（および、おそらく複数の種の家畜）が多様な生態系の中に存在し、その傍らで多くの人々がこの有機体を維持するために十分な収入を得ようと努力している。そのため、みなさんが愛するコンパニオン・アニマルの犬や猫、オウムを扱うように農場もすべての動物を扱っていると思っているか、ちょっと考えてみるだけでも参考になる。私はあらゆる意味で単純な人間だが、何度もミートボールの実演販売をして善意の買い物客と触れ合うなかで、動物福祉に関しては農業関係者でない人々のほとんどが私よりもずっと単純な世界観を持っていることを学んだ。彼らは、私が何度も収益を危険にさらしてまで大切に扱っている動物たちをどうして屠殺し、加工して食べることができるのか真剣に訊ねてくる。そんなとき、私は軽薄さからではなく、心から、屠殺することは気にならないのだと答えている。

彼らはコンパニオン・アニマルとの関係というフィルターを通して動物界全体を見ていることがわかるはずだ。この関係において、善良な人間は動物を迎え入れ、生涯にわたって思いやりと愛情を惜しみなく注ぎ、最期まで寄り添い、埋葬し、次の動物を迎え入れる。私にも特別扱いをしているコンパニオン・アニマルがいるので、彼らの気持ちはわかる。ジープの助手席も私のデスクの横の日の当たる場所も愛犬ジャッジのものだ。一方、農家と動物との関係ははるかに複雑で多面的である。うちの農場では、ジャッジのようなコンパニオン・アニマルとの関係と、農場のカウボーイたちが乗る馬や家禽類を守る犬、牛の群れを監視する犬といった使役動物との関係もあれば、家畜との関係および家畜の周りにいる野生生物との関係も、さらにはブンブン飛び回って植物の受粉をしてくれるミツバチや土壌微生物との関係もある。私はこれらすべての生き物を愛していて、彼らのウェルビーイングを維持するために多大なるエネルギーと労力を注いでいる――それがすべての仕事の中心にあるのだ。ところが、個々の関係は少しずつ異なっている。娘たちとの関係と妻との関係は違い、隣人や仕事仲間との関係もそれぞれ違うように。

そこで理解してもらいたいのは、農家が動物を育て、人々に食べさせるためにその命を奪うことができるのは、私たちは動物の個体ではなく、群れを愛しているからだということだ。このシステムにおいて、個々の動物は現れては消えていく。一方、群れは土地と同じように永続する。世代を追うごとに進化を遂げ、命を引き継ぎ、命を再現していくさまは実に見事だ。ここで私なりに精いっぱいそれを表現するとすれば、ペット以外の動物と触れ合った経験がない人は、湖を愛するようにその動物を愛する傾向がある。湖の水は静かで、流れることも動くこともなく、変わることもない。一方、群れに対する私の愛は途絶えることなく流れ続ける大河への愛のようだ。大河は自ら水を補充し続ける。私が群れを愛しているのは、群れは続き、すばらしい遺伝子を何世代も前から引き継いでいるからだ。群れに子どもが生まれ、育っていくのを見るのも大好きだ。こうして動物たちは農場を支え、群れは生き続ける。それに動物たちが残したものが土に還り、土を豊かにし、群れのエサとなり、サイクルを維持する。牛や山羊、豚の出産シーズンも楽しみにしている。新しい動物の集団が誕生するからだ。しかし、私は同じくらい収穫期も楽しみにしている。次の世代の動物たちに道を譲れるからだ。私にとってこれは深い愛であり、普遍的で非常に古いもの、人間がいてもいなくても存在するものへの畏敬の念である。

　この観点からものを見るようになるまでは、農家のアニマルケアのあるべき姿について、うがった見方をする危険がある。牧場が動物とのふれあいの場、あるいは高齢の牛のための養老施設のようであってほしいと思っていたら、目の前にある農場が思いやりにあふれていても気づかない恐れがある。赤ちゃん山羊やその母親にとっては、愛犬のポメラニアンやプードルのようにソファの上で飼い主になでてもらうより、生け垣の下で暴風雨をしのぐほうがずっとよいということを理解できないからだ。そもそも動物を育てて食用に供するべきではないという考えにとらわれてしまうこともあるだろう（こういう人々は過激な完全菜食主義者と呼ばれていて、何人も会ったことがある）。そのため単純な見方と複雑な見方には多くの共通点があり、いずれも生き物が痛みや苦しみを感じないようにしているが、どうかうちの農場でも動物たちをペットのように扱っているとは思わないでもらいたい。善良な畜産業者は食用動物に対して、フワフワしたペット用のベッドとペットのおやつではなく、ライフサイクルのすべての段階を管理し、科学的に安価で効果的と決定されたものに背を向け、代わりに自然を模倣することで愛を表現しているので、その点を理解してほしい（ちなみに高齢の牛や豚、七面鳥のための養老牧場は無限の資金力を持った慈善家がその目的に賛同でもしないかぎり、経済的に生き残ることはできない）。

私は畜産の原点に立ち返ることで、心のこもったケアを実践している。私は世話人として働き、動物たちのために、私がいなかったら自然が提供していたであろう状態になるべく近い状態をつくり出す。ホワイト・オーク牧場で新しいプログラムを始めたとき「私が利益のために介入しないとしたら、自然はどうやって動物たちを育てるだろう？」と考え続けた。こう自問すると正直でいられる。私は１００％これができているというわけではなく、多くの場合、私は動物たちが行なうとおりに物事を行なっていないが、そうしているのは、土地が何か特別なものを必要としているか、従業員が何かを特定の方法でする必要があるからだ。それでも自然の模倣はかなりうまくいっている。これを理解した上で、アンチ工場型農場が第一の目標に掲げるべきであり、消費者が最初に訊ねるべき質問は「動物たちは本能的行動を自由に取れているだろうか」だ。閉じ込められた動物たちを間近で見たことがあるなら、不幸せであることがはっきりわかるだろう。動物たちは本能的行動を取ることを制限されているため、常に低レベルのストレスにさらされながら生きている。動物たちから本能的行動を奪うのは、動物たちを蹴ったり、たたいたり、怒鳴ったりするほどあからさまではなく、わかりやすくもないが、虐待行為だと思う。これはとても簡単な話だ。牛は歩き回って草を食み、鶏は土を掘ってエサをついばみ、豚は転げ回って鼻で地面を掘るように生まれてきた。この権利を否定したら、動物福祉の質は低下する。もちろん牛をフィードロット、豚を分娩枠、鶏を鶏小屋で飼えば、動物たちの安全を保てるかもしれないし、もしかしたらそれなりに快適かもしれないが、これはまるで子どもをクローゼットの中で育てながら「ここはすばらしいところだ！　一年中気温は22度で心地いいし、毎日24時間照明で照らされ、閉じ込められているからフットボールをして足を折ったり、バスにひかれたりしない。ところで、遠慮なく好きなだけドリトスを食べなさい」と言っているようなものだ。これはよい子育てだろうか。健康で幸福な子どもに育てるには、フットボール場やサッカー場に連れ出し、激しいプレイも経験させ、微生物にさらして自然の免疫力を高め、ダイナミックで常に変化し続ける環境に対応することで、レジリエンスを身に付けさせる必要がある。

考えてみてほしい。動物たちを閉じ込め、自然な行動や探検、交流を制限するのは、人間社会であれば重罪を犯した人しか受けないレベルの罰を動物たちに与えているようなものだ。ところがこれは家畜の飼育法として、問題なく受け入れられている。私は閉じ込められた動物たちを見ると、囚人を見ている気持ちになる。この光景は美しくも魅力的でも感動的でもなく、見て喜ぶ人はいないだろう。これとは対照的に畜産においては、母性本能などの本能的な行動ができるようにしてストレスを減らす努力をする。母牛や母豚は人間の母親と同じように、幼い子どもを奪われると大きなストレスを感じる。自然界では母親はある時点で子どもを乳離れさせ、次に生まれてくる子どもに道を譲らせる。私たちは子どもたちを母親のもとに残し、母親が次の赤ちゃんを産む準備ができるまで、母乳を飲んだり、牧草を食んだりして一緒に過ごせるようにしている。このやり方だと子どもたちは生後6か月ではなく10か月か11か月で離乳するので、その時点で母親から引き離し、間もなく生まれる新しい赤ちゃんが生き延びられるようにする。これは人道的な育て方といえるだろう。

豚は牛よりも賢く、自然界の母豚はお互いに相手の子豚の面倒を見合う習性があるため、母豚は子豚を別の母豚に預けてエサをあさることができる。また、豚は丘の中腹に巣をつくるため、重力によって糞尿は下に流される。屋外の木製シェルターで出産させるのは、工業型養豚ほど**効率的**ではなく、うちの牧場では1回に８頭前後生まれるが、閉じ込め型の場合12～14頭生まれる。しかし、屋外のシェルターなら母性本能が活発になり、強くレジリエントな群れをつくることができる。

もっとも、動物の本能的行動は必ずしも好ましいものばかりとは限らない。いくつか、それを証明する苦労話がある。たとえば出産期の山羊を豚と一緒にしたのは失敗だった。それに、出産中に柵に頭が引っかかってしまった母親山羊と空腹の豚はよい組み合わせとはいえないことがわかった。ジェニーがよく言っているように、農場はディズニーランドではないし、私たちのような農法を行なっている農家は常にそれを実感しながらやっている。とはいえ、この種の失敗も敬意と畏敬の念に値する。動物たちが自然の本能を表現しているからだ。

要するに生産物は本能をむき出しにしないが、動物はむき出しにするということだ。私の意見としては、動物が本能的行動を取れるように農場を経営しないと、悲惨な失敗をすることになる。あるとき疑い深い人からこう聞かれた。「動物福祉を優先しているということですが、そもそも人間はどんな牛が『幸せな牛』かわかっているのでしょうか」。私は牛を何頭も飼っているから幸せな牛がどんな牛か説明できると答えた。幸福な動物は毛並みが良く、上機嫌で、エネルギーがあり、好奇心が強く、生き生きしている。遊び場の子どもと同じように、幸せな牛は新鮮な草を見つけるとうれしそうに跳ね回るので、満足していることは一目瞭然だ。家畜を幸せで、満たされた状態にするには本能的行動ができる環境で育てることだ。これが動物福祉について考慮すべき第二の重要な点である。

草食動物なら草原、豚なら森といったように、動物たちをそれぞれの進化の過程で暮らすようになった環境から引き離すのは人間の原罪だった。動物たちを工業規模の小屋という屋内や自然環境から隔絶されたコンクリートのフィードロットに棲まわせるのは究極の傲慢だ。人間は自然を改善できるという考え方に私がどれだけ腹を立てているか、もうおわかりいただけるだろう。人間が平気で土地と家畜のつながりを断っていることに怒りを覚える。紛れもない犯罪行為だからだ。つながりを断ったことですべてが地獄を見ることになった。こう考えてみよう。ホリスティックな観点から見ると動物と土地は共生関係にある。多くの目的のために共に進化してきた。動物たちはそれぞれの土地から必要なものを**手に入れて**生きているというだけでなく、土地に必要なものを**与えて**もいるのだ。反芻動物は蹄と口で草原に刺激を与えることで草原を再生し、家禽類は土の表面をつつくことで微生物を周りに広げ、豚は木の根元の周りを鼻で掘り返し、転げ回って土壌に空気を含ませる。私たちは植物が光合成を行なってエネルギーと水とミネラルを炭水化物に変えてくれることを称賛するように、草食動物が植物を食べて成長し、その肉を人間が食べ、草食動物が排出した糞尿が微生物のエサになり、草食動物の死骸はさらに微生物のエサとなることを歓迎すべきだ。動物たちはほかの生物の利益のためにこれを行なっているわけではない。自分たちの利益のために行なっているのだ。しかし、共生関係にあるため、動物たちの行動は環境やほかの動物の役に立っている。動物たちはサイクルを動かしているという単純な理由から、君主のように扱われるべきなのだ。これはまさに動物たちは土壌の上で生きるべきだということを証明しているのではないだろうか。この大きな進化的帰結から動物という要素が抜け落ちたら、世界は一変するだろう。テクノロジー業界のグルが何と言おうとも、人類は動物抜きで進化を進める方法を編み出せるほど優秀でないことは明らかだ。したがって、私たちは自然と**協働すべき**であって、自然に逆らうべきではない。

また、自然な環境で生きる動物たちは遺伝的潜在能力をフルに発揮しているため、人間はできるかぎりのことをして、この世代を超えた絆を尊重すべきだ。私たちの農場ではどこに目を向けてもこの絆を見ることができる。牛は健康でたくましく、常に動き回り、座ってばかりいることはない。豚も山羊も羊も家禽類も母なる自然がもたらすすべての要素に十分に接しているおかげで、より強い忍耐力とレジリエンスを身に付けている。動物たちは繁殖の成功を支える光と闇、季節といった自然のリズムと同期している。動物たちは進化によって食べるようになったものを食べ、必要であれば私たちがそれを少し助けている。たとえば水牛は同じ方向に1000キロも移動することがあるが、ホワイト・オーク牧場は約6キロしかないため、うちの牛たちは水牛と違って、今日はリンが豊富な草、明日は硫黄が豊富な草といったように牧草を食べながら広い範囲を移動できない。そこで私はカフェテリア・スタイルのトレーラーにさまざまなミネラルの入ったトレーを載せ、牛たちがそこから好きなものを好きなだけ食べられるようにした。牛たちはどの栄養素が足りないか、あるいは妊娠しているか、赤ちゃんがいるかによって、何が必要か本能的に理解している。これは人間の自然模倣がいかに不完全かよくわかる一例だ。

アメリカ大統領が感謝祭で食用の七面鳥に恩赦を与えるように、私が牛たちを屠殺しないという決断をしたら、牛たちは薬を与えなくても20年以上生きるはずだ。一方、閉じ込められ、炭水化物の多いエサを与えられている生き物は屠殺予定日よりあまり長く生きられない。肥満や心臓発作、脳卒中、あるいは運動不足の生活がもたらす害により命を落とすからだ。豚にも家禽類にも山羊にも同じことがいえる。

かつて、テキサス州フォートワースのホテルで壁に飾られていた一連の牛の古い写真を見たときのことは決して忘れないだろう。フォートワースは工業型ストックヤード＊の中心地で毎

＊屠殺前の家畜を一時的に収容する場所

年大規模な畜牛品評会が開かれる。このホテルには１９３６年から私が訪れた２００８年までのグランド・チャンピオンの写真が飾られていた。私は牛が年を追うごとに生理学的に変化していったことに目を見張った。１９３０年代後半の牛たちはずんぐりしていて胸部ががっちりしており（畜産業界では「スプリング・サイディッド」と呼んでいる）、短く太い首筋あるいはこぶがある。これは雄牛の第二次性徴の典型的な特徴だ。牛たちはさまざまな条件の下、牧草地で自分たちの力を発揮し、自然の中で生き抜き、繁栄した。一方、70年後の雄牛は体高が高く、スラブサイディッド（側面が平ら）だった。こうした牛たちはまったく雄牛らしくなかったが、混み合ったフィードロットに詰め込むのに向いていた。脚が長いため泥や糞尿の中にじっと立っていても埋もれることはないからだ。炭水化物の多いエサを食べ、側面が平らな長い体にネバネバした脂肪が蓄積されていく。

私は昔の牛と今の牛の違いに驚き、５分以上立ったまま写真に見入っていた。これはモノカルチャー作物の真っすぐな畝《うね》の美しさについて、目からウロコが落ちた瞬間に少し似ていた。私は昔からフィードロットにいる太った牛を見るのが好きだった。いつだって、なんといってもその姿が一番だと思っていた。私は何年も外部から種牛を連れてきて、自分の群れでも最も大きく、ジューシーな牛のＤＮＡを繁殖させた（人工授精による種付けも畜牛農家がよく使う技術的投入材のひとつである）。しかし、目を細めてこれらの写真を見ながら、工業型農法が不自然な特性を選択すればするほど、健康で立派な動物の概念が変化していったことに気づいた。そのせいで牛飼いたちは、あらゆる種類の間違った行ないをするのに慣れてしまった。たとえば超音波を使って雄牛のリブ芯の大きさを調べ、リブ芯が最も大きい不自然な雄牛が最も高価な種牛となった。不自然な特徴を選択することがもたらす予期せぬ結果のことなど考える人はいなかったのだ。しかし、今ならこうした標準からかけ離れた個体は決してあらゆる面で優れた動物ではないことがわかる。巨大なリブ芯を持っている、または特別早く体重が増える去勢雄牛や大量の牛乳を出すように育てられた乳牛は、結果として足が弱かったり、性欲が弱かったり、異なる種類の牧草を受け付けなかったり、健康状態が悪かったりする。これらはいずれも自然に任せておけば淘汰されるものだ。ひとつの種の**ひとつの**特徴を選択する場合、その種の**ほかの**すべての特徴を犠牲にすることになる。同様にひとつの生態系の中のひとつの種を強化したら、ほかの種すべてを犠牲にする。

あの日、フォートワースで写真を見たのも小さな発見の瞬間だった。以来、太った動物を褒められなくなった。むしろ哀れに感じる。繁殖の結果、近年人間を襲っている過剰消費に伴う病気と同じ病気にかかり、若いうちに屠殺しなければならなくなる。どのみち長生きはできないのだ。

私はそれ以来、時間をさかのぼるように群れを繁殖させるべく努力してきた。自分の家畜たちは1930年代の若い雄牛のような姿になってほしいと考えており、世代を重ねるごとに近づいている。雄の子牛の去勢をやめた理由のひとつは、自分の農場で育てている群れのほうが外部から購入する牛よりも優れていることが徐々にわかってきたからだ。曾祖父の時代、群れは「閉ざされた群れ」だった。つまり、外部の動物が交配と繁殖のために持ち込まれることなど**一度も**なかったということだ。曾祖父は自分が繁殖させている群れの中から、自分で設けた基準に合う雄牛と雌牛を交配させていた。ところが祖父か父の時代のある時期から、群れを改良して収益を増やすべく、高額な雄牛を扱うディーラーから純血種を購入するようになった。より大きく重量のある家畜を求め、あらゆる品種を掛け合わせた。父と私は、流行のものは何でも取り入れ、アメリカの土を踏んだすべての品種を1頭ずつ飼っていて、ブラーマン種、ヘレフォード種、褐毛和種、ショートホーン種、シャロレー種、ジンメンタール種に加え、多くの黒毛と赤毛のアンガス種もいた。牛たちは徐々に雑種になり、ありふれたアメリカの肉牛に近づき、後年フィードロットで与えられる穀物や大豆のエサを消化吸収できる、自然にはない能力を身に付けた。一方、ハリス家の群れの雌牛は閉ざされたままで、どの母牛もうちの群れから生まれた牛だった。私は雄牛の去勢をやめた時点で雄牛側も閉鎖し、群れの中のさまざまなランクの雄牛の中から交配する牛を選び、種牛は一切注文しなくなった。

しばらくして、雄牛たちの精巣に多様なDNAがあることは恵みであることが証明された。

私は自分が最も好きな特性を選び、最も生殖能力が高く、健康で、うちの生態系で全般的に最もパフォーマンスのよい雄牛を選んだ。そうすることで、やがて土地と動物の隔絶をさらに修復できた。私たちはここの土地にうまく適応し、農場で育てている牧草から十分に栄養を得られて、生まれて死ぬまでずっと牧草地で健康に暮らせるホワイト・オーク牧場独自の品種を手に入れたのだ。それでも私はまだ自制しなければならなかった。でないと、カウボーイとして条件づけられた昔の自分がすぐに出てきてしまうからだ。1年に2回、群れの種牛となる幸運な雄牛を選ぶのだが、農場の家畜ディレクターである義理の息子のジョンと一緒に囲いの脇に立ち、ほかの従業員に指示を出して、残しておきたい雄牛を分けてもらう。ジョンは190センチのスラッとした体型で、私はジョンより15センチほど低いが体重は私のほうがかなり多い。残しておく牛を分けて小さい囲いの中に移すため、シュート*1のところで働いている人々に私はこう言っている。「いいか。残しておきたいのは私みたいな体型の雄牛《ウィル・ブル》だ。ジョンみたいな雄牛《ジョン・ブル》じゃないぞ！*2」。時間とともに、私は閉じ込め型の牛たちよりも、がっちりしていてレジリエントな牛を求めるようになっていった。

　大学を卒業して間もないころ、ある工業型養豚場を訪れた。私は服を脱いでシャワーを浴びて抗菌性石けんで体を洗い、消毒されたジャンプスーツに着替えてヘアネットをかぶり、すべての服をロッカーにしまってから施設に入った。「豚は**泥まみれ**で転げ回るものなのに、そ

*1 家畜を一列に並ばせるための囲い
*2「ジョン・ブル」には典型的なイギリス人という意味もある

の豚を見るのにどうしてシャワーを浴びて、消毒された服に着替えなければならないのだろう？」と思ったのを覚えている。しかし工業型施設は無防備なため、これが必要だったのだ。動物たちは自然に免疫系を鍛えてくれるものに接することなく隔離され、すし詰め状態になっているため、想定外の微生物がほんのわずかでも混入したら、すべてが台無しになりかねない。もちろん当時はそれを理解できるほどの知識を持っていなかった。私はただそれがハイテクで、正しい方法なのだと思っていた。しかし今はこの隔離の代償を知っている。

土地と家畜の隔絶を修復し、自然な食事や自然な環境、絶え間ない移動、ストレスをなくすなど、自然のやり方を模倣するようになると、動物たちにとって多くのことが改善され始めた。以前より健康になり、それが好循環を生み出した。健康問題が減れば、未知の副作用を持つ薬を以前ほど使わずに済み、動物たちの健康状態はさらに向上した。たとえば私はそれまですべての牛に毎年、虫下しを飲ませていたが、徐々に量を減らすことができた。動物たちはもう同じ区画に何日も何週間もとどまることはなくなり、生まれたばかりの寄生虫を間違って食べてしまうこともなくなった。寄生虫は通常、動物の内臓から糞となって草の上に落ち、別の動物の口に入ってうつるのだが、家畜を頻繁に移動させれば、寄生虫が牧草を介して繁殖するサイクルを壊すことができる。これで問題の90％が解決した。とはいえ寄生虫は完全にはいなくならなかったし、決して絶滅させられるものではない。もし寄生されて苦しんでいる動物がいたら、薬で駆除するだろう。状況に応じて判断する。しかし、寄生虫の数は激減し、牛たちの腸管内菌叢と免疫系はほとんどの場合、優位を保つことができた。寄生虫に負けることも病気になることもない（寄生虫を完全に駆除すべきなのかもわからない。私はこうした**厄介者の**生き物にも何らかの存在意義があるはずだと信じている。それが何なのかはわからないが）。私のシステムから虫下しを排除したことで得られた、予期せぬ**よい**影響は、フンコロガシが繁殖したことだ。大量の虫下しを使わなくなったおかげで、フンコロガシのエサである牛の糞はもう有毒ではなくなり、フンコロガシのコロニーが盛んに繁殖して、糞を土に変え、イエバエが増えすぎないようにしてくれている。同時にショウジョウサギなどの鳥が牧草地によく来るようになった。こうした鳥がいると、血を吸うタイプの虫が減り、有害な殺虫剤を使わなくて済むようになる。それに自然界に存在する天然の病原菌に絶え間なくさらされることで、免疫系のレジリエンスが高まるのなら、治療量に満たない薬剤を使用する必要はないだろう。こうしたレベルの健康状態をつくれる薬はない。

このありがたさが身に染みたのは、養鶏を始めて8年後、胸をえぐられるくらいストレスがたまったが、最終的に正当性を証明する結果となったある出来事が起きたときだった。ブラフトンを離れ、ミシガン州立大学で講演をしていたときのこと。ジョージア州の獣医師が電話をかけてきて、私の農場で大変なことが起こっていると言った。彼は私を震え上がらせた。州の獣医師が電話をかけてくるのは、たいてい病気が蔓延して脅威にさらされているときだからだ。彼は言った。「臨床検査室に持ち込まれた鶏のことなのですが――私たちは半ば定期的に病気の検査を受けて農場に問題がないことを確認しているのだ――高病原性鳥インフルエンザの検査結果が陽性の可能性があります。確定するにはさらに検査する必要があるのですが、陽性の場合、鶏の数を減らしてもらう必要があります」。私は言葉を失った。「数を減らす」というのは暗に「羽のあるものはすべて殺す」というのと同じだからだ。

当時、農場では5万～6万羽の鳥を飼っていた。それほどの規模の損害を補償する保険はない。それから24時間、私は苦悩した。ところが獣医師が再び電話をかけてきて、よいニュースを聞くことができた。「鳥インフルエンザは陽性だったのですが、高病原性株ではありませんでした。死因とインフルエンザは無関係でしょう。そのため特別な対応は必要ありません」。私はオオカミの群れから助け出された人のように、ほっとしてため息をついた。すると獣医師が続けた。「実はとても変わった発見があったのですが、血液検査の結果から、鳥インフルエンザの高病原性株に対するものと思われる抗体が見つかりました。これは非常に珍しいことです。予防接種でも受けたのでしょうか」「いいえ」と私は答えた。一瞬沈黙が流れた。ふたりとも困惑していたのだ。そして私は口を開いた。「あなたが獣医さんということは知っていますが、私は動物科学の学位を持っているので、私の仮説を聞いてもらえますか。うちの生態系に棲んでいるカモが高病原性の致命的病気にかかり、牧草地の上を飛んで、土の上に糞をしたらどうなるでしょう？　例の鶏がこのウイルスにさらされたとしたら？　それまでに何百種類もの病原菌にさらされ免疫系が鍛えられていたおかげで、病気にかかっても回復し、抗体がつくられて、その後は病気にかからなくなっていたとしたら？　そういうことはあり得ると思いますか？」。獣医師はしばらく考えてから「そうですね。それは**あり得る**と思います」と言った。私が「では、**ほか**にどんな可能性があるでしょう？」と訊ねると、彼は何も思いつかなかった。この出来事を通じて、私はこれまでしてきたことがすべて認められたように感じた。私は家畜を本来いるべき場所に戻したのだ。

農場を変えたばかりのころは自分のアニマルケア計画の成功を**プロセス**──薬剤の使用をやめ、牧草と飼料に戻り、輪換放牧を確立したこと──で評価していたが、現在では**結果**で測定している。動物たちは生き生きしていて健康で、見るからにストレスがなさそうだ。家畜と共に働いている人間たちも気分よく、ワクワクしながら楽しく暮らしている。以前は牛の世話が**好き**で、最も得意なことだった。そして、試合に勝とうとするフットボール選手のように取り組んでいた。しかし今では、不思議なことに牛の世話は一種の礼拝のようになった。群れの世話は心を豊かにしてくれる。農場に広がる「すべて世は事もなし」という感覚の源である。これは、閉じ込められた動物のそばにいるのは、どんなに気の強い人にとってもいくらかストレ

192

スだが、本能を発揮している動物のそばにいるのは明らかに心地よい——キャンプファイヤーや小川のせせらぎのそばにいるとき幸福感を抱くように——ということを証明していると思う。そのため、この「事もなし」という感覚を与えてくれる動物こそ、牧歌的存在と呼ぶにふさわしいと思う。彼らは極力、ストレスも痛みもなく死を迎えるべきだ。ということで、ここで消費者が食料を購入する際に福祉に関して考慮すべき３つの事柄の最後のひとつにたどり着く。その動物はどこでどのようにして死んだのだろう？

　飼っているすべての動物たちに対して十分に責任を果たしたければ、動物たちがどこでどのように死ぬかについても責任を持たなければならないと思う。工業型システムでは、農家は誕生、成長、死、腐敗という命のサイクルの大部分を外部に任せるか、隠すように仕向けられる。家禽類のひなは孵化場からトラックで運び込まれ、妊娠中の豚たちは残酷なケージに隠される。死は動物たちが暮らしている場所から遠く離れたところで、まったく知らない人々の手によってもたらされる。それに腐敗すら失われた——大型の食肉処理場は、決して死骸を堆肥にして土壌微生物のエサにしたりしない。食肉生産で残った部分はすべてほかの業界に売るのだ。皮は（有害な生産法が悲劇をもたらしている海外の）皮革工業に、腺は大手製薬会社《ビッグ・ファーマ》に売る。妊娠した母牛の胎児も同様に売られる。農家のおもな仕事は命のサイクルの一部である「成長」を最大限にすることだ。サイクルの段階の中で成長が一番重視されている。

しかし、私にはそれが理解できなかった。牛の飼育には、成長、交配、受胎、妊娠、誕生、成長……そして死、腐敗という牛たちの生命サイクル全体の世話をすることも含まれると私は考えている。こう言うと、農家ではない人々は眉をひそめ、最後の段階は起こってほしくないと言う。そこで私はこう説明している。サイクルという観点から見ると、そもそも終わりは存在しない。直線的な考え方から一瞬でも抜け出すことができれば、これまで存在したすべての生き物はすでに死んでいるか、これから死ぬかのどちらかだということに気づくだろう。これは私にも、みなさんにも、微生物にもセコイアの木にも当てはまる。さらにすべての生き物は、かつて生きていたが今は死んでいるものから栄養を得ている。これも私にも、みなさんにも、動物にも植物にも微生物にも当てはまる。さらに進めて考えると、健康な生態系においては死んだものが死んだ**ままでいる**ことはない。別の生物に栄養を提供するようになる。死から腐敗が始まり、腐敗から新しい生命が誕生し、成長し、再び死に至る。自然はこうして機能しているのだ。こう考えると自分の死についてもそれほど恐ろしくはなくなる。

このプロセスで適切な役割を演じることは、隠すべきことでも恥ずかしがるべきことでもない。屠殺する動物を選ぶとき、私はこの自然のプロセスを模倣する。オオカミが年老いた個体や弱い個体に狙いを定めるように、私が偽の捕食者になり、より手際よくこれを行なう。群れを注意深く隅から隅まで観察し、文字どおり「この群れにあの個体は必要ない」と言いながら群れから離す個体を選ぶ。群れから年老いた個体や繁殖できない個体を間引くのは、その個体のことを大事にしていないからではない。群れ全体を優先しているからだ。優良な母牛や優良な種牛、たくましい雄牛を残すのは、群れを強くするのに必要だからだ。しかし、収益を得るにはほかの要素も必要になってくる。別の言い方をすれば、私たちは現金も必要なのだ。一頭も間引かず永久に数を増やし続けていては、群れも農場も成り立たない。何も考えず、偶然に任せておいてもできることではなく、誰かがやらなければならないのだ。私は農場という組織を指揮する者として、準備ができた個体を選ぶ。もしその動物が話せたら、私とは違った見解を持っているだろう。とはいえ**動物たち**のプログラムに任せていては、年老いて関節炎になり、片目の視力を失い、捕食者に狙われやすくなるまで生き続けることになる。そして捕食者の群れに襲われ、パニックになり、苦しみながら命を落とす可能性が高い。多くの人が抵抗を感じるのは、自然は非常に美しいため、本質的に親切だと思っているからだ。しかしこの考えは間違っている。自然は親切でも残酷でもない。自然はありのままに**存在し**、かつ美しいのだ。そして、死は自然の一部である。コヨーテは子牛を追い、生きたまま食べる（あるいは生まれたての子牛を食べる）。なぜならコヨーテは空腹だからだ。豚が寄り添うのはお互いを温め合うためではなく、**群れ全体を**温めるためだ。強い鶏は弱い鶏をつつき、支配的地位を確立する（英語で「pecking order（つつき順番）」という言葉を「序列」という意味で使うのは、群れで一番小さい個体は文字どおりつつかれて死んでしまうからだ。また「bully（いじめる）」という言葉に「bull（雄牛）」が使われているのは、雄牛は相手を集団で攻撃するからだ。こうした不適切な行ないに関する言葉は、実のところ動物の本能的行動に由来している）。私は屠殺する動物を選ぶとき、親切でも残酷でもない。このすばらしいシステムが継続できるように手を貸しているのだ。

友情で結ばれ、大切にされているフワフワな仲間たちしか存在しないような、動物に関する単純すぎる世界観は、人道的屠殺を受け入れる妨げとなっている。しかし、私たちは対話すべきであり、複雑なシステムの観点から考えるべきだ。食料となる動植物を正しく育てるためには、農家の監視の下で人道的に屠殺する**必要がある**と思っている。重要なのは、自分の農場で屠殺するかではなく、そのプロセスに農家が直接かかわり、その方法に口をはさめるかどうかだ。こうしたケースは今でも非常に珍しい。正確な数字を確認するのは難しいが、私の経験から考えると、牧草地で育った動物の肉のうち、私たちの農場のように命のサイクルをすべて監督している生産者が生産した肉は1％に満たないだろう（家禽類や豚などの場合、1％よりはるかに少ない）。鎖の中の失われていたこの輪を取り戻すのは簡単ではなかった。このあと詳しく説明するが、私たちは純粋に動物福祉への配慮から、自分たちで牛肉や羊肉用と家禽類用の食肉処理施設をつくった。モチベーションとなったのはビジネスを続けることだったが、この重要なステップを自分たちで完全にコントロールできるという、ありがたい副次効果もあった（うれしいことにリジェネラティブ農業を行なっている農家や生産者の多くは、小規模な独立系の食肉処理施設と密接に協働しているため、確実に高い基準を維持し、監督できる）。うちの農場は独自の施設を持っているおかげで、手塩にかけて育てた動物たちを不必要に苦しませることなく、尊厳と思いやりを持って屠殺することができる。私たちはこれまで出会った誰よりもよい方法でこの仕事をしていると考えている。

工業型システムの食肉処理施設は最大のものになると牛を**1時間に**４００頭処理するが、こうした施設とは違い、私たちの施設は週に４日、**1日に**30頭屠殺し、５日目には少数の豚や羊、山羊を屠殺している。家禽用の施設は１日に約１０００羽の鶏を処理できるが、工業型施設では25万羽処理している。工業型施設ではトラックから次々と牛を降ろして過密状態の畜舎に押し込む――雑音と汚染、カオスに包まれた無秩序に広がる刑務所を想像してみてほしい。一方、うちの農場では放牧場から施設まで５～10頭ずつ１マイルほどの距離を素早く移動する。そして、自分たちの家である牧草地が見渡せる、水がたっぷりあり、静かな雰囲気の広い小屋で一緒に一晩過ごす。その時が来たら小屋の戸が開き、動物たちは高い羽目板の間を通って移動する。この羽目板は、動物たちが人間の活動を見て怖がったり、自分や仲間を傷付けたりしないように設置したものだ。小屋から屠殺室までは数歩の距離だが、大型の食肉処理施設では無数の動物たちが迷路のような金属の通路を移動し、周りから聞こえる耳障りな音やパニックで恐怖を感じ、アドレナリンが急上昇する。一方、私たちの牛たちは水がパイプの中を流れるように穏やかに進んでいく。法令順守担当マネジャーのポール・ブエが、人道的扱いのトレーニングを受けたプロしか屠殺する動物に接しないように制限している。大型施設のように動物を移動させるために熱い棒を皮膚に押しつけたり、機械化されたコンベアで牛たちの脚を下からつかみ、恐ろしいエスカレーターを上らせたりすることはない（実はうちでは機械化されたものなど何も使っていないのだが）。うちの農場の動物たちは数歩進んだあと、経験豊富で長年にわたり技術に磨きをかけてきたセドリック・ジョーンズの手により家畜銃（25口径の空砲を装填した長い拳銃）で失神させられる。ほんの一瞬でその動物は意識を失う。その動物の体を地面から釣り上げるのは、目の前で手を振って完全に気絶していることを確かめてからだ。そしてナイフで心臓をひと突きし、鼓動が止まる。こうして動物は死ぬ。

確かにこの農場では毎日動物が死んでいるが、私はそのことについて弁解するつもりはないし、死が苦しみを伴うという事実は避けて通れない。しかし、うちの農場から出荷している動物たちは現在、食用として飼育されているほとんどの動物よりも苦しみが少ないと思う。私は自然の中で死んだ動物もたくさん見てきたが、うちの動物たちは捕食者に殺された動物たちほど苦しんではいないはずだ。鋭い爪を持つミサゴにつかまれた池の魚やコヨーテに噛みつかれたウサギ――こうした生物も苦しむのだ。

肉を処理して販売するために梱包したあと、人間が消費したり、食用以外の用途のために売ったりできない部位はすべて堆肥にしてサイクルに戻し、また循環できるようにしている。ホワイト・オーク牧場は10種類の肉を生産している複数種農場として知られているが、さらにミツバチも育てているため、私たちは11種類の生き物を育てていると言うこともある。おそらく11という数字のほうが正確だろう。第一に恵みを育てる微生物も含まれている。こうした微生物は休むことなくせっせと働いてくれているが、微生物だってエサを食べる必要がある。

私たちの発見したことがすべて可能だとしたら、家畜の福祉の改善に反対する勢力の大きさは異常だ。ビッグ・フードとビッグ・ミートは閉じ込め型の集約的農法を改善するにはコストがかかりすぎ、消費者は値上げに反対すると言うだろう。農業関連産業の業界団体は業界の存続のために闘っていると言うが、物事を改善することに対してばかげた理由で反対する。彼らは閉じ込め型に代わる農法は田舎で家畜を野放しにすることだが、そんなことをすれば嵐に見舞われたり、行方不明になったりして、悲惨な結末になると主張している（実際にこのようなことが業界団体の会報に書かれているのだ）。美辞麗句を並べ立ててはいるが、その裏で彼らは変化など必要ないことを知っている。ほとんどの消費者は変化を強く求めていないが、それは十分な知識がないからか、不満を言うほど気にしていないからだ。私たちはこうした農業関連の団体や記者、写真家をぜひ農場に招待して、よりよい方法を見てもらいたいと思っている。今のところこうした人々はひとりも来ていないが、いくつかの動物保護団体とは密接な関係を結んでいる。

重要な点は、家畜の福祉を改善できるかどうかは、消費者という別の集団、つまりみなさんにかかっているということだ。みなさんは、栄養を供給してくれる動物たちについて、関心を持ち、より深く知ろうと努めているだろうか。関心がないなら、工場型農場で生産された安い肉を買い続ければいい。しかし、たとえ少しでも気になるなら、工場型ではない農場を見つけ、サポートするべきだろう。私たちの農場のように、直線的な工業型システムの最低基準を拒否した農場を見つけよう。そうすれば、一寸刻みでも一歩一歩改善され、やがて動物たちの生活の質も、出荷する収益化可能な生産物の質も最大限に高められるだろう。では、それを確認する簡単な方法をお伝えしよう。サポートしてもいいと思う農場を実際に訪れるのだ。そして、しばらく動物たちの様子を観察してみよう。実際に出かけて自分の目で見るのだ。動物たちを観察するのが心地よい体験で、気分がよくなったなら、その農家はおそらくよい動物福祉を実践しているのだろう。見ればわかるはずなので、ぜひ試してほしい。好奇心と質問を持って農場を訪ね、彼らとかかわろう。自分のお金を使って、最高品質の農産物を生産している農家を応援することもできる。これはかろうじて最低基準を満たす程度の低品質の農産物をつくるのとは、まったく違った考え方である。

第6章

農村地帯の再建——グラフトンを生き返らせる

牛たちが生涯牧場で暮らせるようになり、食料品店の顧客にホワイト・オーク牧場のグラスフェッド・ビーフを買ってもらえるようになると、大きな課題に直面した。家畜を処理し、肉にして売る方法を考えなければならなかったのだ。リジェネラティブ農業に成功した生産者にとって、自然のサイクルを再始動させることは、物語の第1部にすぎない。最も凡庸な農家でも——私はこのグループに属していると思っているが——ここまでは達成できる。土地の1区画をそれまでの用途から転換して、グラスフェッド・ビーフを生産するシステムをつくるのは

容易なことではないが、やる気と根気があれば可能だ。自分自身でよりよい動物福祉の基準をつくり、それを満たすことも十分可能だ。私たちは少し後になってから、牛のほかに何種類かの動物を育て始めた。これは間違いなく難度が何段階か高かったが、最初の学習曲線を重い足取りではあっても上っていれば、決して難しいものではない。正念場はこれらができた**あとに**訪れる。「次は何をしよう？」と自問しなければならなくなり、すぐに「やるべきことは山ほどある」ことに気づくのだ。というのも、農地に出て、農薬を使わすに膝の高さまで育てた牧草の中で、間違いなく自然の意図したとおりに育っている健康な植物のアロマをかいでいると、再利用した板を借り物のネジで留め、苦労してつくりあげたハシゴの一番上の段まで到達したように感じるが、実際にはまだやっと1段目に登ったばかりだからだ。

当然ながら消費者は牛肉や羊肉、鶏肉や豚肉を買うのであって、牛や羊、鶏や豚を買うわけではない。後者を前者に変えるにはいくつかのことをする必要がある。農場を維持するには家畜を加工――屠殺し、食肉処理し、包装――しなければならない。自然が手を貸してくれるのは途中までだ。その先は**自分で**引き継ぎ、農場の循環型システムがもたらす恵みを現金に換えなければならない。工業型システムから手を引こうと決めたとき、一部だけ手を引くことは不可能であり、完全に脱却するほかないとすぐに気づいた。新しいタイプの牛肉を買ってくれそうな潜在的顧客ベースがついに登場した２０００年代前半、私は深刻なジレンマに陥っていた。

どうすれば100％グラスフェッド・ビーフをビッグ・アグの食肉処理施設やコモディティビーフ・システムの食肉包装工場を使わずに屠殺し、加工し、売れる状態にできるだろうか。

農業関係者でなければ、なぜこれが大きな挑戦なのか理解しにくいだろう。その理由は集中化にある。集中化は戦後農業がもたらした3つ目の醜悪な産物で、要求に応じて安価な食料を提供し、次々に悪影響を及ぼした。なお、1つ目は工業化で、大量の投入材とモノカルチャー生産、工場型農場によって土壌と環境、動物に大きな打撃を与えた。そして、2つ目のコモディティ化は、農家や生産者に可能なかぎり上質の食料をつくるのではなく、最低限の基準を満たした農産物をつくるよう強いたため、こうしてつくられた食料を口にするすべての人々の健康を直撃した。これらに比べると集中化の悪影響は目につきにくく、大都市や西海岸、東海岸に住む人々はほとんど気づいていなかったが、集中化はアメリカの農村地帯や「飛行機が上空を通過するだけのアメリカ中部の州」に住む人々の生活構造を変えた。集中化により、農業生産はカテゴリーごとに分割され、それぞれの地域に移転させられた。たとえば野菜はカリフォルニアのセントラルバレーにある大規模農場でつくられ、牛の大部分は西部で飼育され、トウモロコシと大豆は中西部で栽培され、綿花と落花生は南部だけで育てられている。こうして、祖父や曾祖父が農村の片隅で所有し、運営していた多様で独立した小規模なフードシステムは崩壊した。集中化により、さまざまな地域でつくられた食料が、それらが飼育され、栽培された農場から何マイルもトラックに揺られ、いくつもの州を通り、企業が所有する大規模な施設に集められて加工されるようになったからだ（その後、最終生産物の流通は、企業が所有する巨大な小売業者とチェーン店を通じて集中的に行なわれる）。それ以前はアメリカ各地に小規模なコミュニティがあり、人々は食料となる農産物を育てたり、たとえば工場や食肉処理施設の所有者、パン屋、肉屋、酒造家など、農産物をテーブルに届ける過程のどこかにかかわったりしながら、有意義な生活を営んでいた。こうした食料を基礎とする生活は、人々をコミュニティという構造に組み込み、個々の家族が支え合うことで、この構造は堅固なものとなっていた。人々は持ちつ持たれつの関係にあり、その絆を大切にしていた。ところが集中化はこれらすべてから生きる力を奪った。アメリカ全土に点在する農業と加工業の地域的ネットワークが破壊されたせいで、コミュニティの構造も崩壊した。もはやお金はコミュニティ内で循環しなくなり、代わりに企業の施設に吸い上げられ、ウォール街にトリクルアップしていった。集中化により、すべての経済的利益は、はるか離れたところにいる顔の見えない企業に吸い取られ、小さな農村は経済的重要性を失い、その文化も廃れていくこととなる。

私は自分に合った生産プロセスを模索しながら、この難題に直面していることに気づいた。システムの外側で生産物を売り始めた結果、農場経営を脱工業化し、生産物を脱コモディティ化することはできた。グラスフェッド・ビーフをパブリックスの南東部にある店舗に売ることで、コモディティの牧場主ではなくローカルな牛肉生産者にもなれた。扱う生産物も、競りで売る離乳した牛から、包装された切り身の牛肉へと変わった。軌道に乗り始めたのは2004年ごろだ。パブリックスとの取引は、同社の持つ4つの倉庫すべてに納品するまでに拡大し、南部にある1000軒近いスーパーでうちの牛肉が売られるようになった。そのうちホールフーズ・マーケットに同社が初めて「アメリカ産グラスフェッド・ビーフ」として宣伝することとなる牛肉を売るようになり、第二の重要な販路を得たことで、私たちの農場にとってすべてが変わった。私たちが提供する新しい種類の牛肉に関心を持ってもらえたということは、まったく新しい種類の食料生産システムを構築する必要があることを意味していた。この挑戦は最終的に小さな町の再生と地元経済の復活という、奥深い、革命的とも呼べる結果をもたらすことになるのだが、成長には激しい痛みを伴った。

リジェネラティブ農業を始めたばかりのころは、人的な面で特筆すべきことはなかった。グラスフェッド・ビーフに転換してからかなり長い間、私は3人の従業員と一緒に群れの世話をしていた。まだ輪換放牧のプロセスを完全に開発しきれていなかったため、カウボーイをたくさん雇う必要はなかったのだ。それに当時は豚や羊、家禽類も加えていなかったので、人手を増やす理由もなかった。うちの従業員たちは、柵を修理したり、牛を移動させたり、出荷年齢に達した牛を数頭ずつ農場のトラックに載せたりといった、昔ながらの作業をこなしていた。

それにブラフトンの町の社会構造も薄っぺらいものに変わってしまった。妻のヴォンが、近隣の町ダマスカスにある学校やバスケットボール、チアリーディング、空手の練習に通う娘たちの送り迎えで忙しくしている間、私は、父に先立たれてひとりで老いていく母を見守っていた。ブラフトンに残っている子ども時代からの友人は数えるほどで、たとえば仲良しだったトニー・スミスは落花生とトウモロコシと綿花を栽培していた。教会に通っていれば、社交の機会ももう少し多かったかもしれないが、通っていなかったので、そういうものとは無縁の生活に慣れてしまった。ブラフトンの町は寂れて沈滞し、まるで歩行器具を頼りに足を引きずって進む老人のようになった。

私はかつてにぎわっていた町が衰退してしまったことに心を痛めていた、と言いたいところだが、実のところそんなことはなかった。徐々に衰退していく町の中にいると視野が狭まり、目の前で起こっていることが見えにくくなるのだ。アメリカ各地にある無数の農村コミュニティ同様、ブラフトンの衰退は動物福祉の衰退と同じくらいゆっくり進んだ。一方、私が子どものころ、ブラフトンは**確かに**町の機能を果たしていたと思う。土曜日の午後にはいとこのジム・ナイトンや友だちのダニー・ウィリアムズ、その他の少年たちとフットボールをしたものだが、いつだって攻撃要員**だけでなく**守備要員もそろえられるくらいたくさんの子どもが集まったものだ。長期休暇になるとフロリダへ南下する旅行者が、ヘビ園やワニ園に向かう前にたまに立ち寄って、ハーマン・ベースの店でコーラを買い込んでいた。いとこたちが訪ねてくると一緒にポーチに腰かけ、昔話に花を咲かせる親たちにせがんで25セントもらい、キャンディを買うと渓谷のジャングルに姿を消し、カウボーイごっこや宇宙探検ごっこに興じたものだ。もっとも、私たちは年長の人々と違い、ブラフトンが半径数マイルの地域におけるちょっとした商業の中心地としてにぎわった最盛期のことは覚えていなかった。そのため、私たちにとってブラフトンは、現実どおり、貧困が進む、手の施しようのない貧しい町だった。

私は父がブラフトンの現状に心を痛めていることを知っていた。父が成人したころ、ブラフトンはまだれっきとした南部の農村で、父は自分の父親から聞いた昔話に彩られた活気あふれるブラフトンの最盛期をつい昨日のことのように感じていた。1日に2回、アラバマ州のドーサンやジョージア州のアルバニーからの乗客を近隣のブレイクリーの町まで運び、地元の生産物を載せて帰ってくる列車にワクワクし、荷馬車や馬車、後年ではトラックが、農場と飼料工場、落花生農家の協同組合や綿繰り＊工場の間を定期的に行き来する活気ある町の様子に安心感を覚えていたことだろう。こうして製品と現金が周辺地域を活発に循環していたのだ。戦後、魚のフライを振る舞ったあの肥料の販売員と契約を交わしたとき、父が張り切っていたのを覚えている。私には悪魔に魂を売ったように思えるが、父は町に大きなチャンスをもたらすことができると感じていたのかもしれない。しかし、父はそれまでに何人もの仲間がチャンスを求

＊綿繊維を種と分離すること

めてこの田舎を去り、ほかの土地へ移住して、何世代にもわたる地元の頭脳流出が始まるのを目にしていた。あるとき父がＡやＢの成績を取れる学生は町を離れて知的職業に就き、Ｆの学生はおそらく最終的に刑務所に行き、ＣとＤの学生は農村コミュニティに残って農業をしていると言っていたのを覚えている。私には自分の跡を継ぐのではなく、ジャケットを着てネクタイを締め、安定した収入が得られる仕事に就いてもらいたいと願っていた父は、私がどちらに向いているか気づいていなかったようだ。工業型農業は若い世代が望むなら、彼らに刑務所行きを免れられるカードを提供し、頭脳や容姿、才能に十分恵まれた連中はみな、荷物をまとめて農場を後にした。

こうして最も優秀で賢明な人々が大量に去っていったことで、かつては活気があり、バランスのとれていたコミュニティが空洞化した。農業の置かれていた状況により幅広く目を向ければ、ここで起こった変化について理解できるだろう。成功した現代の農家は農場の形態を変え、かつては数頭のロバを使ってひとりで10万平方メートルの農地を耕していたところ、今では５台のハイテクマシンを使ってひとりで60万平方メートルを耕すようになった。さらに悪いことに、年配の人々が亡くなっても、よそへ行っていた若者が村に戻ることはなかった。何世代にもわたり、手をつけることなく引き継がれてきた農場の資産は、若い世代が相続する際にいくつかの区画に分けられ、大規模農場がこうした区画を買い取って大型のモノカルチャー農場に変えていった。その一方で、家庭で消費する食料をつくり、残った農産物を売って地元の経済に貢献していた小規模な自給自足農家は衰退し始めた。そして、農家やその家族が勢いを失い始めると、彼らを支えていた地元の飼料工場や機械工、小規模な食肉処理施設、金物店、公共事業やサービス提供会社、学校や診療所なども経営が困難になり、農家と共に徐々に姿を消していった。この傾向はアメリカ各地の無数の農村コミュニティで見られたもので、決してジョージア州南西部特有のものではない。しかし、ブラフトンには農業**以外の**産業がなく、失われた農家の穴埋めができなかったことから、この変化によって、いっそう大きな打撃を受けた。

父も隣人やほかの農家も、自分たちの参加しているシステムが村の衰退をもたらしたとは考えていなかったのではないかと思う。私としては想像することしかできないが、父は工業型システムで成功して経済的恩恵を受ける一方で、それまでの生活手段が失われ、板挟みになっていたのだろう。世代が下るごとにブラフトンで子育てするのは難しくなり、多くの家族が村を出ていった。少しずつ生活手段が失われると同時に、町も衰退した。こうしてブラフトンは今のような状態になった。2016年ごろまでブラフトンで買えたのは切手くらいのもので、しかも郵便局は1日1時間しか開いていなかった。かつて3つあった教会は2つに減り、洗礼式や結婚式よりも多くの葬儀が執り行なわれ、どの日曜日も一握りの信者しか通わなくなった。

そして、妻は牛乳や歯磨き粉がなくなると往復40キロも車を運転して買い物に行かなければならなくなった。

どうやって食肉加工を行なうか新しい方法を模索していたとき、私は町の問題を解決しようとしていたわけではなく、私の計画表に、貧困にあえぐ農村を活気づけるという項目はなかった。ただ、近場でいつでも必要なときに牛を屠殺し、皮をはぎ、カットしてくれる施設を求めていただけなのだ。最初に目をつけたのはブレイクリーにある小規模の食肉処理施設兼フリーザーロッカー＊で、農場から南西に数キロの距離だった。経営者には若い後継者がおらず、自分が引退したら事業をやめる予定だったため、私のために力を尽くしてくれたが、手を広げる意欲はなかった。私が電話で「今週牛を12頭処理してほしいのですが」と言うと彼は「6頭ならできる」と答えた。この施設は彼のものなのだから、私に勝ち目はない。そこで、しばらく取引を続けたが、私は必要が生じたため――というか、必要に迫られたため――さらに遠くのティフトンにある地元の食肉処理施設に当たってみた。私はこの施設の余剰能力を買うことができてよかったと思う。彼らも集中化の犠牲者で、全国のほかの多くの小規模な食肉処理施設と同様、苦戦していたからだ。この地元の独立系処理施設はアメリカ国内で営業を続けるごくわずかな施設のひとつで、50年前にはいくつも存在した昔のフリーザーロッカーのように地元のコミュニティに貢献していた。フリーザーロッカーを知らない人のために一言付け加えておこう。冷凍技術はほとんどの農村に電気が通るずっと前からかなり発達していたが、実際のと

　＊食品を冷凍して顧客のために保存しておく施設

ころ、農村や田舎の住民は都会の人々よりもずっと多くの食料を自分たちで生産していたため、冷凍技術をより必要としていた。その問題を解決したのがフリーザーロッカーだ。通常、郡庁のある町には電気が通っていたため、起業家たちは当時「キル・アンド・カット・ショップ」とも呼ばれていた食肉処理施設のそばに大きな冷凍室をつくった。冷凍室にさまざまなサイズの金属製ロッカーを設置し、おもに農村地帯の電気が使えない人々に貸した。顧客は自分で育て、家庭で調理した野菜を持ってきてロッカーに入れたり、家畜を連れてきて食肉処理施設で屠殺し、加工してもらい、自分のロッカーに保存したりした。そして週1回程度、必要なものを取り出すことができた。実際、ハリス家でもブレイクリーにあるハギー・ジョンソンの施設で、5つある一番大きいサイズのフリーザーロッカーのひとつを借りていたのだが、この施設にはさまざまなサイズのロッカーが数百個設置されていた。

それから数年間、私はできるだけ足しげくティフトンの施設に牛を運んだ。依然として、採算が取れるようにグラスフェッド・ビーフを生産する方法を模索中だった。この施設では動物たちを素早く殺し、4つの部位に切り分けてくれた。そのうちいくつかはひき肉にされパブリックス向けに包装し、ほかのいくつかはそのままホールフーズ・マーケットに送られて現地でカットされ、食肉売り場に並べられた。ところが売上数量が増えるとティフトンの施設だけでは追いつかなくなった。私のビジネスはボトルネックに引っかかってしまったのだ。私が直接話したことのあるほかの独立系農家のほとんどが、自ら加工を試みると同じ問題に直面していた。農場のトレーラーに数頭の牛を乗せて片道１４４キロの距離を往復しているだけでは、持続可能なグラスフェッド農法を実現し、収益化することはできない。地元の加工業者は限界に達していて、これ以上生産量を増やすことはできなかった。私は品質向上に価値を見いだしていたため、見る見るお金が出ていった。こうして、農場でも私の頭の中でも事態は悪化の一途をたどった。私は一生分の力仕事をして、普通ならかわすことのできない銃弾をかわしたが、ゴールラインが見えたところで燃料切れになってしまった。ガソリンタンクを満タンにする方法を編み出すのは至難の業だった。農場を抵当に入れるのは最悪のタブーであると教えられて育ったが、規模を拡張する手段が見つからなければ、これまでリスクを負いながら重ねてきた苦労が水の泡だ。私はすべてを失う瀬戸際にあり、短い間だが苦難を味わった。

そんなある日、私はジョージア州キャロルトンにいる農場主のグループのことを耳にした。なんでも、協力し合って、自分たちが育てた牛を加工する食肉処理施設の協同組合を立ち上げようと提案しているのだとか。この組合は多くの農場主が共同で所有し、運営する。しばらくの間、雲間から光が差した。私は最初のミーティングに参加すべく北部へと急いだ。まるでロアルド・ダールの小説『チョコレート工場の秘密』の中で工場主のウィリー・ウォンカがチョコレートの中に封入したゴールデンチケットを引き当てたかのように私の胸は高鳴っていた。

ハンドルを握りながら、念のため、柄にもなく2、3回祈りの言葉を唱えたほどだ。ところがわずか15分で私は意気消沈した。彼らは目標実現には程遠く、何光年も離れていることがわかったからだ。頭の切れる人々だったが、計算違いをしていた。彼らが10セントと見積もっていた加工費用は実際のところ1ドルかかることを私は知っていた。そのうち彼らが牛1頭につき何千ドルもの付加価値を与えられると考え、自分たちが持ち回りで運営すれば協同組合もうまくいくと思い込んでいることが明らかになり、私は席を立った。そして厳しい現実と向き合いながらブラフトンに戻った。「こうなったら自分でつくるしかないじゃないか」

この計画を話した人々のほとんどから心配された。地元で最も尊敬されている牧場主のひとりアーニー・フォードから、親切な口調ながらきっぱりと「**そんなこと**できるわけがないだろう！」と忠告されたのを今でも覚えている。アーニーが危惧していたのはグラスフェッド・ビーフを育てることではなく、その他すべて、つまり加工とマーケティング、販売についてだった。賢明なアーニーには、これらすべてを自分で行なうのは大きな課題であり、リスクを伴うことがわかっていたのだ。彼には懸念するだけの十分な理由があった。しかし、私は樽板の短い部分だけを補う、つまり育てた牛たちを売る方法さえ考案できれば事足りることを知っていた。「樽板の短い部分」というのは私の気に入っているたとえで、どんなに背の高い樽でも、側面に並べられた樽板の中に一枚でも短い板が交ざっていたら、樽の上までいっぱいにすることはできないという意味だ。短い樽板のところから内容物が流れ出てしまい、満杯にはならない。私は40歳になるまで1セントも借りたことがなく、金融関係の経験は最低限しか持っていなかったが、食肉処理の手段のないことがうちの農場にとって短い樽板であることくらいはわかっていた。この樽板を直さなければ、私の樽――農場が成功するための潜在能力――は、どうあがいてもフル活用できないだろう。

こうして尻に火がついた私は、農場内に処理施設をつくるという目標に向かって邁進した。もっとも、どうすれば実現できるのか、緻密な計画があったわけではない。２００７年当時、参考にできる事例は一件も存在しなかったのだ。そのころ私が耳にした話によると、ミシシッピ川の東側には敷地内に農務省の認可を受けた赤身肉処理施設を持つ農場はないが、西側では1か所、プレイザー牧場にあるらしかった。しかし、この農場に電話をかけて見学させてもらうという考えはなかった。訊ねたところで、いい返事はもらえないことは確かだった。私は自分でこの計画に着手できるだけの知識はあると考えていた。そこでジェームズ・エドワード・ハリスが農場を始めたときからある牧草地の横の土地を選び、コンクリートを打ち始めた。妻と年老いた母にどれだけ経済的リスクがあるのか知られないようにするため、私はわざわざコロラド州立大学のテンプル・グランディン教授に依頼して、動物の人道的な扱い方の最高基準を満たした施設の設計図を描いてもらった。当時はまだそれほど有名ではなかったが、現在グランディン教授は動物の人道的な扱い方の権威として世界的に知られている。その後、1年半の歳月を経てこの施設は完成した。

オープン記念パーティの日には家族と地元の友人たちが集まり、開業を祝ってテープカットをした。施設を管理してもらうため、フロリダ州レークプラシッド出身で24歳のブライアン・サップをすでに雇っていた。ブライアンはフロリダ大学で食肉科学の修士号を得たばかりで、こうした業務を担当したいとうずうずしていた。どうやら中西部の企業の作業場で食品安全検査をする仕事にだけは就きたくないと思っていたようだ。ひと目見ただけでブライアンは私にそっくりだとわかったので、すぐに採用を決め、「壊さないでくれよ」と言って、できたての処理施設の鍵を渡した。専門家を雇うのはブライアンが初めてだったが、この従来とは異なる新たな選択がホワイト・オーク牧場のすべてを変えた。私がひとりですべてを決断していた体制から、チームで決定を下す体制へと成長することとなり、リジェネラティブ事業として、また深い絆で結ばれたコミュニティとしての成長が約束された。ブライアンの人生の半分を毎日一緒に働いてきて、彼は私にとって息子のような存在になった。人は血縁によって親族になり、愛情によって家族になるのだ。

しかし、施設の開業日の時点では、そのようなことになるとはわかっていなかった。パーティのにぎわいの裏で、私には気がかりなことがあった。処理施設の規制と技術の面はカバーしていた。ブライアンなら対応できるとわかっていたからだ。しかし、実践的なスキルはまだ欠けていた。ブライアンは専門的訓練をしっかり受けてきたとはいえ、大学の研究室でしか肉をさばいたことがなく、一頭の牛を注意深く丁寧に解体するとなると一日がかりだった。どうすれば採算が合い、農場経営を続けていけるだけの頭数をこの新しい施設で処理できるのかわからず、私は不安を感じていた。何の保障もない状態で当てずっぽうに突き進んでいるようなものだったのだ。今思うと、自分をあのような立場に追い込んだのは本当に浅はかだった。

ところが、どうやら再び運が向いてきた。施設を開業して間もないある日曜日、不安で腹部がキリキリしたので施設の周りをぶらぶらしていると、子どものころから知っているオサー・アドキンソンという高齢の男性がやってきてトラックを止めた。72歳くらいで、スラッとしていて年のわりにとても健康そうだ。オサーはブレイクリーにあるジョンソンのフリーザーロッカーを何年か前に引き継いで経営していた。「よう、ウィル！　元気か？」と声をかけてきたので「まあね」と答えると今度は「ここで何をしているんだ？」と聞かれた。地元の人なら誰でも知っていることだったが、一応「食肉処理施設を建てているんだよ」と説明すると「見せてくれよ！」と言う。そこで建物の中を案内したところ、オサーは施設のあらゆるところに興味津々なのが見て取れた。施設を出るとき「俺がここに何をしに来たかわかるか？」と聞かれたので「さあ、わからないな。何をしに来たんだい？」と聞き返すとオサーは笑って「仕事をもらいに来たのさ！」と言った。オサーは家畜を気絶させて皮をはぎ、解体するという食肉処理のすべての工程を知っていた。何千回もやっていたからだ。そして、またその仕事をするために私のところにやってきたのだ。これはある種の奇跡のように感じた。無鉄砲な私をいつも見守ってくれているハリス家の先祖が、見かねて力を貸してくれたに違いない。解決策は直接地元のコミュニティからもたらされたというわけだ。

オサーに神の恵みあれ！　彼は処理施設で最初の熟練労働者だった。その後数年働き、若い同僚に知りうるかぎりの技術を伝授してくれた。幸運なスタートを切った私たちの施設は、科学と大規模化したフードシステムに奪い取られていた農業と食品生産にかかわるいくつかの仕事を取り戻した。始めたのは施設の従業員たちだ。食肉処理には技術を要する作業がいくつも含まれている。屠殺する人々だけでなく、屠体[*1]を運び、24時間冷却したあとで各部位に切り分ける人々も要れば、肉をカットして包装し、農場のゲートの外へ発送する人も要る。さらには売り物にならない脂肪を取り除いて入れた大きな樽を運び出し、残った骨や皮、家禽類のくちばしや羽根を処理施設からコンポストに運んだり、それらを活用して付加価値を与えるプログラムを行なう人も必要だ。こうして、それまでまったく存在しなかった12種類前後のフルタイムの仕事が、あっという間に誕生した。

解体室では8人がテーブルを囲んでいる。私たちが肉を切るために使っている道具は、枝肉[*2]

＊1 屠殺された動物の体
＊2 皮や内臓を取り除いたあとの胴体

を分割するための手のこぎりと、骨付きステーキを切るための帯のこぎりという2つの例外を除けば、１００年前と同じく包丁だけだ。彼らは森で鹿をとらえたばかりの猟師と同じくらいうまく自分の道具を使いこなせなければならない。すでに肉切り職人としてのスキルを持った人がどこかからやってくることは、ほぼ期待できないのだから。これはジョージア南西部の忘れ去られた地域にいることのマイナス面だった。熟練労働者のプールがなく、そこから採用することができないのだ。そのため自分たちでやり方を教えなければならない。通常、肉をカットする人はテーブルの一番端から始め、トリミングも学び、その後、脱骨を学んだ上でより複雑な枝肉の分割などへ進む。２７０キロもある枝肉を分割するのは相当力の要る作業だと思うかもしれないが、小柄な人でもスキルがあればできる。どこを切ればいいか正確に理解しているからだ。これだけ年月がたったが、私は知識においても技術においても一向に彼らには及ばない。

とはいえ、解体室の雰囲気は昔と大違いだ。大音量の音楽に合わせて体を動かし、４度の部屋で体を柔軟に保ち、温めている。彼らの包丁はお互いの体から10センチしか離れていないところで光をきらきら反射しながらリズムに合わせて動いているように見える。今なら私にもこの光景のすばらしさがわかる。危険を伴う仕事をする際、全員の動きがぴったり合っているほうが安全なのだ。それに私は楽しそうな人を見るのが好きだ。音楽のおかげで彼らは楽しそうにしているので、音楽を止めさせようなんて夢にも考えたことはない（ただし、ジェニーは一度、音楽を止めてもらおうとしたことがある。彼女が始めてホワイト・オーク牧場に来たときのことで、私と一緒に農場唯一のオフィスで作業をしていた。この狭いオフィスは解体室と壁を一枚隔てて隣同士だった。ラップ音楽はときどき、歯がガタガタ鳴るほど大音量になることがある。そのせいで大事なビジネスコールの相手の声が聞こえず、いら立ったジェニーは席を立って隣の部屋で鳴っている問題のラジオを止めに行こうとした。しかし、私は彼女を制止して、向こうの部屋とオフィスを隔てるガラス窓を覗いてみるように促した。12人の屈強な若い男性たちが、あのうるさすぎる音楽を全身で楽しみながら危険なほどのスピードで肉を切っている。しかも彼らは誰かに命令されてあんなによく働いているわけではないのだ。「彼らがああやって働いてくれることで恩恵を受けているのが誰かわかるだろう?」と言うとジェニーは「そうね。わかったわ」と答え、私たちは音楽が鳴り響くままにしておくことにした）。

大規模な集中型食肉包装工場と私の農場の食肉処理施設の両方に入ったことのある人なら、まるで月とすっぽんであることに気づくだろう。ビッグ・ミートの施設と違って、うちでは従業員をこき使った揚げ句に放り出すようなまねはしない。私たちの施設では従業員が1か所に立ったまま同じカットを繰り返し、肉を動かしているチェーンのスピードに合わせて速いペースで作業させられることはない。そもそもチェーンなど**ない**。うちの農場の人々は、技術であり、商売であり、専門職である屠殺と食肉処理のスキルに長けている。工業的施設ではこのスキルの難度を意図的に下げることで、従業員を訓練する必要がなくなり、いつでも誰でも交代させられるようにしている。工業型食肉処理施設の持つ匿名性を失うことにはいくつかデメリットもあるかもしれない。誰もが相手の名前や住所を知っている環境では、隠しておきたい個人的なことまで知られてしまうこともあるだろう。しかしそれを補って余りある報酬が得られる。屠殺室で働く従業員の多くはもう何年もここにいる。長く勤務してくれているのは、私が彼らを尊重し、評価し、愛していることを何らかの形で知っている証拠だと思いたい（「愛している」という部分を彼らが読まないでくれることを願っている。カウボーイはそんな言葉をめったに口にするものではないからだ）。これは肉体的にかなりきつい仕事で、経験のない人々にはむごたらしく見えるだろう。だが、貴い仕事でもある。ある意味、従業員たちは全業務の核心部分を担っていて、周りからも一目置かれている（ちなみに、うちでは昔から解体室同様、屠殺室でも男性従業員に豚の煮沸消毒や剥皮をしてもらっているが、それはただこのやり方がうまくいっているからであって、断っておきたいのだが、ほかの農場では違うやり方をしているかもしれない）。私は祖先たちがそうしていたように、もっと人間としての尊厳を持ち、仕事に誇りを持てるようなシステムに戻ることを望んでいる。

食肉処理施設が稼働し始めると、ついにビジネスが流れに乗った。実は何度か大きな障害に見舞われたのだが、そのことについてはのちほど説明しよう。おかげでこの町に蓄積していた閉塞感もいくらか解消され始めた。ブラフトンに再び血が通い始めたというのは単なる比喩ではない。私たちのビジネスはいくつかの点で血液のようなものだからだ。処理施設では文字どおり家畜の血液を抜き、売り物となる食品をつくり、そのおかげでシステムへ現金が流れ込む。このキャッシュフローは、体内に酸素や栄養を運び、命を支える血液と同じくらい力強く、農場の隅々まで行きわたる。そのため、農場のシステムに食肉処理を加えることは非常に大きな挑戦だったが、それまで数十年にわたり家畜と共に農場から流れ出て食料サプライチェーンの各段階で有利な位置を占める仲買人や企業の懐を肥やしていたお金を、逆流させられるようになった。工業的なシナリオでは農家にはお金がちょろちょろとしか流れてこないため、必要経費は支払えても、農場を拡大したり、従業員を雇ったり、成長したりする余裕はない。体が健康であるためには、十分な量の血液が活発に循環する必要があり、ちょろちょろ流れたり、したたったり、止まったりすべきではなく、ましてや体外に出てしまったら大変なことくらい、生物学の学位がなくてもわかる。より多くの収入を取り戻すことでキャッシュフローが復活し、ブラフトンは息を吹き返した。

ごく手短に言うと、その理由は殺虫剤や化学肥料、ホルモン剤のインプラント、治療量以下の抗生物質などを購入するのをやめて、代わりに地元の労働者に報酬を支払うようになったからだ。労働者はコミュニティをつくる。ウォール街やシリコンバレーなど、現在の工業型農業を支える企業のところへ送り出すのではなく、アメリカで最も貧しい郡であるこの場所にお金がとどまるようになった。また、人件費は工業型農業では**最も小さい**出費であるのに対し、私が適切な方法で食料を生産する上では最大の出費であり、その金額は増えつつある（適切な食料生産にはたくさんの人手が必要であることに驚く人もいるが、私に言わせれば、労働集約的に生産されていないとしたら、それは本物の食べ物ではない）。

赤身肉の処理施設が軌道に乗り、ビジネスが上向いたおかげで、それまで失われていた数々の農場内の仕事を復活させられた。２０１０年には赤身肉処理施設の横に家禽類処理施設を建てたため、従業員がさらに10人必要になった。また、生産量の増加に応じて、囲いの管理や増えつつある飼育関係のニーズに対応するため、農場のスタッフを８人増やした。さらには増え続ける従業員のために昼食を用意する人々を３、４人雇い、処理施設の横の大型テントの下につくった、農場の食材が食べられる仮設のカフェで働いてもらうことにした。その後、豚と小型の反芻動物（羊と山羊）を飼い始めたため、それぞれの家畜を飼育する人々が数人ずつ必要になった。農場がさらに複雑になると、道路を整備したり、トラックを修理したりといった補修の仕事が重要になったので、そのための従業員を雇った。また堆肥化プログラムが確立され、週に５日、１日に９トンの内臓と蹄《ひづめ》、くちばし、羽根が処理施設から堆肥の山へ運ばれるようになったため、巨大なダンプカーが運転できて、血を恐れない人が2人必要になった（彼らの仕事には好気性消化装置を操作して、赤身肉処理施設と家禽類処理施設から出た血を肥料用の血粉に変える作業も含まれていたからだ）。集中型食肉包装工場から排出される廃棄物は周囲の環境やコミュニティに甚大な巻き添え被害を及ぼすことがあるが、巨大な堆肥の山をつくる私たちのシステムは無害で、その存在自体、ほとんど気づかれていない。木くずと混ぜられ、動物性物質を腐敗させるこれらの大きな山は、数年ごとに場所を変えている。現在はジョディとジョンの家のそばにあるが、においがするのは誰かが手抜きをして十分な量の木くずを使わなかったときだけだ。自然の廃棄物管理システムは、適切に機能すれば、これほど影響が少ないのだ。

農場内の部門の数が増えたため、管理経験のあるマネジャーが必要になった。ところが近隣の3つの郡ではそんな経験を持った候補者を見つけられず、最初の何年かははるか遠くの地域からスキルを持った若いマネジャーを迎え入れた。彼らはクレイジーだったのか、よほど感銘を受けたのか、農業の脱工業化という考えに魅力を感じ、ロサンゼルスやシアトル、シカゴ、ニューヨーク（およびその間のさまざまな土地）からそれを実現するためにやってきた。彼らのほとんどは農家の子孫でもなければ農場で育ったわけでもなく、多くの場合、南部出身ですらなかった。極言すれば、彼らは典型的な都会人で農業を天職と考え、夢中になり、その重要性に深く心を動かされていた。

初代のマネジャーたちは農業以外の教育と知識や技量をブラフトンに持ち込み、ほとんど私の助けを借りずにシステムを立ち上げた。これらのシステムはその後も農場で使われ続けている。その上、まったく新しい部門まで考案してくれた。たとえばフロリダから若い市場向け野菜栽培業者としてやってきたトリップ・エスリッジは豊かな有機菜園をつくり、牛脂からバイオディーゼルをつくる方法を開発した。フランキー・ダージーは売り物にならない大量の獣脂を使って石けんをつくるプログラムを立ち上げた。ロリー・モシュマンはアメリカミズアブ・プログラムを導入し、アメリカミズアブの幼虫に肉粉を与えて育て、家禽類のエサにした。ジェイミー・スコギンズは皮を使って皮革工芸プログラムを始めた。現在、このプログラムではイヤリングからペットアクセサリー、上質の財布からノートパソコン用バッグまで何十種類もの土産物をつくっている。第一波のマネジャーたちのほとんどは数年のうちに新しいチャンスを求めて去っていったが、引き継ぎは楽だった。ブレイクリーやカスバートといった近くの町や近隣の３郡から来た従業員が後を継いでくれたからだ。第二波のマネジャーとなった彼らは、地元の文化に深く根ざしていて、ここによい仕事があるかぎり、去っていこうとはしなかった。おかげで、かつては誰もブラフトンでキャリアを築き、人生を送ろうとはしなかったが、今では安定した仕事を持つ中流階級の人々が根を下ろし、家族を持ち、居を構えるようになった。

もっとも、一夜にしてすべてが変化したわけではなく、ゆっくりだったが、ブラフトンの頭脳流出は止まり、逆に流入し始めた。

こうした活動はコミュニティのほかのメンバーにも一種の上昇気流のような効果をもたらした。スキルも経験もない地元の人々が仕事を求めて農場にやってきて、業務を学び、身に付け、後輩に教え、管理職に昇進している。たとえばリサ・ブラウンは何年か家禽類処理施設で鶏肉の発送を担当したあと、家禽類処理施設全体のマネジャーとなった。一方、当時19歳で見るからに若々しい顔立ちをしていたキャスバート出身のバック・ワイリーは、解体室のフロアで働き始め、赤身肉処理施設の業務をすべて学び、マネジャーとなった。ラショナ・バトラーは、当初フードトラックで調理を担当していたが、その後ブロスやピクルス、獣脂などをつくって売る販売部門の仕事を引き継いだ。農場がより複合的になるにつれて、近隣地域の頭がよくて能力のある人々が再び農業分野で有意義なキャリアを築きやすくなった。

その後何年も多くの人を採用し続けた。受注処理をするフルフィルメントセンターでは、注文された製品を持ってきて発送できるように梱包する人が必要だった。電子商取引のトレーニングを受けた顧客サービス担当者も欠かせない。農場を訪れる人が増えたので、農場内を魅力的に保つための人々も必要になった。また、受粉を媒介するミツバチが戻ってきたのだから、ハチミツを収穫して売らない手はないということで養蜂家も雇った。あるとき私はベース氏の雑貨店を修理しようと思いつき、それをしてくれる地元の労働者も必要になった。チャーチ通りとパイン通りの角にあるこの雑貨店は１８００年代半ばに建てられたもので、50年にわたり使われることなく老朽化していたため、ヴォンには「あんな今にも壊れそうな建物、新しく建てたほうが安いのにどうして修理しようとしているの？」と聞かれたが、私は聞こえないふりをした。この農場を訪れる人々は、ブラフトンの歴史に足を踏み入れ、床板のきしむ音や古いオークのにおいを体感したいのであって、コンクリートを打った床やＬＥＤライトの清潔感を求めているわけではないだろうという直感に従ったのだ。建物のリノベーションが終わると雑貨店に隣接するレストランをオープンし、従業員と一般の人々に食事を提供するため、１週間に21食の料理を用意するチームも必要になった。小屋や家でファームステイを受け入れるようになると清掃員や乗馬や農場ツアーなどのアクティビティを行なえる能力のある人を雇った。また、教育的イベントやワークショップも開催するようになったので、それを担当する優秀なマネジャーも必要となった。農場経営に加え、多くの異なる側面を持つようになったため、すべてが滞りなく機能するように、さまざまな料金を支払ったり、請求したり、人材を採用したり（時には解雇したり）、保険料を支払ったり保険金を請求したり、ペーパーワークをしたり、基準が守れるようにしたりといった無数のタスクに対処する管理部門もつくった。

そうこうするうちに地域の活力も少しずつ回復し始めた。才能と情熱を持ち、教育を受けた人々を招き入れ、生活賃金を支払うことは、彼らが食事をしたり眠ったり遊んだりする場所が必要になることを意味していた。私たちには従業員が出会い、働くオフィスやスペースが必要だった。そこで私は町で家が売りに出されるたびに購入したのだが、ほとんどの物件は状態が非常に悪かった。家は3万ドルか4万ドル程度で買えたが、住めるようにするにはさらに3万、4万ドルかかった。古い裁判所は私のオフィスになった。また、使われていない老朽化したメソジスト派教会を修理し、信者席を横に移動させてミーティング用のスペースにしたのだが、その横に並んだ部屋は管理部門用のオフィスにぴったりだった。また、職人の工房を建て、皮革製品をつくったり、牛脂からキャンドルやスキンケア製品をつくったりできるようにした。雑貨店を改修したあと、新しい事務用の建物を建て（教会はあっという間に手狭になり、トレーニング兼イベントセンターになったのだ）、馬小屋を建て直した。いずれの工事も近隣の町の業者の助けを必要としたため、私たちはその費用を支払うこととなった。こうして従業員や仕事、建物が増えるごとに地元経済にぽっかり開いた傷は治り始め、この歴史ある家族農場は近隣の郡で最大の民間雇用主に成長した。裁判所の建物にあるデスクで、私は毎週金曜日に10万ドル＊分以上の小切手を切っている。

実際にアメリカで最も貧しい州の最も貧しい郡のひとつに住んだことのある人でなければ、これがどれだけ大きな変化をもたらしたか理解しにくいだろう。うちの従業員は郡平均の2倍

＊本書の原書が出版された2023年10月のレートで約1500万円

近く稼ぎ、社会保険にも健康保険にも加入している（私は従業員には適正な報酬を支払わなければならないと考えている。狩猟犬は空腹になると自分のために狩りをし、飼い主のためには狩りをしなくなると学んだからだ。また、技量に見合った金額を支払うことも重要だと考えている。そのため、うちの従業員のなかには私より稼いでいる人もいる。創業者やオーナーがこうした技量を持った従業員と肩を並べて働いていれば、彼らがどれだけ貢献してくれているかとてもよく理解できるが、従業員からはるかに離れた証券会社の役員室から事業を運営していたらそうはいかない。ちなみにこれは、私が大企業を嫌っている理由のひとつでもある）。

支払った賃金はすべてではないが、そのほとんどが地元で使われる。従業員のなかにはこれまで使われていなかった家を借りて住む人もいるだろう。農場のそばや近隣の町の古い家を買って修理しようとする人もいるかもしれない。彼らは金物店に行ったり、食料を買ったり、外食したり、ビールを買ったり、車を修理してもらったりする。そして地元のサービス企業や公益事業会社を使い、ここで税金を納める。お金は循環し、地元のビジネスがまた活発になる。水位が上がればすべての船が浮き上がるものだ＊。

正直なところ、200人近い従業員を雇いたいなどと考えたことはなかった。人々を管理するのは土地や動物を管理するよりはるかに難しい。エゴが絡み、感情を害することもある。あの人はこの人よりもよい仕事を担当しているとか、この人はあの事業にかかりきりだとか。こ

＊景気が上向けばすべての企業の業績が好転するという意味の格言

この若者たちはたくましいライフスタイルで、おいしいものを食べ、狭い世界で暮らしているため、黄色い家猫のようにすぐ恋人同士になったかと思えば、すぐ別れてしまうこともある。厳しい仕事に加え、気温と湿度が上がり、虫や雨が増えると共に不満も増える（弱音を吐くインターンには「Triactin」を使う。堂々と行動してみる（Try actin'）ように勧めているのだ）。しかし、人的側面を管理する方法を考え出したおかげで、それまで欠けていたあるものをつくり出すことができ、今ではそれがとても気に入っている。このあるものとは、私たちの町の特徴だ。娘たちがよく言っているように、私たちはバイブルベルトにある、ちょっと変わった、美しく輝く小さなラインストーンだ。従業員は非常に多種多様だが、驚くほど上下関係がない（ここに根を下ろした従業員はときどき私たちの農場のTシャツに「我々は農業（AGRICULTURE）にカルト（CULT）を加えた」と書くべきだと冗談を言っている。その上、私の祖先が使っていたオリジナルの牛のブランドデザインをもとにした、Hを丸で囲んだ刺青をしている従業員までいるらしい）。

南のはずれのこのあたりの生活については数々の先入観があるが、私たちはその大半を打ち砕いたと思う。この農場の文化はみなさんが想像するものとは、おそらく異なっている。私たちは型破りな集団だが、一緒に働き、一緒に食事をし、一緒にグラスを傾け、時にはお互いにけなし合ったり、悪口を言い合ったりすることもあるが、どういうわけかいつも丸く収まる。

数人でテーブルを囲んでいるとき、私はたまに「南部生まれのストレートの人間は俺だけだなぁ！」と言うことがある。ブラフトンでは誰かが同性愛者だろうと異性愛者だろうと、太っていようとやせていようと、白人だろうと黒人だろうと、モルモン教徒だろうとイスラム教徒だろうと、前科があろうと清廉潔白な生き方をしていようと、まったく問題ない。私たちが求めているのは相手が怠けないことだけだ。どんな場合でも怠け者には容赦しない。

こうして修復されたものの重要性が十分に理解できるようになったのは、ジェニーがここに戻って生活し、農場で働くと言ったときだった。私は3人の娘を誰一人としてカウガールとして育てなかった。農場の仕事を手伝わせるつもりもなく、土曜日の朝にテレビを見ていても文句を言うことはなかった。農業というキャリアを勧めたこともない。ホワイト・オーク牧場が慣行農業を続けていたら、ここに戻ってくることに魅力は感じなかっただろう。農場がうまく軌道に乗った時点で、そのうちジェニーが帰ってきたくなるかもしれないということに気づくべきだったと思う。というのも、ジェニーは農場でいつも私にくっついていたからだ。娘たちのなかでジェニーだけは私の子ども時代と同じものに夢中になっていた。生まれつき農場にいるのが好きで、少女のころ、暇さえあれば私のそばにいた。私は生まれつき鼻があまり利かないため、ジェニーは私の鼻代わりだとよく冗談を言っていたのだが、私の父がその父であるウィル・ハリス1世の目の代わりをしたように、ジェニーも、たとえばまだ見つかっていない動物の死骸など、特に不快なにおいがすると教えてくれた。ジェニーが大人になったとき、私はこの農場以外の場所で少なくとも1年間働いてからでなければ、ここでは働かせないとはっきり伝えた。父が私に農場に戻ることを禁じたのとは別の理由からだ。なんといっても、私はジェニーに（もう別の2人の娘たちにも）大学を卒業してすぐ、当然のように家業に就いてほしくなかった。そんなことを認めたら、それまで懸命に築き上げてきたチームにも大きな悪影響を及ぼすだろう。また、ジェニーとの関係に傷がつくことを無意識のうちに恐れてもいたのだと思う。古き悪しき時代、ささいな問題が起こるたびに2頭の雄牛のように父とやり合った思い出が、あまりにもたくさんあるからだ。

大学を卒業したジェニーはアトランタ近郊にあるバックヘッド・ビーフという大手の食肉販売業者でインターンをし、そのままそこで働きながら食肉販売について徹底的に学んだ。また同性愛者であるとカミングアウトした。ジェニー本人が認めているとおり、そのせいでディープサウス*のバイブルベルトにある地図上の小さな点のような町に戻ってくることが非常に難しくなった。だが私は、人間にも微生物にも植物にも動物にも同じことがいえると思う。生態系の複合的なシステムが維持されていれば、多様性の恩恵が得られる。ジェニーはここには自分の居場所などないと思っていたが、この新しく成長しているコミュニティの中にそれを見つけた。こうしてジェニーは妻のアンバーと一緒に戻ってきて、1920年に彼女の曾祖父が建

＊アメリカ南部の保守的な地域

てた家に住み始め、私たちのビジネスで最も重要な部門のひとつとなるマーケティング部門を立ち上げた。その一方でアンバーは工芸品部門をつくり、皮革製品と獣脂を使った製品に加え、乾燥させたペット用のおやつまで手を広げ、このおやつは人気を博している。ふたりは農場だけでなく地元の文化にも新しいものをもたらしてくれた。２０１６年に生まれた息子のジャックは同性婚をしたカップルの養子になった、アーリー郡の裁判所で初めての子どもであり、ホワイト・オーク牧場に暮らすハリス家の６世代目の最初のひとりでもあった。また、２０２２年には娘が生まれ、ハリス家側の曾祖伯母とアンバー側の祖母の名をもらってロッティ・アンと名付けられた。

２０１４年にはジェニーに続き、妹のジョディも帰ってきた。ジョディは昔からよく馬に親しみ、少女時代はバレルレース＊で活躍した。いつもヴォンと私のそばにいたがっていたが、大学卒業後は義務として農場を離れて1年間働き、その仕事が終わると一目散に戻ってきた。一生ブラフトンで暮らすと心に決めていたのだ。そして１８７８年に私の曾祖父が農場に建てた家に移り住み、夫のジョンと共に家庭を築いた。ジョンは農家になるための教育は受けていなかったが、私が出会った誰よりもカウボーイらしいカウボーイになり、農場のすべての家畜の管理を監督している。ジョディは、たとえばホスピタリティや宿泊、イベント、観光客向けのアクティビティといった、顧客に直接かかわるあらゆる業務を監督しているのだが、これら

＊馬に乗って３つのドラム缶の間をクローバーの葉の形に回ってくる時間を争う競技

の業務は、ジョディがその強いニーズに気づくまで、文字どおり存在しなかった。こうして農場に入ってくる現金が増えただけでなく、まさに昔のように多様で幅広い商品を売れるようになった。その上、予算を使わずに効果的に農場を宣伝することもできる。農場を見学したり、レストランで食事をしたり、ワークショップに参加したりして、ここで過ごして帰った人々は、たいていポリネーターのようにこの農場の名前とその物語や生産物のことをよそに広めてくれる。家に帰って私たちについて話したり、ソーシャルメディアで情報を流したりしてくれるのだ。これは最高の宣伝といえるだろう。ジョディとジョンの子どもたち、ハッティ・ベルとハリス・ポーク・ブノアとヘイステン・ジェームズはジャックとロッティと同じくホワイト・オーク牧場の6代目だ。3人目の娘のジェシカは母親と同じく学校の先生になることを選択し、ブラフトンから60キロほど離れた町で教育者の道を歩みながら、マギーとパクストン・ミラーという2人の子どもを育てている。

ジェニーとジョディとそのパートナーたちは、現在7つある部門のうち4部門のディレクターを務めている。5人目はブライアン・サップで、6人目はなくてはならない存在であり、何があっても動じない非凡なCOOであるジーン・ターン、そして7人目は私だ。5人の若手ディレクターたちはジーンや私よりも優に30歳は年下だが、会議の席では全員同じ発言権を持ち、それぞれが担当部門に関する決定を下している。ホワイト・オーク牧場は4代目まで権威を持ったひとりの男性が農場全体を経営していた。しかし私は経営方法を分権的にして、老人がひとりで全権を掌握できないようにした。現在は7人のディレクターが25人のマネジャーを監督し、マネジャーたちはそのほかの従業員150人を監督している。かつて家族**経営**だったこの農場は今でも家族**所有**だが、多くの人々が経営を助けてくれるようになった。

娘たちが勇敢な決断をして戻ってきたことで、あの手この手で私に農場経営をあきらめさせようとした父の気持ちがわかるようになった。父と私のふたりとも、よい暮らしをできるほど儲からないと本気で信じていたのだ。私が農場に戻った揚げ句、自動車部品店で働きながら父が亡くなって農場を遺産として引き継ぐのを待つはめになるのを父は恐れていた。私を農場にとどまらせ、世話をさせておきながら何の見返りも与えられなかったら、父は大きな重荷に感じたことだろう。また、生産性の低いホワイト・オーク牧場をいつか私の子どもに継がせることにも抵抗を感じていたはずだ。農家の3代目の多くがそうしたように、彼女たちも責任の重みに耐えかねて、最後には「もうこの農場を売って海辺のマンションを買うことにする！」と言いだすかもしれない。父は一族の遺産が消えてなくなるのを望まなかった。

というわけで、次の世代が実現可能なキャリアのために自由な意志で戻ってきてくれるなんて、宝くじが当たったような気分だった。娘たちは帰ってくることを強要されたわけでもなければ、年老いた両親に任せておけないので仕方なく帰ってきたわけでも、逆に本当は戻りたいけれど戻っても仕方がないので戻れなかったわけでもない。自分たちが正しいほうに進んでいるか判断する基準はいくつもあるが、そのなかで、おそらく私にとって最も大きな意味があったのは、若い世代が農場に戻ってきて、ここで子どもを育てるという決断をしてくれたことだろう。これは私に魅力があったからではないことは確かだ。しかし、私が自分のルーツに立ち返ったことによって、娘たちを家族の中心に引き寄せられた。もしそうしていなかったら、彼女たちはどこかへ離れていったことだろう。150年前の由緒ある家族農場の生活がどんなものだったか、直接経験を通して知ることはできないが、おそらく、いくら稼げるかとか、資産の利益率がいくらかといったことばかり重視していたわけではないはずだ。彼らのモチベーションはもっと別の豊かさ、つまり次の世代が近くにとどまりたくなるような、何世代にもわたってレジリエントで快適な生活を築くことだったのだと思う。この行動規範は、現在主流とされている行動規範とはかなり異なる。しかし、私がこの行動規範を取り戻すべく立ち上がったら、娘たちもそのために危険を冒す決意をしてくれた。

その後、娘たちと同年代の多くの人々も同じように感じていることがわかった。過去数年間、一寸の虫にも本当に五分の魂があることをこの目で見てきた。ここで私たちと働いたりインターンをしたりすることを選択した、高学歴で情熱的で賢明で洗練された人々が絶えずやってくるようになったのだ。彼らのほとんどは実業界や学問の世界でキャリアを築いたあとで幻滅した人々だった。それまでの生き方に失敗した人々ではなく、むしろその逆だ。おそらく都会暮らしや郊外の生活、そして、たとえば出世や車が2台入るガレージなど、親の世代が求めてきたあらゆるものが、もはやモチベーションとして機能しなくなったと感じていたのだろう。彼らは自動車やマンション、パーティションで区切られたオフィスで疎外されることなく、ほかの人々とより深くつながり、自然のそばで暮らしたいと思っている。自分の心と体と精神との調和を感じたいと願っている。本物の食べ物を食べ、本当に意味のあることをして、脳だけでなく実際に手を動かして働くことで得られる満足感を求めている。インターンや従業員としてそれをここで実現した男女のなかには、ほかで働いたほうがずっと大きな収入が得られる人もいた。だが、彼らはここを選んだ。親や祖父母の世代のアメリカンドリームとは違うものを求めているからだ。

　こうした現象が起こっているのは、うちのような農場やリジェネラティブ運動全般によって、田舎や農家のライフスタイルが見直されているからだろう。彼らはどこでもいいから農場で働きたいわけではない。ここ数年、近隣のモノカルチャー農場は人材確保に苦心している。その理由は明らかだ。**この種の**農場で働くと、キャリアパスは農場の端から端まで真っすぐ往復することに費やされる。仕事の大部分はトラクターの運転席に座り、エアコンをガンガン効かせ、ラジオを聞きながら行なう。しかもあまり変化はない。機材が大型になり、4列から8列、16

列、さらには32列に増えるかもしれないが、来る日も来る日も仕事の内容は同じだ。これはうちの農場の業務内容とはかけ離れている。ここでは夜中に大雨が降ると地面がぬかるみ、予定していた場所に動物を動かせないので、午前中の予定を変更したりする。リジェネラティブ農家は時間単位で変化する状況に対応できなければならない。面倒が生じることもあるが、たちどころに決断を下す責任能力が達成感をもたらすこともある。立場や見た目を気にかけ、一目置かれるためにエネルギーを浪費することもない。とりわけジョージア州のこのあたりでは、そんなことをしても成功できない。ここで暮らすには自分自身に満足する必要がある。そのほうが精神衛生にもよいだろう。才能があり、意識の高い多くの人々が私の農場に来て働くという選択をするのも驚くことではない。むしろ、ほかの人々はどうして気づかないのか不思議なくらいだ。

先日、町で友人と出くわし、名前は言わないがブラフトンのある口やかましい高齢の女性にどんな嫌がらせをしたんだと笑いながら聞かれた。その高齢の女性は何年もこの町に住んでいるのだが、うちの農場で出している殻付きのカキのディナーを店の外の芝生の上で楽しむ訪問者について不満に思っていたらしい（ちなみにカキは沿岸部から来たもので、訪問者はアトランタから来た人々だった）。この女性は夏の夜にインターンがバレーボールをしたり、音楽をかけたりするたびイライラしていた。おそらく彼女が慣れ親しんだこの町の墓地のような静けさを乱してしまったからだろう。しかし、彼らは教育を受けた意識の高い純粋に善良な人々で、コミュニティに対する情熱と、数々のよいアイデアを持っていた。彼女には悪いが、そんな人々とその家族をこの寂れた町に迎え入れることについて、私は罪悪感を持っていないと友人に伝えた。私はほかの選択肢がどんなものか見てきたが、少しも魅力を感じなかった。高齢の白人男性と従業員が、あまり見込みはないと知りつつ、存命中に誰かもっと若い人が農場を引き継いでくれることを願いながら、共に年を取っていく。私はそれよりも若者のエネルギーが循環されるほうがよっぽどいいと思っている。こうしたエネルギーがブラフトンをずっと居心地のいい場所に変えてくれた。娘たちが言うように、ここには「気取った」ものなど何もない。かわいらしいカフェもなければ、町には草木の生い茂った空き地も点在している。今でも日が暮れると通りには誰もいなくなり、街灯もないので、余計孤独を感じる。かつてこの町には行き詰まった悲しい無力感があったが、今はもうなくなった。そのことを私はとてもうれしく思っている。

誤解しないでもらいたいのは、周辺のコミュニティはまだ衰退し続けているということだ。私たちの農場からどの方向に10キロ車で走っても、苦難を経験し、いまだに苦境から抜け出せずにいる町をいくつも通り過ぎる。こうした農村は瀕死の状態で、この傾向が変わらなければ間もなく息絶えるだろう。それくらい単純な話なのだ。このような事態は起こらないでほしいが、それを回避するには、社会全体として厳しい問いに答えなければならないと思う。たとえば子どもや自分の健康のために栄養豊富な食料を求めているが、購入している食料が、一生懸命働いてそれを生産している人々や町を衰退させたり、町ごと消し去ったりしているとしたら、本当に「健康的」と呼べるだろうか。これは厄介な問題を引き起こすことになる。

さらに、動物に対してより公正な扱いをしている食品や土壌に優しい食品（私はどちらもおすすめしているが）を求めているなら、そうした動植物を育て、食品を生産している町やコミュニティを置き去りにすべきだろうか。ひとつの特性を選んでそれだけに注目するべきではないと思う。動物、環境、そして人間という、全体を改善するシステムをサポートする必要がある。それが真にリジェネラティブなフードシステムを見分ける私の基準となった。人間も、動物たちや彼らが住む土地同様に栄えられるようにするべきだ。ひとつだけほかから切り離すことはできない。エデンの園には人間も２人、暮らしていたのだから。

これらの考えはピンとこないという人は、こういう考え方ならどうだろう？　消費者が集中的フードシステムを後押しすればするほど、普通の農家が土地を所有し、管理する機会は減ってしまう。この乗っ取りは非常に大きな規模ですでに起こっている。農地は農家の手を離れ、食料供給を独占することに夢中な多国籍企業や投資ファンド、公共団体、外国企業、誇大妄想の億万長者などのほかの団体の資産になっているのだ。こうした巨大地主で、自分で土地を耕している農家と同じように考えられる人はほとんどいない。それどころか、彼らのなかには自然や土壌、動物、地元コミュニティのサイクルがすでにこうむっているよりもさらに大きなダメージをもたらす、最悪な考え方をする人までいる。

こうしたダメージの兆候は以前からあり、私たちは注意を向けるべきだ。わずか数百年前まで、世界中の景色を支配していたのは手つかずの自然だった。１９５０年代と60年代に少年時代を過ごした私は、こうしたダメージによく気づいていた。アフリカやカナダ北部、アマゾンを旅することに憧れていた私は、ジョージアで自分の周りの自然を探索した。しかし、過去数十年、人間の活動により、手つかずの自然は記憶の産物になってしまった。湿地は舗装され、森はことごとく切り開かれ、自然の川はダムにされたり、流れを変えられたりした。これは自然と文化に対する罪であり、驚くほど短期間で起こった。今や手つかずの自然はほぼ完全に失われ、人里離れた場所がいくつか残っているだけだ。あと数十年したら、田舎でも同じことが起こるのではないかと危惧している。私たちは自然の価値を十分に認めていないからだ。この社会的茶番はさらにたちが悪くなるだろう。手つかずの自然を絶滅させた時点で、私たちは魂の一部を失った。農村が消えたら、また同じことが起こるのではないかと思う。

これは観念的な不安のように感じられるかもしれないが、アメリカの農業地帯の町や村、そして町の小さな広場や大通りや農場や牧場がどれだけ重要な役割を果たしているか、ちょっと考えてみてほしい。農村はこの国の鼓動であり、私たちの音楽であり、国の歌なのだ。この国の発展は農村という基盤の上に築かれてきた。アメリカの名もない土地を車で旅しているところを想像してみてほしい。しばらく高速を降りて足を延ばす。活気のある村に入ると、栄養豊富な食べ物を売っている。畑から直接運ばれてきた採れたての農産物だ。人々は楽しそうに闊歩し、自分たちの仕事に満足しながら、お互いの絆を感じ、安心感を持っている。この村はとても居心地がよさそうに感じられないだろうか。しばらく住んでみたいと思う人もいるかもしれない。

私は農村の物件を扱う不動産屋ではないが、いつかみなさんやご家族もジョージア州ブラフトンのような土地に**住みたくなる**日が来るような気がしてならない。みなさんや子孫が家を持ち、両親や祖父母の世代のように豊かさを築くには、アメリカの再建された農村地帯に移り住むしかない。あるいは地域に根ざしたシンプルなライフスタイルを求める人もいるだろう。ただ科学やシリコンバレー、誇大妄想の億万長者に手を加えられていない、信頼できて栄養が豊富な食品を食卓に並べるための確実な方法を必要としているだけの人もいるはずだ。いずれの場合も、農村がまだ存在していることを心からうれしく思うだろう。そして、ブラフトンの物語は非常に今日的だと感じられるようになるかもしれない。

物理には明るくないが、どんなものでも互いに結合させると強くなることは知っている。たとえばゲートをつくるならクロスバーを渡し、タイヤをつくるならスチールワイヤーのバンドでぐるぐる巻きにする。こうして得たものを元からあったものに結びつけながら輪を完成させることで、レジリエンスが得られる。これは私たちが土地や家畜に対して行なってきたことであり、自分たちの町に対して行なってきたことだ。用心深い考え方の人なら、流れを変えることはできないと言うであろうが、私たちはその流れを変えてきたのである。私が動物たちや土壌に加えた変化とは異なり、この変化は意図的でも、あらかじめ準備されたものでも、熟考の上のものでもなく、副次的なものだった。これは私の行動が引き起こした予期せぬ影響のなかでも、珍しく強力で有効な変革をもたらしたもののひとつだ。私はそのことに心の底から感謝している。

第3部

レジリエント・フードのための闘い

第7章

リスクなくして利益なし、痛みなくして得るものなし

最近はよくリジェネラティブ農業関連の会議に呼ばれ、毎日、メールでニュースやインタビュー記事が送られてくるようになった。こうしたイベントに参加することはめったにないが（参加するメリットよりも農場を留守にするコストのほうが大きいのだ）、どんな情報が共有されているかはあらかた理解しているつもりだ。リジェネラティブ農業の運動に対する関心が急速に高まっていることにはよい意味で驚いているが、専門家やコンサルタントの多くがリジェネラティブ農業のもうひとつの側面に言及していないことが気になっている。彼らは講演をし

たり、オンラインサミットに出席したり、ウェブサイトに寄稿したりする際、悪気がないのは明らかだが、農場の改革を実際よりも楽そうに語る傾向があるのだ（少なくとも彼らは善良な人々であって、名声や講演料が目当てではないと思いたい）。疑って申し訳ないが、彼らは、規模はどうあれ実際にリジェネラティブ農業を行なった上であのような楽観的な世界観を持ったのだろうか。私はこうした人々のひとりが運営する農場を訪れたことがある。その人は巧みな語り口と大胆なアイデアで高く評価されていて、農場は間違いなく美しかった。しかし、とても小規模でややがっかりした。父なら「この農場はロバが死んで農夫にも逃げられたのだろう」とでも言ったことだろう。だが、私たちの農場と比べるのはフェアではない。そのとき気づいたのは、知識を売るビジネスモデルもあれば、うちのように生産物を売るビジネスモデルもあるということだ。とはいえ、まるでリジェネラティブ農業の原理を受け入れ、十分に大胆なビジョンを持つだけで、１年のうち８か月だけ働けば８万平方メートルの土地で年間８万ドルの収益が得られるかのような情報を拡散するのはどうかと思う。そのようなことが本当に可能なのだろうか。実のところ、私はそれが不可能だということを嫌というほどわかっている。

うちの農場で開くワークショップでこのことに触れると、楽しそうな顔をしていた参加者が眉間にしわを寄せる。農家や、農家を目指している人、農業に興味のある人々が、レジリエントでホリスティックな農業に関する私たちの考えを学びにアメリカ各地からやってくる。彼らは必ずと言っていいほど、パーティに行くかのように張り切って実地体験に参加し、嬉々として、スコップで湿った土をすくい上げ、伝統的品種の豚の繁殖について、私たちに質問を浴びせかける。リジェネラティブ農業の生産にかかわる部分、つまり動物や植物を育てる牧草地や畑で行なう実際の仕事は楽しく、満足感が得られて、比較的すぐ役に立てるようになる。ところが、どうすればレジリエントな農場がビジネスとして成立するかという話が始まると、多くの参加者が指を鳴らしたり、椅子に座り直したりする。とはいえ、この話を避けては通れない。私は人を甘やかすタイプではないからだ。そこで、彼らのやる気を若干削ぐことにはなるが、こう説明している。「たとえミケランジェロのように毎日名作を生み出せたとしても、街角の画廊の主人に1枚100ドルで作品を売っているようでは、システムは完成したとはいえません。農場も同じです。儲かる上にレジリエントなビジネスに変える方法を思いつかなければ、たとえ立派なリジェネラティブ農家になれたとしても破産する**可能性がある**どころか、かなりの確率で破産するでしょう」。いくら善良な人でも、よい農場をつくろうとして道半ばで力尽きるケースはよくあるのだ。

工業型システムから脱却し、土壌や動物、関係者を適切に扱いながら自分たちのやり方で農場を運営したいと思ったら、生産方法だけでなく、すべてを変えなければならない。そうなると仕事は想像をはるかに超えた複雑なものになる。最初に打ち砕かれる幻想は、膨大なスケールメリット＊を持つ直線的近代農業がつくりあげた、低コストという誤った認識だ。近代農業は利益が少ないがリスクも低く、サポートを得ずに生産したら本当はいくらかかるのかわかりにくいように、目隠しされている。そして、この目隠しがなくなり、サポートが得られなくなったとたんに現実に直面する。工業型農家に提示された取引は（豊作の年でさえ）かろうじて収支が合う程度なのが当たり前になっているが、この不利な取引を拒否するという貴い決断をすると、還元主義的科学がもたらしたツールも手放すことになり、生産コストを削減できなくなる。栄誉あるはみ出し者になった見返りに、支払わなければならないコストが**発生して**しまうのだ。それまで工業型農業システムが吸収してくれていた数々の支出と向き合わなければならなくなる（たとえば1日に数千頭を屠殺する大型の食肉包装施設は、廃棄物の現金化やスケールメリットによって1頭あたり数ドルで処理できる。皮や内臓、その他の残余物といった「余り物」から得られる利益で施設の運営コストをほぼ賄《まかな》えるので、処理費用は「無料」と考えられる。一方、私は週に120頭の牛しか処理しておらず、皮や内臓から得る利益を考慮しても1頭につき600ドルの費用がかかっている）。

　ホワイト・オーク牧場には最初から大きな強みがあった。私は先祖がリスクを負って犠牲を払いながら残してくれた支払済みの土地4平方キロを相続したのだ。先祖は私も子孫のためにリスクを負い、犠牲を払うと期待していたことだろう。ところが、システムの転換にさらに力

　＊生産量や販売量などを増やすことで得られるメリット

を入れようと決断し、人材や土地、食肉処理などの付加価値サービスにかかる費用を計算したところ、もはやいかがわしいほど安く消費者に食品を売ることはできないことがすぐにわかった。そこで、新しい顧客を見つけ、私たちの牛肉には余分なお金を払う価値がある理由を教えなければならなくなった。最新の計算によると食品価格1ドルにつき85セントは従来のフードシステムに入り、農家には作物によって数セント上下するが約14・5セントしか回ってこないので、フードシステムに不満をぶつけたくなる。私はほかの人々よりもビッグ・フードとビッグ・アグという巨大組織を恨《うら》んでいるが、それでも彼らはこの85セントでサービスを提供しており、同じことを農家が自分で行なおうとすると痛手となることを覚えておくべきだ。うちの農場では消費者に直接商品を売ることで、1ドルにつき100セント、つまり全額手元に残せるかもしれないが、そのために人件費として毎週10万ドル支払っている。時には慣行農法を行なっている人々のほうが賢明で、勝手な行動をしている自分のほうがよっぽど愚かだと思ったこともある。自分の農場を機械の歯車ではなく再び機械そのものにしようと決めてから、私は、牛たちを妊娠期間の283日に屠殺年齢の2歳になるまでの730日を加えた1000日強育てるという合理化されたビジネスから、はるかに複雑なビジネスへと転換した。このビジネスはすべてがうまく機能するようになるとすばらしいが、そこへたどり着くまでには何度か試練を経験した。

システムを転換し、消費者によりよい食品を提供するためには、それ相当の気概が必要だ。しかし、そのことは一見しただけではわからない。農場内を見て回れば、私たちが蓄えてきた3000万ドルの資産がすぐに目に入るが、私たちが言わなければ、この資産のほかに1000万ドルの負債があることには気づかない。それに、ここでのすばらしい生活と引き換えに私たちがほぼ日常的に成長痛に耐えていることも知らないだろう。その理由のひとつは、リジェネラティブな側面を加えて**いなくても**農場経営は過酷で型にはまらないビジネスだということだ。農業を始めるには元手が必要だが、簡単に現金は得られない。おもな投資先である土地から大きなキャッシュフローは得られず、家畜の群れや建物、機材といった土地以外の資産は短期間で現金化できないものばかりだ。私の場合、幸運なことに借金を負うことなく、恵まれた農場を相続することができた。しかし、大変だったのは、銀行に行って、危険を冒して土地を担保に資金を調達し、サプライチェーンのなかの農地以外の部門がうまくまわるようにすることだった。リジェネラティブ農業の層が加わると、何年あるいは何十年もあとにならないと採算が合わないプロジェクトに資金をつぎ込むという難しい問題に直面する。たとえば木を植えたり、繁殖群をつくったり、死んだ土壌を再生したり、多年生の牧草地を確立したりといったことだ。しかし、その一方で、すべてが機能し続けられるようにするためには**今**現金をつくる必要がある。その上、土壌の再生と自然のサイクルの再開は、自然のペースでしか起こらないという不都合な事実に気づく。とりわけ土壌が激しく劣化していた場合、投入材を大量に使う農法から、自然のサイクルが完全に機能する状態へ転換するには、誰にも予想できないほど長い年月がかかる。キャッシュフローがマイナスからプラスに転じるまでに5年かかることもあり、すべてがプラスに作用するようになるまで、自分が導入した家畜による影響という最初の破壊の段階を乗り切らなければならない。購入した土地の劣化した土壌を再生する最初の段階では、たとえば干し草の大量投入などを行なう。購入した土地に群れを移動し、エサとなる干し草をたくさん投げ込んでそこで食べさせることで、約8週間の冬の給餌期間中、地面を踏みつけて刺激し、いたるところに糞や尿を落とし、牧草を土に変えてサイクルを再開する。これは土壌の修復に欠かせない最初のステップなのだが、牛たちが歩き回った土地は月世界のような光景になる。「自分の手にボールを遠くまで運ぶ＊力があるか確かめよ」という古いことわざがあるが、前進するにつれて、その意味がはっきりとわかるようになる。

土地が自分の望みどおりに働き、恵みが得られるようになったら、その恵みを売って現金化できる商品に変え、採算の合う価格で売らなければならない。新しく見つけた顧客に彼らが欲しがっている商品を提供するだけでも骨の折れる仕事だ。この仕事をこなしつつ、農場経営自体も成り立たせようとすると、毎日屋外で過ごし、仲間の動物たちと戯れながら土地を管理するという、静かだが楽しいはずの生活が、常にリスクと隣り合わせで、時には経済的に首を絞

＊「重要な責任を負う」の意

めかねないリスクをはらんだ、ほとんどの新参者は想像していないような生活に変わってしまう。経済的に成り立つビジネスにするという課題は困難で、私たちも何度も闘いに敗れて倒れそうになった。

最悪のシナリオが現実にならなかったのは、ホワイト・オーク牧場の人々がほかの誰よりもずっと賢明だったからでも、ユニークなアイデアがあったからでもない。私たちがリスクや闘いをすべて受け入れたからだ。ハリス家の人々はライオンであり、羊ではない。私たちは取りつかれたように一生懸命働いているといえるだろう。私たちはものすごく（時には痛々しいほど）正直で、弱い敵よりも強い敵と闘うほうが強くなれると考えている。鉄は鉄を磨くが、臆病者《マシュマロ》はマシュマロを生む。一般に学問の世界や企業の役員室から一歩出れば、根性が頭脳に勝ることに気づいた。この農場にも当てはまる。リスクはいつでも同志だった。リスクを負うことで、本来ならかなりニッチで、指先でかろうじてぶら下がっているような、ごく小規模なファミリービジネスを、少々ニッチだが見事にスケールアップした、儲かるビジネスに育てることができた――もっとも、どれだけ想像力を膨らませても大儲けとは程遠く、なんとかやっていける程度に儲かるという意味だが。私の血筋に、ほかの人ならためらうような争い事もいとわない遺伝的傾向がなかったら、どう対処していたかまったくわからない。朝起きて、コーヒーを飲んだり、シャワーを浴びたりしている間は気分がどんよりしているが、幸い時計が８

時を指すころまでには、ほとんど毎朝何かしら事件が起きるので、イラッとしてアドレナリンが血中にあふれ出し、一日を始める準備ができる。これが私の健康と寿命に及ぼす影響はさておき、この農場を経営するには好都合だった。

消費者なら、これから言うことを知っておくべきだと思う。みなさんが安心して買える食料を生産している自営農家は、高い費用をかけて険しい学習曲線をはい上がった。その過程には高くつく失敗が待ち受け、常に転げ落ちる恐れがあった。お子さんたちの朝食となる卵やスロークッカーで調理している適切に育てられた牛の胸肉、栄養がいっぱい詰まった生乳。いずれも泥だらけの長靴を履いたどこかの農場主が、かつて眠れぬ夜を過ごし、返済できるかもわからないまま土地に関する契約書に署名したおかげで手に入ったのだ。一部例外はあるが、本格的な農家はたいてい負債を抱えている。さほどドラマティックに聞こえないかもしれないが、彼らは何年もの間、個人的にも仕事の上でもギリギリのところで生きてきた可能性が高い。農場経営者が資金繰りに失敗したら、書類上仕事を失うだけでなく、家や自動車、引退後の計画**に加えて**、多くの場合、子どもの家や自動車、将来、家族の遺産まで失い、健康以外のすべてを奪われることになりかねない。さらには、ストレスによって健康まで奪われることもある。仕事が行き詰まると生活全般が崩壊してしまうのだ。つまり、みなさんとご家族に栄養豊富な食料を供給している生産者は、革新的なことを行なうために大きな代価を支払っているということだ。その代価の一部がみなさんの支払う価格に反映されているのも無理はないだろう。それに、慣行農業を行なっていない農家は、私同様、農場を危険にさらしたくなければ、誰かが彼らの計画に則って準備した道を歩むことになるが、この道は彼らにとっての最善の道であり、自分にとって最善の道であるはずはないという揺るぎない信念に支えられている。

レジリエントでホリスティックな農場を経営するリスクは、その大きさも形態も内容もさまざまだ。それに振れ幅もまちまちで、大きな経済的リスクもあれば、さほどお金はかからないが、より長く続くリスクもある。完全に工業型だった農法から、完全にグラスフェッドの農法に切り替えて以来、私の家族はあらゆるリスクに慣れっこになった。自分が信じるオルタナティブ農法のパイオニアとなったからといって、すぐに栄光を手にできたわけではない。最初の食料品卸売業者の顧客が見つかるまでは何年も経済的に苦しかった。現在ではより高い値段で牛を売れるようになったが、当時はどうすれば価格を上げられるのかわからず、青々とした牧草だけをたっぷり与えて育て、太らせた良質の家畜を何頭も、それまで使っていたコモディティ・システムに送り込むはめになった。どこかの運のよい人々は100％グラスフェッド・ビーフを低価格でディナーに食べていたわけだが、そんなことには気づいてもいなかっただろう。これはまさに厳しい試練だった。私は商品をコモディティとして、競りにかけなければならなかったのだが、買い手たちの私に対する態度はほかの農家に対する態度と違っていた。もっとも本人たちは認めないだろうが。彼らは私がコモディティ・システムの外でブランドを立ち上げようとしていて、それがうまくいったら、自分たちのビジネスに悪影響が及ぶことを知っていたのだ。ルールに従っているほかの農場主の牛よりも安く、私の牛を買いたたき、私に罰を与えようとしていたことは間違いない。私はこの試練を生き延びたが、楽しいものではなかった。

次なるテストは処理施設という形でやってきた。地元に小規模の屠殺を行なう施設が足りないことに不満を持ち、いつまでも嘆いていることもできたが、そうしていたら慣行農法の牧場主に戻るはめになっただろう。そこで直接問題と向き合うことにした。私は自分が何をすればいいか直感で理解したら、その考えについて長々と検証することも、ほかの多くの人々の同意を取りつけることもしない。よくも悪くも、ビジネスプランをつくるのに何か月も費やしたり、自分の決断に関連して起こりうるあらゆる影響を戦略に反映したりしない。こういうことをしていたら、「狙え、狙え、狙え、狙え、また狙え」となるに決まっているからだ。臆病者が思慮深いふりをしている企業の世界で同じことを何度も見てきたため、私はこのアプローチを心の底から嫌っている。代わりに私は「撃つ」ことにした。銀行に行き、所有しているすべてのものを抵当に入れたのだ。

認知症で知性を失うまで、父はよく「ウィル、何をするにも絶対に農場を担保に金を借りてはいけない」と私に忠告した。それが父の世代の考え方だった。利益を上げる最も安全な方法は、説明されたとおりにルールを守り、農場の改善は控えめにして、稼いだお金はできるかぎり貯蓄する。農場で修理が必要なものがあると報告すると父は「継ぎ当てでもしておけ。私が生きている間くらいもつだろう」と言ったものだ。私が銀行から２２０万ドルの融資を受ける契約にサインするのを見る前に他界できたことは、父にとって幸いだったかもしれない。私の記憶が正しければ、ヴォンにも借金の額をはっきり伝えてはいなかった。私と結婚しているだけでストレスがたまるというのに重荷を増やす必要などあるだろうか。それに私には兄弟がいないので、自分さえ納得させれば事は済んだ。

　私は従業員を２００人も雇うつもりはなかったように、食肉処理施設が欲しいと思ったこともなかった。実のところ、むしろ所有**したくない**と思っていたくらいだ。一歩間違えば、換金不能の資産の好例となることだろう。最悪な事態が起こっても、特注で建てた処理施設など誰も引き取ってはくれないし、空から吊り上げて農場から運び出すこともできない。その上、自分で食肉処理を始めた瞬間から、複雑な規制の世界に入り込み、危険因子が大幅に増える。施設を建てる時点では、農務省から稼働可能というお墨付きが得られる保証はない。というのも農務省は施設の建設が完了した**後**でないと検査もしなければ認可もしないからだ。仮に認可が下りたとしても、今度は一瞬でも運が悪ければ（あるいはひとりでも不満を持ったけんか腰の従業員がいれば）大腸菌が発生して業務停止になり、ビジネスが停滞したり、倒産したりする可能性もある。さらには高い専門技術を持った人々も含む大勢の従業員を雇わなければならないし、想像を絶する数の保険に何重にも入らなければならない。それに農務省の検査官が来て、終日、すべての死体を検査するので、協力する必要がある。合理的な人なら、このようなことにかかわろうとはしないだろう。どんな失敗が待ち受けているかもわからなかったので、正直なところ、この試みは苦痛だった。自分の現在から家族の過去や未来まで、私は文字どおりすべてを賭けていたので、身の縮む思いだった。それでも私はとにかく前進した。父と働いていたころに身に付けた責任感から、恐怖を感じたのだろうが、私は不安があるからといって立ち止まらなかった。自分の直感のほうが説得力を持っていたからだ。私は同じ部屋にいる誰よりも議題について理解していなくても、どう対応すべきかはわかっていることが多い。娘たちからは、私はよく間違いを犯すが、優柔不断だったことは一度もないと言われている。

ちなみに農務省の検査証明書を手に入れることはとても重要だ。州外に生産物を送るにはこの証明書が要るのだが、販売を行なうのであれば、ほとんどの場合、州境を**越えなければならない**。規制は煩わしいが、いつかどこかのろくでなしが何か間抜けなこと、あるいは欲深いことをしたせいで食肉生産の安全性に傷がつき、設けられたのだろう。しかし、私たちの施設で働くフルタイムの検査官たちは、高速で移動させている工業型施設の肉よりも**はるかによく**うちの肉を検査していることに気づいた。工業型の場合、動物や鶏がチェーンで吊るされて施設の中をかなりのスピードで移動していくため、病気や寄生虫、細菌の検査をする時間はわずかしかない。一方、うちは赤身肉処理施設にも家禽類処理施設にもチェーンはないため、一体一体、好きなだけ長く調べられる（実際に長く調べたがる検査官もいる。ビッグ・ミートはロビー活動を通じて、農務省の自分たちに対する検査が甘くなり、私たちのような小規模自営施設への検査が厳しくなるようにあらゆる手を尽くしているように思えてならない。もっとも、それを証明する手だては決して得られないだろうが）。

稼働開始の許可が下りると、食肉処理施設の運営について何も理解していないことがすぐに明らかになった。ブライアン・サップと私は週に50頭の牛を施設で処理して食料品卸売業者に売れば、収支計画の目標に到達できるとざっくり計算していたが、私たちは100％間違っていた。週に50頭ではビジネスを続けるのがやっとだったのだ。債務返済のためのお金と厳しく規制されている施設の運営資金で、私たちは大赤字を出し始めた。私は急にパニックになり、このままでは収集がつかなくなるという恐怖で背筋が凍った。結局、アーニー・フォードの予想が的中し、150年続いた先祖伝来の農場が銀行の手に渡り、間もなくレンタルの移動住宅で暮らさざるを得なくなり、この新居の中をヴォンに見せている様子が目の前をちらつきゾッとした。あらゆる不利な状況をはねのけて、数量を増やすほかない。一刻の猶予も許されなかった。

幸いなことに私たちは新しい施設を建設する際、必要以上の機能を持たせていたため、数量を増やすのに必要な追加投資は80万ドル程度で済んだ。そこで追加の融資を受けて施設に手を加えたところ、瞬く間に週当たりの処理数を倍増させることができた。とはいえ、数量を2倍にしても売れなければ何の価値もない。そこで、あの世にいるハリス家の先祖が再び私の見えないところであれこれ議論し、味方を呼んでくれたとしか思えないのだが、ちょうどそのころホールフーズ・マーケット社の中部大西洋沿岸地域支社長だったケン・マイヤーという役員が施設を視察に訪れた。彼は先見の明のある人物で、私が構築しようとしていた農場内加工と垂直統合モデルに純粋に興味を持っていた。この施設は経済的に厳しい状況にあることを躊躇せず率直に打ち明けると、どうすればいいと思うか聞かれたので、私は「週に50頭ではなく100頭処理すれば採算が合う」と答えた。すると彼はその場でホールフーズ・マーケットの注文を50％上乗せしてくれた。こうしてリスクはなくなり、私たちは必要としていたチャンスに恵まれたわけだ。その後、ビジネスは勢いに乗った。グラスフェッド・ビーフへの消費者の関心に火がつき、卸売業者のシスコと食料品店チェーンのクローガーという得意先を確保したのだ。そうこうするうちに必要としていた100頭に到達し、異端のような私たちの農場が順調にやっていけるだけの収入が得られるようになった。

もっとも、２００８年の大幅な拡大で経営が傾いてもおかしくはなかった。折しも全国的に住宅市場が暴落し、サブプライムローンに端を発した世界金融不況が拡大して、何年にもわたる景気の低迷が始まっていたからだ。しかし、当時は覚醒の時期でもあった。グラスフェッド・ビーフは市場を牽引し、地元の地域的「グルメ」文化も成長していた。私たちがいるジョージア州最南部では依然としてチェリーコークやリトル・デビーのカップケーキが当時も今も人気を博しているが、アトランタをはじめとする南東部の都市では、テリー・コーヴァル、スティーヴン・サターフィールド、アン・クアトラーノ、リントン・ホプキンス、リズ・エルナンデス、アシャ・ゴメスといった革新的な料理人が地域の生産者からおもな材料を調達し、メニューやボードで農場を紹介するようになった。彼らのレストランを訪れる顧客は、コモディティ・フードとは正反対のものを求めていた。産地が地図で特定できる食べ物にワクワクしたかったのだ。生産地は家に近ければ近いほど価値があった。こうした人気急上昇中のシェフたちが料理にホワイト・オーク牧場の牛肉を使うようになると、私たちの評判が広がり始めた。レストランのサプライチェーンに食い込むのはとても難しいため、彼らのレストランに確実に生産物を供給するのは物流という意味では決して簡単ではなかったが、彼らと関係が築けたおかげで、農場の名が知られるようになった。食通の間でも話題に上るようになり、シェフたちは私たちの最高のアンバサダーとなった（こうした縁で、私は後日、ミシシッピ大学を拠点とする、地域の食文化の探究と向上を目指す団体サウザン・フードウェイズ・アライアンスに加わることとなる。彼らは数々のサポートに加え、私たちに関する『Cud（反芻動物が胃から口に戻してかむ食物）』という短編映画までつくってくれたため、リジェネラティブ・プログラムを宣伝するのにかけがえのない助けとなった。私たちが自分であのような映画をつくることは**決して**なかったはずだ。これも奇跡の一瞬といえるだろう）。

シェフたちのおかげで食通の人々がうちの農場の評判を聞くようになると、ホールフーズ・マーケットは同社の動物福祉計画に重きを置き、うちの農場の話を華々しく紹介するようになったため、私たちのプログラムはより多くの消費者に注目されるようになった（アトランタにある同社の店舗のひとつに至っては、私の実演販売が好評を博していたこともあって、店員が「グラスフェッド・グル」と書かれたTシャツを着ていたのだが、その様子は正直に言って、なかなかかわいらしかった。一方、試食台の横に立てた2メートルもある私の等身大パネルは彼らほどかわいらしくはなかったが）。

2008年から2009年になり、2010年に入るころには、事業が実を結び始めていると感じられるようになっていた。食肉処理システムはすっかり軌道に乗り、食料品卸売業の顧客は定着し、私たちはとても小さい運動に弾みをつけることができた。とはいえ、ニッチの生産者であることに変わりはない。ナイロンとプラスチックでできたベルトを量産する労働搾取工場《スウェットショップ》に対し、手作業で革のベルトをつくる職人のように、食品業界のほんの片隅に身を置いているにすぎないのだ。しかし、そのよさがわかる人々が私たちを見つけてくれるようになった。当時、私たちは地元で育ったアメリカ産グラスフェッド・ビーフの唯一の供給業者という地位を確立し、後を追ってくる競争相手もほとんどいなかった。数年間、ビジネスは最高の状況にあり、夢にも思わなかったほど大きな利益を上げた。

みなさんは、おかげでほっと息をつけたと思うかもしれない。アクセルから足を離し、自分は正しかったと悦に入っていたのだろうと。ところがそうではなかった。悦に入るどころか、私は成功に少々酔いしれてしまった。一定の割合で現金が入ってくることに慣れ、一定の資金燃焼率でそれを使うのにも慣れてしまったのだ。念のため断っておくが、無駄遣いしたわけではない。ハーレイやマンションや船を買ったわけではなく、すべて農場で必要なものに使った。たとえば土を運んだり、建物を建てたり、売りに出た土地を買ったりしたのだ。いずれも**今すぐ**しなくてもいいことだと言われるかもしれない。父は永眠の地できっとそう言っていたことだろう。しかし、私の世代特有の考え方に従えば、現金を貯め込むより富を築くべきだ。農場のシステムを維持するには十分な現金が必要だが、バケツ1杯分余分に現金を持っていることはバケツ1杯分余分に血液を持っているようなもので、それにどんな利点があるだろう？　私に言わせれば、余分な現金があるのなら、家畜の数を増やしたり、建物を建てたり、土地を買ったりして資産を築けば、確実に農場を永続させ、世代を超えて成長させられる。私の理論によれば、なくなる心配がないほどたくさんの現金を持っているとしたら、それは十分にリスクを負っていない証拠だ。

これは興味深いタイミングだった。私の土地への関心が高まる一方で、近隣の農家は灌漑がされていない土地に対する関心を失っていたからだ。灌漑が行なわれていない土地は、過度の耕作で砂漠化しつつあった。こうした土地が保水できるようにする方法を知っていた私にとって、これはチャンスだった。しかもその土地の生産性がどれだけ高まるかもわかっていたので、すばらしく割安に思えた。家畜たちのために農場を広げられる機会があればすぐに飛びついた。また、レジリエンスに対する将来的不安が増幅していたため、余分な現金があるときはいつでも、時には現金がない場合でも、井戸を掘った（いつか費用が高騰したり、規制が厳しくなったり、権力者に妨害されたりして、一般の人には井戸が掘れなくなる日が来ると考えていた私は、確実に井戸を持っていたかったのだ）。こうした事情で、恐ろしいほど負債が増え、資金燃焼率も高くなった。工業型システムとその投入材からは足を洗ったが、手段を選ばずに先を争うことへの愛着までは手放していなかったのだろう。代わりに、後先考えず行動するスキルを銀行や融資に使っただけだ。誤解のないように言うと、私は最も景気がよかった時期ですら、一度も自分の給料を上げたことはないし、（１９８３年に家を建てたときを除いて）10セントたりとも個人的な目的で農場経営の資金に手をつけたこともない。しかし、資産を増やせばシステムをコントロールしやすくなるというものでもなかった。そのせいで崖っぷちに追い込まれ、周りの人々にも苦労をかけた。財務担当のジーン・ターンにはいくつか当時の苦い思い出がある。それでも、このおかげで現在の状態にずっと近づくことができた。

実のところ、いくつかの場面では根拠のない熱意が高じて我を忘れてしまったこともある。私は、グラスフェッド・ビーフのビジネスが人気を博したのだから、当然、グラスフェッド・チキンも同じくらいの需要が見込めるに違いないと考えた。消費者は閉じ込め型の養鶏の恐ろしさに目覚め、牧草で育った家畜の肉の栄養的利点に関心を持ち始めていたからだ。さらに私は土壌のために家禽類の助けが必要だった。２００９年ごろのことだが、当時私は興味本位でほかの種類の動物を育てる試みをしていた。利益のためではなく、農場の環境をサバンナのようにしたかったからだ。最初に羊を飼い始めたところ、柵沿いの草を除去するのに役立った。かつて父はよく、羊のことを「牧場のウジ虫」と呼んでいた。それくらい羊を見下していたのだ（父は羊を飼ったことがなく、近寄ったことすらなかったのではないかと思う。昔ながらの牛飼いは羊と羊飼いを軽蔑していた。思うにこれは放牧法の下で放牧をさせていた時代に牛飼いと羊飼いが放牧地を争っていたことに由来するのだろう）。しかし私はこの土地を管理する新しい方法を開発する必要があり、自分は牛飼いとして成功しているのだから、羊を飼うなんて朝飯前だと踏んでいた。ところがそうではなかった。牛も羊も反芻動物だが、似ているのはそこまでだ。牧草の食べ方も違えば、移動の仕方も健康問題も、繁殖や妊娠期間も、世話の仕方もそれぞれ異なり、相違点をあげれば切りがない。とはいえ、結果的に私は羊の群れをなんとか管理できるようになった。その後、森林地帯の低木を除去するために山羊を飼うことにした。羊よりも扱いやすいと考えたのだ。ところがまたしても間違っていた。山羊飼いになるのも同じくらい大変だったのだ！　とはいえ山羊の飼い方も理解できた。そこで今度は食肉用の鶏を500羽購入した。土壌に窒素が必要だったのだが、鶏に糞をしてもらうのは窒素を得るのに最適な方法なのだ。ほかに費用効率のよい入手方法はなかった。

私は鶏もその他の羽毛の生えた生き物も飼ったことがなかった。来る日も来る日も鶏の群れと農地に出て、どうすれば牧草地に、夜間に身を守るための鶏小屋を建ててそこで鶏を育て、鶏たちが自然に行動し、生まれながらに食べている虫や種子といったエサをあされるようにできるか考えた（私たちが与える飼料に加え、牧草地でエサをあさることで、より幅広い栄養を摂ることができる。飼料を与えずに食用鶏を育てることは不可能なのだ）。私は鶏たちを育て、成長しきったら、農場で昔ながらの方法を使って絞め、従業員に冷凍庫に入れてもらい、また500羽飼い、その後また500羽飼った。鶏たちが土壌に与えるプラスの影響や誰もがチキンをとても喜んで食べていることに感心しながら、私は「もうすっかり鶏飼いになった！」と思ったものだ。

間もなく、鶏を現金化する方法を見つけなければならないことが明らかになった。窒素を豊富に含んだ鶏たちの糞は貴重だが、現金に換えるには、窒素によって増えた牧草を牛に食べさせて育てるしかなく、鶏の飼料を調達するにはまだ費用がかかっていた。私は赤身肉処理施設を建てたときと同じ方法を使えば、家禽類処理施設も簡単に建てられると考えた。高い水準の動物福祉を実践し、農場内で食肉処理をし、意識の高い消費者向けに少し高級な商品を提供するのだ。私たちはすでに赤身肉処理施設を持っていて、ブライアン・サップがしっかり運営してくれていた。あとは同じモデルを複製して家禽類用のものをつくるだけだ。

私は何かについてあらゆることを理解できるほど賢くないことは自覚しているが、これだけわかっていれば十分だと判断することはできる。私の持論によれば、何かを学びすぎると重症の分析まひ＊にかかるのがオチだ。このときもそう考えたのだと思う。私は新たに約１００万ドルの融資を受け、家禽類処理施設を建て、そのための従業員を雇った。彼らは1週間に40時間働くため、週5日、１日約１０００羽の鶏を処理すればすべてうまくいくと計算した。思い切ってやるしかない。

私が十分に理解していなかったのは、鶏たちを最も残酷だが最も効率的な工業型の方法で育てる場合と、適切な方法を用いて人道的に牧草地で育てる場合の生産コストの差だった。鶏ほ

＊情報分析に時間をかけすぎて判断を下せなくなること

ど閉じ込め型飼育に適した動物はいない。鶏は体が小さく、持って運ぶことができ、自分たちを閉じ込めておく従業員にけがを負わせることもない。そのため、驚くほどスケールメリットが大きい。この2種類の鶏肉を並べてみるとリンゴとiPhoneのようだ。消費者はリンゴに慣れている。ここでいうリンゴとは、驚くほど安い鶏肉のことで、鶏たちは恐ろしい環境で育てられたが、その生いたちが消費者の耳に入ることはない。一方、最初から最後まで鶏たちを牧草地で育て、農務省の検査を受けた施設で処理し、包装し、適切な方法で鶏を育てるコストは1ポンド（約453グラム）当たり4ドル37セントで、工業型の鶏の生産コストをはるかに上回っている。わずかながら利益を上乗せすると、5ドル近くで売らなければならない。その後、食料品卸売業者のところでさらに値段が上がり、最終的に消費者は28ドル以上支払うことになる。2010年当時、たとえ最も良心的な顧客が相手でも、さすがに30ドルの鶏肉を売るのは至難の業だった。

事態はさらに悪化した。牧場で家禽類を飼育すると、屋内に閉じ込めて飼育する場合にはありえない数々のリスクに直面するのだ。急に天候が悪化すれば、群れは移動もままならなくなり、幼い個体や体の弱い個体が犠牲になる。さらに困ったことに、突然どこからともなく腹を空かせたワシが何羽も現れて農場の広葉樹林に群がり、鶏の群れに襲いかかって木から内臓の雨が降ることもある。ワシたちの間で、ブラフトンでウィル・ハリスが食べ放題のビュッフェを始めたとでもいう噂が広まったに違いない。ジョージア州南西部で大量の鶏を放し飼いにしている農場などほかにないので、半径１００キロに住むすべてのワシが一目散に集まったのだ。目も当てられない状況だった。

経済的な意味で、鶏肉生産の初期の試みは惨敗に終わった。今だから言えることだが、私たちはきちんとした基盤が整っていない状態で、テストもせずにリスクの高い製品カテゴリーを立ち上げようとしていた。ホリスティックな農場が真のレジリエンスを得るためには、頑丈な椅子のように、ぐらつくことも壊れることもない、丈夫でしっかり取り付けられた３本の脚で支えなければならない。１本目の脚は家畜や作物をリジェネラティブ農法で育てる、生産だ。２本目の脚は家畜や作物を現金化できる商品に変える、加工。そして３本目の脚は、これらの商品を消費者へ、実際に農場《ファーム》からフォークへ届けるためのマーケティングと流通である。鶏に関する初期の実験において、実のところ私たちの生産法はとてもうまくいっていたが、想定外だった最悪の天敵の出現で台無しになった。加工は新しく建設した施設のおかげで完ぺきだった。ところが私は、市場および価格受容性＊について完全に間違った判断をした。施設はほとんどぜいたくといえるレベルの食品を大量に生産できるようになっていたが、実際には余分なお金を払ってそれを買ってくれる人々に届けられなかったのだ。

このことを理解できたのは、後日、コロラド州ボールダーを訪れ、カンファレンスで講演を

＊顧客が受け入れられる価格帯

したときだった。地元に住む友人が、町にある、かつてカウボーイがよく泊まっていたボールダーラマという老舗ホテルにディナーを食べに連れていってくれたときのこと。額に入れて飾られていた１９０９年当時のメニューの写真が目に留まった。興味を持った私はこの写真をのぞき込み、ぎょっとして思わず後ずさりした。私が失敗した原因が白地に黒い文字ではっきり印刷され、目の前に提示されたからだ。工業型農業に取って代わられるはるか以前の当時、一番安いディナーはビーフとマトンで1食25セントだった。次はポークで30セント。一方、コールドチキン・ディナーは35セントだった。現在とは反対にチキンは**一番高い**メニューだったのだ。これほど有無を言わさず経済的な現実を突きつけられたのは本当に初めてだった。きっとこれは祖先たちにとっては当然のことで、私は彼らのやり方をまねしているのだから、驚くほどのことではなかったのかもしれない。しかし私は鶏などの小型動物を閉じ込めずに昔のように牧草地で育てるのは、牛などの大型動物を育てるよりも1ポンド当たりの費用がかさむという歴史的事実を知らなかったのだ（牧師を日曜のディナーに招待するときにチキンを出すのも同じ理由だろう。チキンは家族にとって1週間で一番の特別料理だからだ。ハーバート・フーバー大統領の支持者は、彼が「すべての鍋にチキンを入れられるようにした＊」おかげでアメリカの繁栄を後押ししたと主張している）。グラスフェッド・ビーフ市場では、ますます多くの消費者が、価格が30〜40％高くてもグラスフェッド・ビーフを買ってくれるようになってい

＊万人に富が行きわたることのたとえ

たため、私は過信していたのだろう。牧場で育った鶏に300％も余分にお金を支払うのは非現実的であることに気づかなかった。私はリスクを負っただけでなく、大きな失敗を犯し、それがリスクをさらに大きくした。

この点を見落としていたせいで、私たちは大金を失った。しかし、何度か浮き沈みを経験するうちに、大赤字にならずに牧場で鶏を育てて売る方法を編み出した。鶏の飼育の問題は、可動式の大きな鶏舎を農場に置き、毎日移動させ、エサと育雛、給水のためのシステムをつくり、番犬に鶏たちを守らせるなど、いろいろ手を施したおかげで解決した。鶏を飼い続けたのは利益になるからではなく、牧草地にはまだ鶏の糞が必要だったからだ。それに私も従業員も顧客も鶏肉料理が好きだった。そこで、週に5000羽処理するというわけにはいかないが、いくらか育て続けることにしたのだ。

このエピソードは不名誉に聞こえるだろう。実際、経済的な痛手も負った。しかし、それでも完全なる失敗と呼ぶつもりはない。成長するにはひどい目に遭うことも必要であり、何かを台無しにしてしまったら、真っ先にそれを察知し、率先して自分の間違いを**認める**のが私の流儀だ。このことからわかるのは、オルタナティブな食料生産システムを考え出すのは決して一筋縄ではいかないということだ。狙いを定めて撃つ。的に当たることもあれば、大きく外すこともあり、たとえば広葉樹に鶏の内臓のデコレーションが施されたり、生まれたばかりの山羊の赤ちゃんを豚に食べられたりといった巻き添えによる損害をこうむることもある。いずれも、自分で革新的な農場をつくりあげようとしなければ起こらないことだろう。現行の食料生産システムは、虹が架かり、ユニコーンがいるような楽観的世界観を提示しているのかもしれないが、実際はシステムに刃向かうと、ユニコーンには歯があったことに気づかされる。このシステムには噛みつくという反撃手段があるのだ。

私は、人生には悪戦苦闘が付きものだと考えている。そのため、この農場では毎日もめ事があると言うと驚く人もいるが、私は決して動じない。こうしたもめ事の一部は今なら笑い飛ばせるようなささいなことだった。たとえばあるときのこと。私は食肉処理施設で残ったものを農場で肥料として使い始めたのだが、このころはまだ堆肥化プログラムが確立していない時期で、ショベルカーを使って内臓を埋め、骨はブドウを干しぶどうにするように農場に並べて日に当て、何か月も干していた。私としては骨がすっかり色あせたら細かく砕いて土に混ぜ込み、ミネラル循環に送り込む予定だった。そうすれば農場は廃棄物ゼロにも近づける。ところが私のことを好ましく思っていなかった誰かが密告したらしく、ほどなくして農務省の役人が視察に訪れた。役人は私の所有地に転がっている骨を見て「死亡獣畜に関する法律違反」の切符を切った。この違反切符のせいで、隔離のため、生きた動物はうちの農場から一切出られなくなった。私はあのしみったれた役人から切符を受け取り、オフィスの壁に画鋲で留めた。切符はそれから5年間、壁に貼られたままだったが、いつもどおり肉は完全に包装され、すぐ売れる状態にして農場から出荷し続けた。「生きた動物」は農場の食肉処理施設以外の場所には行かないからだ（結局、農務省の別の役人が定例会議に来たときに壁に貼られたこの色あせた切符に気づき、あまりのばからしさに必死で笑いをこらえながら隔離を解除してくれた。これは大規模な堆肥化プログラムを確立してからだいぶたってからのことだ）。

また、時にはちょっとしたトラブルも起こる。たとえばホールフーズ・マーケットの動物福祉についての監査を担当していた法人が、感謝祭1回分の牧場育ちの七面鳥の監査でミスをしたこともあった。ホールフーズ・マーケットは配達日の直前になって、技術的問題で七面鳥を受け取れないと連絡してきたのだ。そこで私ははっきりと、彼らがリジェネラティブの家族農場から注文した、屠殺したばかりの２０００羽の七面鳥が、間もなくオースティンにある同社の本社前の歩道に届くとはっきり告げ、前例のない数の七面鳥を腐らせたというニュースに地元のメディアが飛びつくだろうと付け加えた。すると不思議なことに例の技術上の問題は一瞬にして解決した。

また、単に私の選択が人々の神経を逆なですることもある。農場の面積を増やすべく購入した土地は、それまで誰かが所有していたか、賃貸していたものだ。地主が土地を売る、あるいは新しい借り手に貸すという経営上の決断をしていたとしても、必ずしも取引に満足しているとは限らない。このあたりでは隣人から土地を買うと、たとえその土地が劣化していたり、使い物にならなくなっていたりしたとしても、まるで何年間もキスしたいとすら思っていなかった配偶者を奪われたかのような反応をされることもあった。彼らは最終的に自分たちのためになることでも、腹を立てるのだ。

なかにはもっと規模の大きないざこざもあり、たとえば国道27号線を拡張したときには運輸省ともめたこともある。私たちの土地を2つに分ける片側1車線の（父の時代には砂利道だった）田舎道が片側2車線の高速走行道路になったのだが、どうやら運輸省の役人たちは誰も、私たちが、鶏を積んだトラックやスバルのレガシィ・アウトバックなどの危険な車が猛スピードで走る両側4車線と中央分離帯を渡って、1000頭の牛を移動させることまで考慮しなかったのだろう。事務員は、うちの農場の動物たちが安全に渡れるかどうかなど自分たちには関係ないと主張した。これに賛成できなかった私は訴訟を起こし、国道の下に牛が通れるトンネルを200万ドルかけてつくるよう要求した。裁判は長引き、膨大な裁判費用がかかったが、私たちは善戦し、ついに勝利を収めた。このとき私は、自分たちはこの勝利に値すると思った。

それに例のワシの失敗もある。私たちは鶏の群れがこうむった100万ドルを超える損害の一部を、家畜損害補償プログラムを使って取り戻そうと農務省を訴えた。このプログラムは連邦法で保護されている捕食動物から農家が家畜を守れなかった場合、農務省が、こうした捕食動物が農家の家畜を殺した際に生じた経済的損失を補償すると定めている。農務省はあいまいな理由と私たちには決して理解できないような動機により、うちは対象外であると裁定しようとした。そこで私たちは訴訟を起こし、勝訴し、その後、再び訴えなければならなくなったが、また勝訴し、その後、農務省はこの判決に不服を申し立てていると知らされた。訴訟には10万ドル以上の弁護士費用がかかり、補償額はわずか20万ドルほどだがこの原稿を書いている時点では、そのほとんどがペンディングになっている。私たちに補償額を支払**わない**のは、地位の高い農務省のキャリア官僚が、自営農家や牧場育ちの家禽類生産者に嫌がらせをして、見せしめにしているところを工業型養鶏会社に見せるという役割を果たしているのではないかと私は疑っている。私の仮説によれば、こうした上級官僚のなかには、キャリアのほとんどをビッグ・アグへの忠誠を示すために費やし、政府の仕事を引退した後でこうした企業から多額の給与を受け取ることを期待している人がいるのだろう。彼らは一種の罪の着せ合いのような争いをすれば、うちのような農場は疲れて消耗し、そのうちあきらめると思っているのだ。だが、本当に私たちから何かを奪いたいのなら、ここまで来て奪うべきだ。私たちのほうから彼らに与えることはないのだから。

しかし、最も大きな闘いは、ファンファーレや警告を伴わずに忍び寄ってくるものなのかもしれない。好調期に入って数年後、農場はそれなりに儲かるようになり、出費が増えたが、全般的に順調だった時期に収益がむしばまれ始めた。ほかのすべての面は上向いていたのに、収益だけ逆に減っていたのだ。生産方法も動物福祉も土壌も改善したというのに収益は減り、経営を圧迫し始めた。

その原因は、卸売業者がどこかほかからグラスフェッド・ビーフをうちよりも安く調達し、店頭に並べたことが売り上げに大きく響いていたからだ。彼らが入手した牛肉は小規模な家族農場から来たものではなく、むしろ正反対だった。徐々に業界を牛耳るようになっていた多国籍の巨大食肉会社が、ホワイト・オーク牧場など一握りの農場がグラスフェッド・ビーフの市場をつくる様子をうかがっていたのだ。この市場が盛り上がり、利益を上げるようになると自分たちも参入したくなった。そのためにオーストラリアやニュージーランド、南米の一部の国から安く、大量にグラスフェッド・ビーフを輸入し始めたのだ。こうした企業は消費者によく知られたブランド名ではなく、マーケティングチームが新しくつくった、あたかもアメリカ国内の素朴な牧場から来たかのような、懐かしさを感じるサブブランド名で売った（彼らはすでに世界中からグラスフェッド・ビーフを輸入していたため、これは同じ方向へもう一歩進んだだけだった）。輸入されたグラスフェッド・ビーフは私たちのグラスフェッド・ビーフとは異なっていた。基準が低く、おそらく私たちと同じレベルのケアと安全性には達しておらず、飼育時の動物福祉の基準もわからない。しかし、企業が製品ラベルに原産国のリストを掲載するよう義務づける法律に対して、農務省がひどく誤解を招く判断を下したおかげで、現在こうした多国籍企業は、農務省の検査を受けた施設に輸入した牛肉を運び込み、「国産」のラベルを貼ることができる。その動物が一度もアメリカの空気を吸ったことがなく、屠殺された後に冷凍貨物用のコンテナに入れて運ばれてきたとしてもお構いなしだ。彼らが売っている肉は１００％グラスフェッド・ビーフかもしれない（または違うかもしれない）が、ほかのほとんどの面ではコモディティ・レベルの商品に近い。それでも現実とはかけ離れた説明をしている（これは合法的詐欺と呼んでもいいだろう。「グラスフェッド」の食肉の世界では、この手の詐欺がまかり通っていて、最大で75％が輸入品と思われる）。私たちがしたように、有意義あるいはポジティブな方法でシステムごと変えるのではなく、表向き、メッセージだけ変えたらどうなるか、この例を見ればよくわかるだろう。時間に追われながら商品を選んでいる買い物客にとって、この商品は普段買っているものよりもずっと上等なもののように感じられる。ラベルを見たかぎりでは、アメリカの家族農場や牧場の伝統を守り、さらには健全な環境を保つのに貢献しているように見えるからだ。ところがこれはすべて企業によるグリーンウォッシングだ。うわべだけエコロジカルに見せ、信頼できそうなメッセージを印刷していても、工業型システムで生産され、工業型の商品並みの値段で売られているこうした商品は予期せぬ影響をもたらす。巧妙な手口で、計画的に顧客をだましているのだ。その上、こうした商品のせいで、私たちの商品の価値が下がってしまった。比較的小規模な生産者である私たちは、固定費を価格に転嫁できない。ほかの業者がうちより安く売り始めたら、価格で勝負するのは至難の業だ。

私たちは危機的状態にあることをひしひしと感じていた。ホールフーズ・マーケット社の3つの地域、中部大西洋沿岸と南部、フロリダにおいて、私たちは最大のグラスフェッド・ビーフ供給業者の地位を確立していたが、カリフォルニアの連中に押しのけられた。彼らは私たちがジョージア州でグラスフェッド・ビーフを生産し、隣の州に送るよりも安く、フロリダまでグラスフェッド・ビーフを送ることができたのだ（どうしてそんなことが可能なのか解明できるだけの正確な情報が手に入ることはないだろう）。食料品店が私たちの製品からこのいかがわしい製品に完全に乗り換えるのはまだ先だと思うが、これは私たちがなるべく多くの商品を直接顧客に売ろうとしている理由のひとつだ。

誤解のないように言うと、ビッグ・フードが参入してきた時点で、彼らには膨大な資金と力があったため、市場シェアを奪い、拡大していくためなら、最初は多少利益を失ってもやっていけたのだ。そこで、彼らは小規模農家には太刀打ちできないほど低い価格を設定した。そして、民間企業や政府の援助を受けた輸出業者といった巨大な力を持つ組織が額《ひたい》を寄せて計画を練るようになると、この競争はさらに厳しくなった。これが起こるのを私は間近で直接経験した。グリーンウォッシングされたグラスフェッド・ミートの波が押し寄せてから数年後のことで、当時、私はアメリカ産グラスフェッド・ビーフの生産者である家族農場を代表する組織、アメリカン・グラスフェッド協会の会長だった。あるとき私は類似する組織、グラスフェッド・エクスチェンジが主催する、自営農家が直接会ってネットワークをつくり、情報交換するためのカンファレンスに参加した。最後の夜、私は自営の農場主や牧場主が飛行機で帰路についた後のタイミングで非公式の会議が開かれることを知った。そこで私も残って、どんな会議か調べることにした。驚いたことに、この会議を主催していたのは、グラスフェッド・ミートの輸出に力を入れているオーストラリアの団体だった。彼らはアメリカの投資家などを相手にオーストラリア産グラスフェッド・ミートをアメリカに輸出するベンチャー企業へのサポートを求めていたのだ。会場のドアが閉まると私はコーヒーを持って堂々と中へ入っていった。部屋にいた人々が全員私のほうを見た。まるでフルーツポンチのボウルに入った糞でも見るような目だ。彼らがまさに意図的に閉め出そうとしている団体の代表者が侵入してきたわけだから、私は完全に招かれざる客だった。オーストラリア人たちは「高品質」と呼んでいる商品を売り込んでいた。南半球の「冬季」に生産することで、アメリカの人々は確実に一年中グラスフェッド・ビーフを買うことができるというわけだ。この話を聞いて、彼らが何に関心を持っているか明らかになった。政府の財政援助まで受けて、アメリカの食料品市場におけるオーストラリア産グラスフェッド・ビーフのシェアを拡大しようとしていたのだ。彼らはスライドを使ってプレゼンテーションをしながら、文字どおり「アメリカでは年間を通じてグラスフェッド・ビーフを生産することはできません」と訴えていた。そこで私は立ち上がり、ジョージア州ブラフトンでは一年中グラスフェッド・ビーフを生産できることを部屋にいるすべての人々に教えた。この発言は受け入れられたとは言いがたい。私がアメリカン・グラスフェッド協会のニュースリポートにこの秘密会議について寄稿し、出版したときも反応は芳しくなかった。しかし、権力者に対して誰かが真実を言う必要があった（私はオーストラリア産のグラスフェッド・ミートの品質が低いとか、たとえばウルグアイなど、ほかの輸出国の肉はおいしくないとか言うつもりはない。しかし、輸入品はアメリカの国内市場を奪い、農家がリジェネラティブ・モデルに転向する機会まで奪ってしまう。それに、大きな視野に立って見ればアメリカの土地や土壌、水、空気はオーストラリアやウルグアイの土地や土壌、水や空気より大切というわけではないが、偶然ながら私たちが日々生活を送っているのはアメリカなのだ。すべてとはいわないが、時として「国産」のラベルの裏に隠されて、本当の原産国がわからないこともある。外国の農産物が名声と市場シェアを確立するとアメリカの農家は競争に参加できなくなり、消費者は自分たちのお金をアメリカ国内経済にとどめておくことができなくなるだろう）。

それ以降、市場は奪われる一方だ。２０１５年には市場の全体像が変わり始めていることが明らかになったが、どの変化も偶然ではなかった。変化が起こっていたのは、とても強い権力を持った者たちが資源をかき集めて、より貪欲な計画を後押ししていたからだ。大企業はれっきとした自営の生産者を蹴落とし始めた。うちに似た独立系の家族農場が行なっていたグラスフェッド事業が多国籍の食肉会社に買収されるのをこの目で見てきた。これらの企業はグラスフェッド事業を自社ブランドのポートフォリオに加え、成長しつつある消費者基盤を利用したいのだ。慈善的とはいえない事業を行なっている企業でも、小規模な正統派ブランドを持てば、道徳的な企業という印象を与えられる。私は苦心して築き上げ、長年にわたり磨きをかけてきたブランドの中心的価値がこうやって薄められていくのを見てきた。これぞまさにグリーンウォッシングだ。裏で何が起こっているのか決して消費者の目に触れることはない。こうした小さなブランドの経営にかかわっている善意の人々は本当に気の毒だと思う。還元主義のシステムに目をつけられたら最後、どれだけ独自の高い基準を維持しようと思っていても、極めて難しいからだ。生産物は企業の四半期報告書が求めるニーズを満たさなければならなくなり、効率性も求められるようになる。複合的だったシステムは直線的になり、全体を構成する部分がバラバラにされるのだ。統合性も品質も問題にならなくなる。草分け的農家が自らの血と汗と涙で築き上げたものがすべて乗っ取られるのを見ているようだ。しかもそのスピードと激しさは時間とともに高まる一方だった。

私はホワイト・オーク牧場で築き上げた財産を売り払って、アトランタ郊外のバックヘッドで高齢者のコミュニティに加わり、軽トラックを売ってゴルフカートを買い、夢を捨てて老後を楽しむつもりは毛頭なかった。私が見つけた唯一の選択肢は、この破壊的な力に対抗する防備を固め、自分たちのシステムを可能なかぎり攻撃に耐えられるようにすることだった。そのためには先祖が行なっていた昔ながらの方法に完全に回帰し、システムのすべての段階を自分たちで所有するほかなかった。つまり、椅子の第3の脚であるマーケティングと流通の手段を完全に所有し、食料品卸売業者への完全なる依存から脱するのだ。独自の流通経路を通じて、生産物を直接顧客に届け、第三者である販売業者から離れなければならなかった。そうして初めて、私たちは本当の意味で農家の取り分を回復し、農業経営の利益を確実に吸い上げていた。ビッグ・テックとビッグ・アグ、ビッグ・フードの三人組から逃れる道を切り開くことができた。地方の生産者にとって、これは想像するより難しい。たとえば、ほとんどの農家は理想的な消費者が住む場所の近くで農業を行なっていない。それに私たちのように大きい規模で食料を生産している場合、直売所を回っているだけでは不十分だ。銀行から借りている数百万ドルを返済できるほどたくさんの生産物を売ることはできないだろう。

私たちは2012年ごろから内職的に、インターネットによる通信販売と消費者への直接販売にも手を伸ばした。ウェブサイトも最初はかなり頼りないものだったが、卸売業者に売れなかった部位を処分する手段として使っていた。肝臓や心臓、腎臓などの部位は、先祖伝来の栄養学を学び、内臓肉のよさを本当に理解した進んだ消費者がいることに気づくまで、堆肥にしていたのだ。毎週、卸売業者が買わずに余ったひき肉があれば、それもオンラインで売った。すべてはとても原始的だったのだ。ウェブサイトは外部の業者が管理していたため、自分たちでは何も変えることができず、私たちは注文を受けるたびに処理施設の荷物運搬口で商品を包装し、トレーラーを冷凍装置代わりに使って発送していた（現在では冷凍貨物用トレーラーが６台あり、さらに倉庫をつくる計画もある）。これは少し骨の折れる作業で、最初の数年間、オンライン・チャネルは収益にほとんど貢献しておらず、あまり重要ではなかった。それでも手放すことはせず、運営し続けていたところ、やがて利幅が薄くなり、食料品の売り上げが減りはじめ、残酷な現実が見えてきた。全国規模で大量の商品を扱える、消費者向けの通販のための信頼できるインフラストラクチャーをつくりあげなければならなくなったのだ。

本格的な通販サイトやフルフィルメントセンターを立ち上げて運営するには、目玉が飛び出るほどの大金が必要だ。うちほどのスケールの販売に適したソフトウェアを農場モデルにぴったり合うようにするには、何度もお金をかけてさまざまな作業を繰り返さなければならない。これは簡単なことではなかった。さらに多くの資金が必要になり、借金も増えた（表計算ソフトとにらめっこをしているジーンにとっては、これも楽しいとはいいがたい時期だった）。顧客のところまで新鮮な商品を絶え間なく運ぶのではなく、農場内に冷凍した在庫を置くという方法に突如としてビジネスを適応させなくてはならなくなったのだ（現在では100万ドル分以上の完成品の在庫を抱えている）。私たちは1台のトラックに肉を積み込んで、食料品店チェーンの集中化した倉庫まで運転していくのではなく、傷みやすい商品を郡の外に住む何千人もの顧客一人ひとりに送る方法をマスターしなければならなかった。それには強力で象徴的なブランドを開発する必要があり、かなり洗練された技術が求められたが、農場内に適した人材はいなかった。高額なインフラに加え、人材も増やさなければならず、コストとリスクが増した。それに加工食品業界から無駄なく注文を受けられているか、つまり在庫として持っているすべての生産物を、人気のある部位も、ない部位も同じようにさばけているか知るためのまったく新しいスキルも必要だった。というのも、鶏には2枚の胸肉だけがあるわけではなく、脚もあれば首も足もあり、私たちは売りやすい部位だけでなく、農場が生み出した**すべての**恵みを売らなければならなかったからだ。それに在庫が少ないものばかり選んで買うのではなく、在庫が多いものも買ってもらい、うちのステーキは工場でつくられる単調でどれも同じ食品とは違い、大きさも形もそれぞれ少しずつ異なっていることを理解してもらえるように顧客を誘導する方法も学ぶ必要があった。また、顧客にいっそう幅広い商品を買ってもらい、全身、つまり鼻と尾、およびその間のすべての部位を食べるべきであることを教えなければならなかった。私たちにとっては幸運なことに、たとえばパレオダイエット＊と先祖伝来の栄養学、スロ

＊石器時代の狩猟採集型の食生活を取り入れたダイエット

ーフード、肉食ダイエットといったダイエットが流行ったおかげで、こうしたことを教えやすくなった（ブロス用の鶏の足は食用のもも肉よりもよく売れていることからも、何かがわかるだろう）。それでも在庫の流れを把握するのはかなり大変だった。

しかし、ルーレットで毎回赤の12に有り金を全部賭けるギャンブラーのように、私はいつか自分たちの負っているリスクが報われ、私たちは1年か2年、あるいは3年時代を先取りしているかもしれないが、いずれ十分に多くの人々が追いついてきて、すべてがうまくいくほうに賭け続けている。２０１６年、私は賭け金を2倍にして、全速力でフルフィルメントセンターを建設し、今では毎週１０００件以上の注文を受け、包装し、発送している。これには顧客サービスチームに加え、必要不可欠なマーケティングチームの人材も雇わなければならなかった。以前は数社の大企業だけが相手だったが、現在は何千人もの顧客との関係を維持し、更新していかなければならなくなったからだ。

２００８年には食肉加工まで行なう農場など存在しなかったように、２０１３〜14年当時は、インターネット通販や商品の発送まで行なう農場などなかった。オンラインショッピングをする人はいたが肉を買う人はいなかったはずだ。ほとんどの人はまだ食料品店の肉売り場にあるケースや棚で肉を見てステーキなどを選び、大急ぎで家に帰って冷蔵庫に入れていた。誰か別の人に肉を選んでもらい、ドライアイスと一緒にクーラーボックスに入れてFedExやＵＰＳ

で3日もかけて運ばせることに、ほとんどの人はまだ慣れていなかった。数年後、この流通方法をさらに拡大したときも自分を信じて勇気を出した。とはいえ、私がリスクを冒したのは、いくつかの要素が重なり、一部の消費者は食料品店で売られている、怪しげな方法で大量に生産された食品を好まなくなってきていると直感したからだ。従来のビジネスの考え方からすると、ばかげて見えるかもしれないが、私は彼らのニーズが増えることにより、こうした食料品卸売業者のニーズが減ることを期待していた。今のところ、幸運なことにルーレットのボールは何度も赤の12に入っている。私にとって赤の12はよい番号のようだ。

農場のワークショップに参加してくれる熱心な人々に、私たちがリジェネラティブ農業を始めたころよりもあらゆる面で楽になると言えたらと思う。実際、楽になるかもしれない。誰も私が育ったころのように無菌の工場でつくられた便利な食品など求めていないし、人々は素朴な本物の家庭料理を求めるようになった。冷凍のインスタント食品ではなく、生の材料からつくる料理で、どこから来たかもわからないものではなく、産地が明らかな料理だ。こうして一周して元に戻ることで、目的を達成しやすくなった。とはいえ、新しい農家がレジリエントでリジェネラティブな農業を行なう場合、リスクは付きものだ。私は参加者を安心させるべく、当時は金銭的に実行できないような決断を下したことはあっても、悪い決断をしたと思ったことはないと言っている。困難だけれど必要なことを行なう場合、最初はきついが、次第に水ぶくれがたこになり、やがて皮膚が強くなり、最終的にこのたこは名誉の印となる。そして、これを見るたびに、自分が痛みに耐え、何かを達成したこと、困難な状況をうまく乗り越えたことを思い出せるようになるのだ。

私たちと同じようにビジネスを始め、途中で農場を売却したり、廃業したりすることなくこの規模に達した農家は数少ない。私たちにはそれができたことを誇りに思っている。とはいえ、もめ事は後を絶たない。私たちのビジネスが失敗することを望んでいる連中はたくさんいるのだ。こればかりは仕方がない。

私たちは、認可と業界基準を盾に乗っ取られつつある地域で、リジェネラティブ農業に関する本当のメッセージを発信するために闘っている。業界の言っていることとやっていることは常に一致しているわけではないのだ。発言力と潤沢な資金を持つ企業が真実を隠している一方で、私たちは小さな声で真実を語り、闘っている。

私たちは現代の工業型農業で用いられる問題の多い方法とそれがもたらす悪影響について声高に叫んでおり、それを望まない一般の畜産業者とトラブルになることもある。彼らと私の農法は大きく異なっているが、私の敵はこうした業者ではないという事実を彼らは見落としているのだと思う。私が闘っているのは、還元主義的で資源を吸い上げるシステムを持つ多国籍企業だ。しかし、こうした畜産業者は私たちのせいで彼らの仕事が減っていると思い込んでいるらしい。

また、私たちは役人とも闘っている。彼らは特定の体裁の農業に慣れ、この農場で行なっている別の農法を不快に思っている。ジョージア州ブラフトンのリジェネラティブ農場に堆肥化トイレを設置して、自然のサイクルに直接働きかけようとしていると、皮肉なことに役人から息苦しくなるほどのお役所的手続きを求められるのだ。

私が自分の農場で行なった変化はすべての人に歓迎されたわけではなかった。今でも私は一部の人々から思い上がっていると思われているようだが、それはそれでかまわない。彼らの基準から見るとそう見えるのだろう。短期的にほかの人々からどう見られているか、家族が気にしないでくれるよう願っている。私たちが関心を持っているのは長期的勝利を収めることなのだから。

この闘いは一向に下火になる気配がない。農場のディレクターたちは全員私より一世代若いのだが、私は彼らに闘いから逃げてはいけないと言っている。それに私は友人よりも敵を信頼している。友人は現れては去っていくが、よい敵ができたら、その関係は何世代も続く。たとえ尻をたたかれるとしても、いつたたかれるか決めるのが自分自身であり、その選択をするまであきらめなければそれでいい。娘たちが私について覚えている最も古い思い出は、幼稚園の初登園日の出来事だという。私は娘たちの目を見て「いっぱい楽しんできなさい。優しくするのではなく正しいことをすること。ろくでなしに意地悪されたら、相手のすねを蹴るんだよ」と言った。さらにかがんで、蹴るべき場所を正確に指さし、１回ではなく、いじめられなくなるまで蹴り続けるようにと付け加えた。彼女たちはハリス家のＤＮＡを50％持っているのだから、おそらく私と同じように闘いの才能を受け継いでいるはずだ。私は娘たちに勇気を出し、受け継いでいる粘り強さを発揮することを学んでほしかったのだ。粘り強さは生まれながらに持っているか、持っていないかのどちらかだ。また、娘たちには謙虚で尊敬の念を持ってほしいが、くだらないことでビクビクしたり、他人からの評価をもとに自分を評価したりするようになってほしくはなかった。必要であれば自分で自分を守れることも常に忘れないでほしいと思っている。実際にいつか自分で自分を守らなければならない時が来るだろう。自分で自分の船を操縦するなら、火事と闘わなければならないこともあるからだ。娘たちも大きくなり、子どもを育てるようになったが、私は彼女たちにいつもこう伝えている。闘いに負けるのは倒されたときではない。立ち上がらなかったときだと。

第8章

会計をつまびらかにする
——食品の本当のコスト

あるインターンから、私を見ていると「タラントのたとえ*」に出てくる従順で忠実なしもべを思い出すと言われたことがある。私は子どものころにしっかり聖書を学んでおらず、大人になってからもあらためて勉強していなかったので、彼女の言葉に驚いた。私は自分が従順だとも、忠実だとも、しもべだとも思ったことはなかったからだ。それでも彼女の口ぶりから褒められていることはわかったので、とりあえずお礼を言い、オフィスに戻ってから大急ぎでGoogleで検索した。

*『新約聖書』「マタイによる福音書」25章14〜30節に登場する寓話

どうやら、この寓話は与えられたチャンスを存分に生かすことの美徳と手にしたチャンスを無駄にすることの罪について説いているらしいことがわかり、私はこの話に共感した。子どもたちにも、私が信じる神は気前がいいが無慈悲でもあると教えている。彼（あるいは彼女）が私たちにチャンスを与えるとき、私たちはそれを生かすものと期待されている。ゴールに向かってボールをできるかぎり遠くまで運ばなければ、次のボールを与えてはくれないのだ。そのため私はチャンスを与えられるたびに、それを最大限に生かすことを覚えた。私の神はすべての段階で、私たちがそれに値するかどうか試す。海兵隊の鬼軍曹よりも厳しいのだ。

２０１９年、ホワイト・オーク牧場に次なるチャンスが訪れた。ブラフトンから南に10キロ離れた土地が売られたという噂を耳にしたのだ（このあたりの土地は持ち主が変われば必ず私の耳に入るようになっている）。この土地は昔、鉄道の駅があったバンクロフト・ステーション通りという砂利道沿いにあった。買い手はテネシー州ナッシュビルにあるシリコン・ランチという企業だ。同社はアメリカ国内最大級の太陽光発電会社で、購入した約5・7平方キロの農場に太陽光アレイ＊を設置する計画だという。この農地は周辺の多くの農場と同じくかなり劣化していた。もっとも、同社がここに何列も並べようとしているのはコモディティ作物ではなく太陽光パネルで、太陽光を収穫し、そのエネルギーを取り出して電気に変え、アトランタ周辺の送電網に送り込むのだ。

＊太陽光パネルを複数枚つなげたもの

私は以前、こうした太陽光アレイを見たことがあった。太陽に向けて傾けられた、鈍い光を放つ黒いパネルが広大な土地一面に設置されていた。技術的観点から見ればすばらしい眺めであり、環境を汚染せずに優れたテクノロジーを有効活用しているといえるだろう。しかし私は35万5000枚もの太陽光パネルを、それが占拠する土地への影響を考慮せずに設置するという考えには感心しなかった。その農場は何十年も集中的に条植え作物を栽培してきたせいで、すでに激しく劣化していた。落花生や綿花、トウモロコシの栽培を繰り返した結果、砂漠化がかなり進んでしまったのだ。太陽光発電会社が植生をどう管理しているか長年見てきたため、次に何が起こるかもわかっていた。建設計画が実行されると膨大な量の産業資材が設置され、その後、パネルが植物で覆われないように芝刈り機や除草剤を使った強引な植生管理プログラムが行なわれるのだ。いずれ土地は耐えきれなくなるだろう。土壌にかろうじて残っていた生物まで絶滅し、不毛となり、保水もできなくなって生物多様性が奪われ、私が知っているあらゆる自然のサイクルを断ち切ることになる。長年にわたる過度の耕作によって農場としての潜在能力はすでに激しく低下していた。皮肉なことに代替エネルギーを生産するという進歩的で環境に優しいプロジェクトが、この土地の最期を告げることになるのだ。

このプロジェクトの背後には相当頭のいい人々がいるのだろう。なんといっても、太陽の光を集めて銅線に通し、何百キロも離れたところにいる人々に電気を届ける方法を編み出したのだから。しかし私が驚いたのは、彼らが土地の扱い方を理解していなかったことだ。ひとつの専門分野について深い見識を持っていたせいで、全体のバランスに及ぼす影響が目に入らなくなったのだろう。それが我慢ならなかった。もうこれ以上、土地を劣化させる計画が始まるのを見ていることはできない。その土地がうちの農場と同じ生態系の中にあり、救済する方法がわかっていればなおさらだ。彼らが意図せずして与えようとしている影響とは正反対の影響を及ぼす正確な方法を知っているのに、それを伝えないのは、彼らの暴挙に加担しているようにすら感じられた。動物による影響を利用すれば、やせた土地を再生し、自然のサイクルを修復して、彼らの太陽光発電所を、温室効果ガスを吸収し、保水し、生物学的多様性に恵まれた土地にできるのだ。その理由を彼らに説明し、自然が求めている方法による土地管理と大規模な太陽光発電は両立できることを証明できさえすれば、ホワイト・オーク牧場にとっても農場を拡大するまたとないチャンスとなる。

電話での交渉が功を奏し、いくつか金銭的インセンティブを提示したところ、同社のＣＥＯであるレーガン・ファーと経営陣をブラフトンに招待することができた。そこで私は何人か用心棒を雇った。ひとりはいとこのジム・ナイトンで、ジョージア工科大学でＭＢＡを取得した電気技師だ。私たちはこの重役たちのために見せ物も用意し、農場中を案内して管理放牧によるホリスティック・プログラムがどのような成果を上げているか見てもらった。私の目的は、より経済的に彼らの目標を達成できる方法があることを伝えることにあった。この方法なら、彼らが計画しているテクノロジーによる管理以上にコストがかかることはなく、間もなく隣人となる農場やコミュニティともよりよい関係が築ける。劣化が進んでいた土壌を修復して、緑があふれるようになった牧場にも案内した。土地を集中的に耕して条植え作物を栽培する工業型農業とは違い、リジェネラティブな方法で管理されたこの青々とした土地が、大気に放出するよりも多くの炭素を土壌に閉じ込めている仕組みも説明した。そして、ワシが点々ととまったこずえや、最近ボブキャットやコヨーテやヘビなどが入って眠るようになった木のうろなど、捕食動物が潜む場所も見せた。農家にとって捕食動物は厄介者だが、彼らがいるということは生物群系が適切に機能している証拠である。また、牧草地に多種多様なポリネーターがいるおかげで、うちの農場だけでなく、周辺地域一帯の動植物が繁栄できるのだという話もした。さらに私が見れば一瞬で理解できることだが、再びサイクルが機能し始め、相互に協調できるようになれば、その土地のすべてが最高の状態になるということを彼らにもその目で確かめてもらえるよう努力した。

その後で、まったく管理されていない土地も見てもらった。そこはうちの農場の近くにある別の農家が貸していた土地で、動物による影響の恩恵を活用せずに管理されていた。うちの農場はサバンナだが、対照的にその農場は無秩序なジャングルだった。農業を行なうため機械的に整地された土地は、均衡と秩序を持つあらゆる自然のシステムが一変するのだと彼らに説明した。土地を手に入れ、動物による影響を与えずに放置したら、その土地は台無しになる。これはまるで、せっかくおばあさんのレシピでケーキを焼いたのに、砂糖を入れ忘れてしまったようなもので、もはや同じケーキとは呼べない。

さらに詳しく説明したあとで、どの土地も何億年もかけて進化してきた状態に戻りたがっているのだと付け加えた。この状態は気温や降水量、標高、鉱物の構成比、微生物個体群、日照時間、季節性、そのほか人智を超えたさまざまな要素によって、場所ごとに劇的に異なるが、いずれも草食動物の群れによる影響を受けながら進化してきたのだ。隣の農場の科学的に管理された畑の端と、開墾されておらず、作物が植えられていない湿地の端を指しながら、在来種および外来種の侵入種が日の当たる場所に密集して生えていることを指摘した。どの植物も光と水、根のスペースを争っているのだ。低木は背の高い木に覆いかぶさられ、つたが絡まり、窒息しそうになっている。この光景は野生的で美しいが、自然が意図した生態系ではない。このメキシコ湾沿岸平野の土地が戻りたいと願う状態は亜熱帯のジャングルなのだが、太陽光アレイがジャングルに囲まれてしまっては厄介だろう。そこで私は彼らが土地管理プログラムの最初の挑戦を思いついてくれたことに敬意を表した。集中的モノカルチャーと耕作という破壊的なサイクルから解放することで、この土地を救っていることは間違いないからだ。耕作とは重機を使って土をひっくり返し、雑草を取り除いて、作物を植えられるようにするプロセスのことだ。モノカルチャーをやめれば、土壌中に蓄積されていた炭素を大気中に放出して温暖化を助長することもなくなる。これはいいことだ。しかし、草刈りと除草剤の散布で太陽光アレイの周りの雑草を管理するという選択をすると、想定外の悪影響を引き起こす。そして、環境的ダメージを修復し、周囲の生態系を改善する力となる絶好のチャンスを逃すことになる。

草刈りをすると（機械からだけでなく、刈り取られた植物が酸化することで）炭素が空気中に放出される。これは太陽エネルギーを使って炭素の放出を抑えるという、より崇高な彼らの使命に反する。それだけでなく、耕作は有機物をつくるのに必要な栄養を微生物から奪ってしまう。刈り取った草が動物の影響を受けずに土の上に放置されたままだと、効率的に腐敗せず、微生物のエサにならないからだ。反芻動物が草を噛んで、その第一胃で発酵させる必要があるのだ。これをしないと草が土壌の生産性を高めるために利用できる状態にならない。また、雑草の生えたところに幅広い種類の虫や微生物を駆除できるタイプの殺虫剤を散布すると大惨事を引き起こす。土壌の微生物を絶滅させ、将来、大気中の炭素を吸収してくれるはずの健康で多様な草原ができるのを妨げてしまうからだ。太陽光発電の第一人者である彼らが地球全体の健康状態を改善するために一役買いたいのであれば、彼らが計画していた土地管理法は理にかなっていないということになる。そこで私は資源エネルギーがもたらす問題に対する解決策を提供するという彼らのすばらしい計画を、再生可能なだけでなくリジェネラティブな事業というさらに優れた計画にできる方法があると提案した。私が採用しようとしていた方法は自然を見習い、自然が植生を管理するために何億年もかけて進化させてきた方法を使うというものだった。この方法を実行するための道具は何かというと、羊の群れだ。

人間が機械を使って植生を管理するのではなく、羊に管理させることで、この前向きな会社は再生のサイクルを壊すのではなく、構築することができる。草食動物に草を食べさせれば、草が生えすぎず、雑草がはびこらないようにできるため、太陽光アレイは日光を最大限に浴びることができる。また、太陽光アレイの下の草を貴重な副産物である羊の糞に変えることもできるのだ。羊の群れがその何千もの蹄と口によって植物を食いちぎり、地面を踏みつければ、糞は土に混ざって土壌微生物のエサとなる。これを繰り返すうちに有機物が増え、より大きな植物の成長を促し、やがて多年生の牧草が地下深くまで根を伸ばせるようになる。こうした根は土壌の団粒形成＊を促進し、雨水が洪水や浸食を起こさず帯水層に吸収されるようになり、さまざまな品種の光合成植物を生み出す。その植物が大気中の炭素をさらに吸収して土壌に送り込み、その土壌が微生物のエサを提供することで生命が満ちあふれ、群れの動物たちが成長し、草を食み、さらに多くの糞をする。彼らは都市近郊にクリーンな電力を提供するスイッチを入れるだけでなく、永遠にこの土地を改良し続けるサイクルのスイッチも入れること

＊土壌粒子が小さな塊状になること。団粒構造を持つ土壌は保水性が高く、水はけもいいという、相反する特徴を持つ

になるのだ。このあたりは雨の多い気候なので、死に絶えた土地もすぐに息を吹き返すだろう。しかも予期せぬ悪影響を一切残さない。私は炭素クレジット*を無条件で支持しているわけではないが、前向きなCEOに及ぼす影響は大きい。炭素クレジットとは新しく登場した取引市場で、自分の土地の炭素循環をうまく再開できた農家は見返りが得られる。そこで私はレーガンにカウボーイ流の計算結果を披露した。「石炭火力発電の代わりに太陽光発電をすることで、どれだけ大気に放出される炭素を抑えられるか考えてみましょう。そこに草を刈るのではなく羊に食べさせることで削減できる炭素の量を加え、牧草地が完全に機能するようになることで土に**戻せる**炭素の量も考慮すると『太陽光発電と放牧』は御社に大きなメリットをもたらすのではないでしょうか」

私は大都市の太陽光発電会社の重役たちがうつろな目になり、気まずい沈黙が流れるのを覚悟していた。ところが彼らは身を乗り出して聞いてくれたので、私の説明にもおのずと力がこもった。その後、彼らを処理施設で忙しく働いている人々に紹介した。それぞれ屠殺室で家畜を処理したり、解体室で枝肉をカットしたり、注文された肉を包装して顧客に送ったりしている。みなブラフトンかその周辺で暮らしていて、その多くは若くして家庭を持っていることを重役たちに説明した。うちの農場と契約して太陽光アレイの周りの草を家畜に食べさせ、その家畜を食肉処理施設に送れば、都会を拠点とする先端企業である彼らの会社は、農業関連の雇

＊温室効果ガスの排出削減をクレジットとして金銭取引できるようにしたもの

用を創出し、地元の小さなフードシステムを活性化して利益をもたらし、同社が参入する予定の地域経済に貢献できるのだ。いうまでもないが、その過程でグラスフェッド・ラムも生産できる。そうすれば、ホワイト・オーク牧場同様、同社もこの貧しい農村コミュニティから利益を絞り出すだけでなく、地域全体のためになる決断を下すことで、地元の人々に機会を提供していると折りに触れてアピールできるようになるだろう。ほかの部門と連携しない過去の管理モデルから、真にホリスティックな管理モデルへと進化するのだ。そして私はこう付け加えた。御社はシリコン・ランチ（シリコン牧場）と名乗っているわりに家畜は一頭も飼っていませんね。何千頭か羊を飼えばもっと社名にふさわしくなるでしょう――これを聞いて彼らは笑った。そして、ここディープサウスで羊を提供できるのはこの私だけです、と。

私たちはリスクを負って、このプロジェクトに50万ドル投資することにした。テキサスから羊を１０００頭入手し、さらにすでに飼っていた１０００頭も加えた。そして、群れの世話をする人を雇い、牧場育ちの子羊肉の売り上げが大幅に増えることを願った。うまくいけば、子羊肉の生産を拡大し、農場が提供する商品の幅を広げ、さまざまな顧客にうちの食品を買うべき理由を伝えられるだろう。しかし、うまくいかなかった場合――羊たちが繁殖しなかったり、子羊肉の売れ行きが低調だったりした場合――聞こえはいいが実体が伴わないプロジェクトのせいで資金と労働力と努力が水の泡になる。そのため私は、同社の土地で放牧した羊を現金化する計画とは別に、羊を使って土地を管理する代金として、同社が地元の造園業者に依頼して毎週草を刈り、除草剤をまいた場合にかかる額と同額を支払ってもらいたい旨を彼らに伝えた。ハリス家の人間は経営学の学位は持っていないが、バカではないのだ。

契約がまとまると羊の管理を担当しているブリジット・ホーガンに頼んで、さっそく羊たちを運び込んだ。ブリジットはシティガールから農家に転身して活躍している従業員のひとりである。かつてビジネスウーマンとして成功した彼女は、初心者のインターンとしてうちの農場に来たのだが、インターンが終わるとその場で羊プログラムのマネジャーとして雇った。こうして始まったプロジェクトは、見た目にもとても美しかった。すでに荒廃していたが1年続いた建設作業でさらに劣化した土地が、私たちが取り込んできた無数のやせた土地同様、修復されていったのだ。まずメヒシバやヤギュウシバといった一年草が次々に姿を現し、羊たちは喜んでこの背が高くジューシーな草を食んだ。その結果、数々の見事な多年草が陣地を獲得するチャンスをつかみ、地上ではショッキンググリーンの頭髪のような草がこんもりと大地を覆い、地下ではしっかりと張った根系から土壌生物の世界に栄養を送り込んだ。そして、1年以内に土地を変化させ、やや風変わりな光景だが満足のいくものにできた。まるで古典派の巨匠が描いた油絵のように雌羊の集団が牧草地のそこかしこで赤ちゃんの世話をしている様子を、つややかな銀色と黒の太陽光発電装置が、太陽光を利用可能な電力に変えながら静かに見守っている。ホリスティックな放牧と太陽光発電のハイブリッドは、革新的に伝統的《ラディカリー・トラディショナル》なプロジェクトで、過去に回帰しながら未来に向かって前進していた。この土地の活用法としては完ぺきではないかもしれないが、落花生と綿花とトウモロコシを耕作していたころと比べたら進歩している。バンクロフト・ステーションの成功により、シリコン・ランチはミズーリ州にいる私の友人であるトレント・ヘンドリックスなどの非常に優れたリジェネラティブ農家の協力を得て、太陽光放牧プログラムを別の太陽光アレイにも拡大し、リジェネラティブ農場がビジネスを拡大するための実現可能な新しい方法を提供した（トレントは私たちと共に太陽光放牧の先駆者となったが、残念なことに２０２２年に若くして亡くなった。私は息子のルーベンが、彼と５人の妹たちに残された父親のすばらしい遺産を継承してくれるのではないかと思っている）。私たちとシリコン・ランチとのプロジェクトは約16平方キロ近くに広がり、現在、うちの農場の面積を超えている。普段、私は自慢話をしないようにしているのだが、このプロジェクトに関しては我ながら誇らしく思っている。

この地方には「太陽はいつも同じ犬の尻を照らしているわけではない」ということわざがある。これは何かに成功して自信過剰になっていたら注意すべきだという意味だ。犬が動くか太陽が動くと、太陽は必ずすぐに別の場所を照らすようになる。そのため、現在の栄光にあぐらをかいていないで、いつでも動ける態勢を整え、ジャンプできるようにしておかなければならない。シリコン・ランチのことを耳にして、すぐに戦略を変更し、彼らの土地を管理する契約を取り付けたおかげで、うちの農場のもうひとつのループを閉じることができた。ループが閉じるとは、外部の供給業者に頼ることなく、自分たちの持っている資源を活用して農場のニーズを満たすことであり、自分たちのシステム内により多くのものをとどめておくことでもある。たとえば廃棄物を外部の組織に押しつけて処理してもらうのではなく、私の2代前と3代前の先祖がしていたように、農場の命のサイクルを支えるために活用するのもその一例だ。

農村で育った人でなければ、なぜこのような努力をしているのか、すぐにはピンとこないだろう。そこで、私はよく工業型農場とリジェネラティブ農場を表すシンプルで大ざっぱな図を並べて描いて説明している。工業型農場の図には外から入ってくる投入材を表す大きな矢印と外へ出ていく廃棄物を表す大きな矢印、自然の恵みを表す細い矢印がある。この恵みに含まれているのは農場が生産するコモディティの農産物だけだ。一方、リジェネラティブ農場の図には外から入ってくる投入材を表すとても細い矢印と、外の世界へ出ていく廃棄物のさらに細い矢印があり、その結果、自然の恵みを表す太い矢印が外に向かって描かれている。この太い矢印には食料品店や直売所や直接消費者へ販売する食品だけでなく、きれいな空気やきれいな水、健全な土壌も含まれていれば、昆虫やポリネーター、植物や動物から成る生物の多様性も、ミネラルが豊富な土壌が生み出す栄養いっぱいの食品も、その結果得られる人々の健康も、コミユニティの再生や平均的な熟練労働者と非熟練労働者のための経済的機会も含まれているのだ。理想としては、リジェネラティブ農家は外部の投入材を**一切**使わず、廃棄物も**一切**外に出さないのが望ましい。そうすれば完全に「ループが閉じ」、日光と水、土壌微生物、ミネラルがこの土地でサイクルを機能させて働くだけで自然の恵みを生み出すことができる。そうすれば、たとえば私たちがしているようにすべての廃棄物を堆肥化したり、付加価値のある製品にして売ったりして、再び吸収することもできる。私はぜひホワイト・オーク牧場のループを完全に閉じたいと思っている。この願いはとても深く、自分でもなぜそれほど切望しているのか完全には理解できないほどだ。しかし、私たちがまだ完全にループを閉じられていないことは間違いない。電力やガス、水道も使っているし、入りすぎといってもいいほど保険に入り、膨大な数の商品を発送している。これは顧客が数々の州に広がっているからだ（もっとも、のちほど説明する事情により、商品を届ける範囲を狭めたいと思っているのだが）。私たちは豚と家禽類が牧草地であさるエサのほかに遺伝子組み換えでない飼料も購入して与えているが、いつの日かもっと土地を手に入れて再生したら、そこで飼料用にオーガニックの穀物を育て、このループも閉じたいと思っている（それが私の一番の願いであることをハリス家の次世代の人々にもすでに話してある）。こうしていくつかペンディングになっているループもあるが、私たちは予想をはるかに超えた数のループを閉じてきた。

シリコン・ランチの契約もそのひとつだ。農場が土地を所有するか、借りるか、放牧して管理する契約を結ぶかにかかわらず、放牧のための土地を増やすことは、私にとってとても重要だ。そうすれば、できれば頼りたくないと思っている外部の組織から独立しやすくなるだろう。赤身肉処理施設を建設したあと、施設に毎週一定量の家畜を送るため、近隣の生産者に委託して、毎年、何頭か牛を育ててもらわなければならなくなった。こうした農家のほとんどは友人か隣人で、彼らの農場でもうちとまったく同じ条件でグラスフェッド・ビーフを育ててくれており、彼らの協力にはとても感謝している。これは周辺の農村コミュニティを活気づけるのに役立ち、農業を巡る状況が年々厳しくなるなかで、農場経営を続ける機会を提供してきた。しかし、私は昔からループを閉じてすべての動物を私の管理下で育てることを望んでいた。ビジネスは一部でも管理下から離れると弱くなるからだ。何か問題が生じても気づくのが遅れ、知らないうちにシステムが正常に機能しなくなり、そこへローンの返済日が来て、銀行に支払いができないとすぐに農場を手放さなければならなくなる。

太陽光アレイのプロジェクトに際して、当初2・7平方キロ管理する契約をした時点で、私たちの農場の面積は約20％広がった。その後、最初のプログラムが成功し、次の契約では家畜を放牧できる土地の面積が2倍以上に増えた。そのおかげで、私が20年以上温めてきたビジョンに近づくことができた。このビジョンが鮮明になったのは、ある日、柄にもなく高級店でワインを選んでいたときだった（ちなみに普段はガソリンスタンドの売店でイエローテイルのシラーズを買っている）。こぎれいなラベルを一つひとつ見比べていると1本だけ飛びぬけて高いボトルがあるのに気づいた。ラベルには「シングル・エステイト」という文字が刻印されている。この言葉が私の心に響いた。これはたくさんの農家から集めたブドウを混ぜてひとつのブランドにするのではなく、この製造元がひとつのブドウ畑ですべてのブドウを育てたことを意味することは知っていた。うちの農場をシングル・エステイトとして経営し、すべての動物を自分の所有する土地で育てるという考えは、うっすらぼやけた手の届かない夢として始まったのだが、少しずつ焦点が合っていった。だからこそ太陽光放牧の契約の際には、相手企業の重役たちが眉をひそめる恐れがあったにもかかわらず、勇気を振り絞って臨んだのだ。最後の望みをかけてボールをパスするクォーターバック並みの決意をしたといえるだろう。

従来の財務的観点から、この農場で日々行なっている経営判断を評価するのは難しいだろう。太陽光放牧プログラムを始めるために危険を冒したり、借金をして過剰耕作された土地を買ったり、融資限度額が激減するのに食肉処理施設を建てたり、パドックに安価なポリワイヤー製の電気柵ではなく、100万ドルもする恒久的な柵を設置したりしても、すぐに四半期報告書に記載できるような利益は上げられない。そもそも収益向上にまったく貢献しないものもあるだろう。だが、それがうちのやり方なのだ。毎週開かれている定例会議でディレクターと私が話し合っているのは「どうすれば利益が増えるか」ではなく「土地や動物、人間たちのために次に何をすべきか」ということだ。大体において私たちは、システム全体がよりレジリエントになり、長期的に世代を超えて存続できるようにする方法を模索している。たいていは満場一致でひとつの考えに賛成するので、決定したら次に「どうやって資金を捻出するか」を考える。ハーバード大学やスタンフォード大学でMBAを取得した人が、彼らが習った基準に照らして過去の実績と予想される収益性をもとに私の経営手腕を評価したら、とても褒められたものではないと思うだろう。それどころか、投資先を見て、私は頭がおかしいと見なされるかもしれない。私たちはひとつの村に匹敵する人数の従業員を抱える規模の数少ないリジェネラティブ農場のひとつであり、毎年2500万ドルの農産物を出荷する生産モデルと約3000万ドルの資産を持っているが、資産はすべて損益分岐点をわずかに上回る程度の事業に投資している。投資利益率はひどいものだが、今後も改善の見込みはない。というのも、投資利益率は利益の額をその利益を得るために危険にさらした資産の額で割って計算するからだ。私たちの財産には所有するすべてのものに加え、長い年月の間に抱えた多額の負債もあり、その一部は私の死後まで返済が続く。背広を着た会計士は、とても十分とはいえない利益のためにリスクを負いすぎていると即座に判断するだろう。しかし、私たちとしてはそれでいいのだ。私たちは背広を着た会計士に農場を売ろうとしているわけではない。ホワイト・オーク牧場は売り物ではないのだ。

だが、背広を着た会計士のような人から、農場の投資利益率が低くても満足している理由を、殺気を感じるほど熱心に聞かれた場合はこう説明している。毎週、つまり年間52回、会議でディレクターたちに「今週は給料を払えるだろうか」と確認しなければならないような状況は私の血圧によくないが、農場の価値や実績を評価する方法はほかにもたくさんある。それがこうした人々には見えていないのだ。これはうちの会計と彼らの会計が根本的に違って見えるからだろう。うちの会計には現金化した商品からの収益に加え、先ほど説明した図の大きい矢印で表した自然の恵みと私たちのシステムから派生するあらゆるタイプの豊かさが含まれている。たとえば土地と家畜の分断を修復し、土壌への水の浸透と保水が可能になったことで、非常に大きな利益を得た。こうした利益は見慣れていないと気づきにくいが、時として自然現象を通じて見せつけられることがある。私たちはゲリラ豪雨のあとでそれに気づいた。隣人の0・8平方キロある工業型農場から流れ出る水は、うちの**8平方キロ**あるリジェネラティブ農場から流れ出る水よりはるかに多かったのだ。私は友人でリジェネラティブ農場の土地を管理しているスペンサー・スミスと農場を回っているときにこの様子を撮影した。どんなに頭の固い人間でも理解できるくらい説得力のある映像なので、ジェニーがソーシャルメディアで共有している。この動画には国道27号沿いのうちの農場と隣の農場の間にある共有の放水路の様子が映っているのだが、集中的に条植え作物を栽培してきた隣の土地からは底土が雨で溶け出し、ストロベリーミルクシェイクのような色の濁流となって激しく流れ込み、ホリスティックに管理しているうちの牧草地からは植物タンニンにより薄い紅茶のような色をした水が、穏やかに渦を巻いて流れ込んでいる。降水量が140ミリあったため、平均的な雨の日よりずっと多かったが、うちのスポンジのような土壌は激しい気象現象に見舞われても持ちこたえられることがわかるだろう。私の話を信じない人にこの動画を見せるたびに私は勝ち誇った気分になる。壊されたほかのサイクルについても、同じくらい生々しい証拠があるといいのだが。誰の目にも明らかではないだけで、問題はほかにも存在している（ちなみに、こうした豪雨は頻度こそ低くなっているものの、年々激しさを増している。これは気候パターンが変化した証拠であり、これからも激化する一方だろう。つまり、レジリエンスは経済的安定のためだけでなく、文字どおり人類の生き残りのためにも必要になったということだ）。

うちの農場の会計には従来の評価では見落とされがちな要素も含まれている。たとえば、私たちはやみくもに廃棄物や汚染物を捨てたり**しない**。家畜の残余物を廃棄物の流れではなく栄養の流れに加えることで、システムに吸収させているのだ。廃棄物ゼロにできるだけ近づくことも自然を模倣する方法のひとつといえるだろう。

それに農場の真価には、何世代にもわたり外部から隔離して繁殖させてきた群れの価値や動物たちのレジリエンス、彼らの美しさや堂々とした姿なども含まれる。

私の会計には自然のサイクルが機能し、土と水と空気を改善していることを示すあらゆる生態系的指標が含まれている。たとえばサバンナの草が青々と茂り、虫が増えたことで、それを食べるためにトキ亜科の鳥たちが戻ってきた。また、捕食動物や腐食動物がエサを求めて戻ってきて、誕生、成長、死、腐敗によって成り立つ食物連鎖に貢献するようになった。1種類の作物だけを栽培していると病原体が繁殖して何エーカーもの土地の生物を一掃してしまうこともあるが、植物と虫、微生物の豊かな生物多様性が自然の抑制と均衡を適切に維持していれば、そのようなことは起きにくい。何十年も姿を消していたフンコロガシが戻ってきて忙しく動き回り、土壌を生き返らせるだけでなく、メタンを代謝するという役割まで果たしているように、ひとつのループが閉じるとほかのループも閉じる。

もちろん私の会計には、私たちが生産し、楽しんでいる食物も含まれている。複雑な風味と芳香を持つこうした食物は、非常にミネラルが豊富な土壌で育った植物と、私が見てきたどの家畜もそうであったように、よい生活を送り、安らかに死んでいった動物たちに由来している。いうまでもなく、こうした食物は、日々肩を並べて生活し、働き、ほとんどの時間を一緒に楽しんでいる人間同士で分かち合っている。栄養士なら、殺虫剤や除草剤、殺菌剤を何十年も使っていない土地で育った栄養豊富な飼料の利点について専門的に正確に説明できるが、みなさんもこの農場で生産した食物を食べたら、正しく育てられた食物であることを舌で感じられるだろう。そうでない食物を食べたときに害がありそうに感じるように。

私はホワイト・オーク牧場がレジリエンスと個人的満足感、家族が代々続いていくことに価値を見いだす農家に戻れたことをうれしく思っている。祖先から伝え聞いたエピソードや物語から考えるに、昔の由緒ある家族農場の生活も、おそらく今のホワイト・オーク牧場のようだったのだろう。

しかし、こうしたすべての価値は、私の目には明らかだだが、まだ主流とされている考え方にとらわれている人にとっては不可解らしい。私の話していることもきっと、ちんぷんかんぷんなのだろう。彼らの考える価値とは、もっとずっと狭く、限定的なものなのだ。柵の隙間から覗いているようなものである。仮に私の目標が、体育館程度の広さのところで数千頭の豚を飼い、最小限のコストでできるだけ多くの豚肉を絞り出すことだったら、彼らのパラダイムにもっとうまく適合していたかもしれない。しかし、私は生態系が適切に作用して豊かさを生み出せるようにすることを目標としているため、彼らの世界観を受け入れる余地はない。そんなものは願い下げだ。両者の主張は相容れない。私に言わせれば、私たちはかなり過小評価されているが、彼らに言わせれば、私たちの提案は失敗してもともとなのだろう。

私はこうした食い違いがさまざまな形で展開するのを目にしてきた。たとえば、私が購入して農場の所有地に加えようとしている土地を見に来たある鑑定士もそうだった。その土地は疲弊した耕作地で、耕作とモノカルチャーにより底土はやせてテーブルの天板のように固くなり、強風により吹き飛ばされてきた表土の名残にうっすらと覆われていた。私は干し草を大量投入して微生物循環を早く活性化させ、土壌が自然の生産力を取り戻せるようにしようと計画していた。しかし、その土地を買うには融資を受けなければならなかったため、土地の価値を見積もるために銀行が上級鑑定士をよこした。彼は経験豊富で頭が切れたので、すぐに話が弾んだ。そこで近くにある、すでに所有しているよく似た土地を見てもらえるか訊ねた。この土地は私の管理下で10年間ホリスティックな放牧をしていた場所だ。牛の群れを短期間ずつ入れ替えて放牧し、土壌に強い刺激を与えたあとで、長い期間休ませたところ、健全な表土が10センチ積もっていた。この表土をうちの農場の生態学成果検証＊責任者であるジャクリーン・ドゥワイトが測定したところ、有機物が約5％含まれていた。これはすばらしい結果であり、微生物の活動が盛んで、土壌と根の間で効果的に栄養を循環できていて、植物の成長と腐敗の循環が健全に行なわれていることを示している。それとは対照的に私が購入しようとしていた土地の有機物濃度は0.5％程度だっただろう。うちの土地は水分の多い草が青々と茂り、生産性が高く、肥料や灌漑の必要がないのだと説明した。これは地面に深く根を張った草が水の浸透を助け、土壌を巨大なタンクのようにしているからだ。うちの土地は購入予定のやせた土地に比べ、

＊セイボリー・インスティテュート（後述）が開発した指標で、農家から草地の生態系の健康状態を示すデータを集めて総合的に評価している

4000平方メートルにつき7・5万リットル多く水を蓄えられる。「この2つの区画は同じ大きさですが、一方は健全で生産性が高く、多くの生物が棲んでおり、もう一方は有機物が死に絶えた不毛の地と変わらないのです。どのように評価しますか」と聞くと鑑定士は「金額は一緒です」と答えた。私は当惑して聞き返した。「おわかりただいていますか？　私が所有している土地は有機物がすでに5％も占めているのですよ。もうひとつの土地より少なくとも4％も多くて4倍も健全なのですよ?」。しかし、鑑定士は「それはわかります。残念な話ですよね！」と答えた。

さすがの私もこれには参った。地元の銀行システムの高い地位にある人物は土地の鑑定に微生物という資本も含める**べきである**ことを理解していた。私たちが一生懸命働いて得た価値ある特性により、この土地は隣の土地よりも4倍豊かで生産性が高くなった。また、農場にとっても生態系全体にとっても、ずっと価値のある貢献をしている。だが、鑑定士は規則と法規に縛られていて、土地の価値が上がっていることを一切考慮しようとしなかった。まるで、まったく同じモデルで同じ走行距離の車が2台あり、1台はポンコツで、もう1台は新品同様だというのに金銭的価値は同じだと言っているようなものだ。違いはどんなバカでもわかる！　過剰耕作した土地の土は完全に不毛となり、有機物は混ざっておらず、大昔のミネラルだけを含んでいて、牛の皮のような色をしている。この土を握るとまるでガラスのビーズを握っているように感じた。毎年春には耕作機が土の中に分け入り、種まきの準備をする。そのときに土壌から酸素が奪われ、そこに棲む微生物はエサを失い、繊細な菌のネットワークが破壊され、植物に与える栄養をつくれなくなる。逆に私の農場の再生された土壌は腐敗した植物と糞尿が表面を覆っているおかげで、マホガニー色で、アンズダケのにおいがしていた。売りに出ているもう一方の土地に活力がないというなら（実際そうなのだが）、うちの土地は活力のかたまりといえるだろう！　再生された土地をうまく管理すれば、おそらく何世代にもわたって自然の恵みが得られることは鑑定士も私もわかっていた。もう一方の修復していない農地には農家の不利になるさまざまな問題が起こっている。今は土を掘り出して、泥道に敷くくらいしか使い途がないだろう。それにもかかわらず、金融的観点で見たら、この２つの土地の価値は同じなのだ。鑑定士もこのシステムには問題があると考えていた。私も同じ考えだ。とはいえ、彼も私も何十年にもわたって染みついたものを変えることはできなかった。

どうしてこのような状況になったのか。その理由はわかる気がする。うちのような小規模のフードシステムの所有者は数世代先、あるいは数世紀先まで視野に入れておく必要がある（みなさんは「リジェネラティブ」という言葉と「ジェネレーション（世代）」という言葉がとても似ていることにお気づきだろうか）。現在あるビッグ・フードのシステムは巨大な食品系および農業系の上場企業に偏っており、所有権はまったく永続的ではない。「オーナー」は株主であり、企業を買収して一時的に経営権を握る。彼らは直近の四半期の金銭的業績とひとつの専門分野、つまり複雑なシステムの一部における競合他社と比較して、どれだけよい業績を上げられたかによって所有権を維持するか判断している。

しかし、うちのようにホリスティックでリジェネラティブな農場は、直線的なシステムの一部として評価することはできない。循環型の農場はさまざまな部門を結びつけて別の有機体全体をつくりあげ、その有機体の中ではひとつの部門が次の部門に付加価値を与えている。農場は面積と単価を計算して価値を計れるものではない。土地は複雑なシステムの第一の層であって、このシステムによって私たちはあらゆるものを育て、より価値のあるものをつくり出しているのだ。家畜の群れは1頭いくらという財産の集まりではなく、この第一の層に価値を加え、影響を及ぼすことで土地を飛躍的に改善している。また、食肉処理施設は建設費だけで価値を測定できる便利な建物ではなく、このシステムの次なる層であり、私たちが育てたものを現金化するのに役立ち、前の層に付加価値を与えている。オンラインによるマーケティングと流通システムもひとつの層だ。この層のおかげで食品を農場から顧客に届け、多くの商品を小売価格で売ることができ、この層以前のすべてのものに価値を加えられる。農場の食物を提供しているレストランなどのホスピタリティの提供は顧客単位あるいは1食単位で利益を生むだけでなく、訪問者が心に残る経験をしたり、帰宅後、ホワイト・オーク牧場について友人やフォロワーに伝えたり、農場との絆ができてリピーターになってくれたりといった目に見えない利益ももたらす。

それだけではない。小規模の活発なフードシステムの中で相互に作用し合うこれらの部門すべてが、私たちがインターンやファームステイのゲスト、従業員のために購入したブラフトンの家々に、不動産業者には理解できない価値を与えている。そして、一番上に位置する経営陣は、１８０人あまりの従業員を管理し、日々の業務の軌道を維持し、その下のすべての層に膨大な価値を加えている。ちなみに、すべてはひとつの銀行口座に振り込まれる。これは農場のどの部門も事業が難航したり、暗礁に乗り上げたりしないように、ベストを尽くして全体の利益になる決断をするための強いインセンティブとなっている。また、農場自体についても、正しい農法を何年も続けた結果、土壌がはるかに健全になった。土壌有機物が劇的に改善し、生物多様性が回復、干ばつに対する耐性が大幅に向上し、土壌に炭素が取り込まれるなど、数々の生態系の恵みが得られるようになった。人間の生態系に利益をもたらし、有意義な仕事を提供し、地元経済に賃金を支払い続ける利点を数え上げると、小規模なフードチェーンを構築して完全に機能させることによるプラスの波及効果は計り知れない（従来のビジネスの細分化された評価方法では、なおさら計り知れないだろう。みなさんの腎臓の価値と心臓の価値、足の価値と睾丸などの価値を足し合わせても、家族や地域社会におけるみなさんの価値を把握することはできないのと同じことだ)。
ホワイト・オーク牧場をそのルーツに戻すというプロジェクトを始めてから四半世紀がたち、私はこの農場とビジネスの実態について、すべてを計算する方法がやっとわかってきたところだ。しかし、はっきりしているのは、多くの価値は私たちが生み出したものではなく、私たちに不利益をもたらしているということだ。主流派の人々がリジェネラティブでレジリエントな農家である私たちのしていることを十分に理解し、消費者および私たちのフードシステムを改善する力を持った進歩的な存在に、その地位を利用してこのフードシステムを支援してもらうためには、現在の金融システムが構築したものとはまったく異なる経済モデルが必要になる。私たちには経済について真実を隠すのではなく、真実を明らかにしたスコアカード*が必要なのだ。

私は、仕事はするが計算はしない。それにこのスコアカードをどうデザインすれば一番いいのかわかっているともいえない。しかし、このスコアカードは、いまいましいほど安い食品を買っている人々がより広い視野で見た場合の食品のコストを理解するために役に立つものであるべきだということはわかる。私たちはフードシステムに大量に投入されている助成金のおかげで安く手に入る安価なトウモロコシと大豆、その他のコモディティを使った加工食品をはじめ、環境汚染や化学物質による慢性疾患という形でコストを支払わされているのだ。また、家

＊目標を反映するように設計された業績評価指標

畜に治療量以下の抗生物質を過度に投与し、非常に危険な病原体が抗生物質への耐性を獲得したせいで健康に甚大な被害を及ぼし、土地の砂漠化と温室効果ガスの放出により破壊的な気象現象が起こり、無数の植物や動物が絶滅していることも考慮すべきだ。それに肥料をつくるために採掘したせいで鉱物が減少し、土壌を劣化させたせいで生産性が奪われ、食料供給を大いに脅かしている。また、資源には限りがあるだけでなく、ブラジルや中国といった外国の利益に左右され、いつでも供給を止められる恐れがあることも忘れてはいけない。率直にいって、このスコアカードには、よりよい食物を求めるようになった人々はすでに問題にしているが、ほかの人々は残念ながらまだ認識していないあらゆる範囲の物事を含めるべきだと思う。たとえば健康保険にも加入できず、わずかな賃金のために働く何百万人もの労働者が社会に与えるコストもその一例だ。化学肥料を散布したり、食品包装工場のラインで作業したりしている間に被害に遭う人もいる。また、地元の巨大な工業型養豚場から出る毒性の強い物質や、農村コミュニティの空気中あるいは水中に漂う殺虫剤や除草剤などにさらされる子どもたちのコスト、アメリカ農村部の財政破綻のコストもある。ホリスティックで次の世代にも配慮した視点から見ると、絶え間なく供給される安価な食品は、実はずっと高くつく。そのことに誰もが気づけるようにすべきだ。ほとんどの人がこのことを話題にしないのは、彼ら自身が食料品店のレジでこのコストを支払っているわけではないからだ。とはいえ、後日、確実に納税者として環境浄化のための費用と慢性疾患のための医療費、このシステムを維持するための助成金というコストを支払うことになる。

このスコアカードは、正しく生産された割高な食品を買うために予算を切り詰め、遠くまで足を運ぶ人々が見返りとして得ているすべてのメリットと、彼ら自身や環境、社会が将来的にどんなコストを節約できるか理解するのにも役立てるべきだ。この情報を伝えるのは簡単ではない。最も多く儲けている組織は、自分たちが気づいている害について、あるいは私たちのようなオルタナティブな農場がもたらす利益について、真実を知らせることに関心はない。彼らは大きなプラットフォームと大きな発言力を持っており、無数の方法を駆使して、自分たちが確実に話題を独占できるようにしている。しかし、私たちがこの状況を改善しないかぎり、さらにいまいましいほど安い食物をつくるために、間違ったものに報酬やインセンティブを与えるシステムから離れられない。スコアカードのこの面、つまり正しくつくられた食料の真の価値は、私の農場が最も貢献できるものだ。そのため、私たちにはこれまでに行なってきたことを伝える責任がある。

私に何か自慢できることがあるとすれば、それは土地と農場において、物事を本来あるべき状態に戻して機能させられることだ。しかし、それを文書で実証する方法を考えるにはほかの人の助けが要る。できればしたくないことだが、直線的に考える人々は文書を要求してくることがある。「文書として書き残さなければ、その出来事は起こらなかったことにされてしまう」という古い考え方だ。２０１７年に私たちは、世界中のリジェネラティブ農業の成長を促すためにアラン・セイボリーが設立したセイボリー・インスティテュートの地域拠点になり、それが生態系における利益を追跡し、証明するのに役立った。セイボリーの地域拠点になった人は、その土地特有の条件下でホリスティックな土地管理を行なうことについて学んだことを、ほかの農家や環境保護活動家、利害関係者と共有する。その方法のひとつは、農場の生態系の健全性を1年後と5年後に測定することで、このプロセスは生態学的成果検証（ＥＯＶ）と呼ばれている。生物多様性、水分浸透、保水性、下生え、土壌の健全性などの10種類の要素を測定することで、経時的にモニターでき、その結果を世間に示すことができる。このデータを手にしたことで、私は自信を持って例の土地鑑定士に、うちの土地は周辺の工業型農場よりも5倍豊かで、保水力は4倍だと言うことができた。まるで土地に声を与え、自然のサイクルがどれくらい機能しているか報告できるようにしたようなものだった（これは、ほとんどの動物福祉に関する第三者機関による認証あるいはオーガニック食品認定とは異なる。これらは農場が特定のプロセスに従っているか、またはその機関の方法で基準を満たしているかを調べる。実際のところ彼らは、これらのプロセスの結果が土地や動物たち、そして率直にいえば、消費者にとってよりよくなったか確認していないのだ）。

私たちの方法論はすでに確立されていたが、顧客のひとつでパレオダイエット用のスナックを扱っているエピック・プロヴィジョンズ社がゼネラル・ミルズ社[*1]に買収されたことで、強力に後押しされることとなった。エピック・プロビジョン社はグラスフェッド・ビーフとリジェネラティブ農業の熱心な支持者であるケイティ・フォレストとテイラー・コリンズの夫妻が始めた。同社がうちから牛肉を購入するようになったとき、彼らは商品のエコロジカルな利点をためらうことなく宣伝していたため、大胆な営業活動を通じてリジェネラティブ農業の話を積極的に伝える最初の人気食品ブランドとなった。ゼネラル・ミルズが同社を買収したら私たちは捨て石にされると思っていたが、そうはならなかった。しかし、ゼネラル・ミルズは私たちの生態系の状態が同社の法務部門を満足させられるか、第三者機関による証明を求め、うちの農場のライフ・サイクル・アセスメント[*2]（ＬＣＡ）を行なうため、同社の予算でクアンティスという環境技術企業を雇った。それまでＬＣＡなど聞いたこともなかったのだが、ゼネラル・ミルズのサステナビリティ担当部長のジェリー・リンチの説明によると、うちの農場における食料生産が環境に与える影響を評価する方法ということだった。ＬＣＡはおもに温室効果ガスのフットプリント――家畜と生産活動が大気中に放出する二酸化炭素、メタン、亜酸化窒素および土壌が大気から隔離する炭素の量――の総量に注目している。研究者たちは、最近購入した劣化した土壌から、20年間ホリスティックに管理してきた牧草地まで、７つの異なる再

＊1　アメリカの大手食品会社でハーゲンダッツ、チェリオスなどのブランドを持つ
＊2　製品やサービスの生産から消費、廃棄、リサイクルまでの過程で環境に対する影響度を評価する手法

生段階にある農地の土壌のサンプルとモデルデータを使う。

うちの農場のカーボンフットプリント＊がとても少ないことは、シャベルさえあれば判断できる。土がチョコレートケーキの色をしているのは炭素系有機物が豊富だからだ。この土が大盛り数杯分あれば、必要なことはすべてわかる。しかし、確固とした使命を持った「優良肉」の新興ブランドが具体的な数字を把握しておかなければならない理由も理解できる。最近ではよりよい食肉や環境について話をするとナイフを抜き、爪を研ぐ輩《やから》がいるのだ。反肉食主義の集団は執拗に牛を気候変動の悪役に仕立て上げようとしているため、彼らの気に入らない真実を提示しようとする場合、数々の対抗手段を講じられるように準備しておかなければならない。私が見たかぎり、彼らは年々攻撃的になり、組織的になり、より多くの資金援助を受けているように思えるが、**彼らが**喧伝していることはでたらめであると証明する必要がある。彼らのメッセージは疑似科学に基づいているからだ（私の友人の栄養士、ダイアナ・ロジャースはロブ・ウルフとの共著『Sacred Cow（聖なる牛）』の中で慎重にこの点を指摘している）。

反肉食主義の過激派は、地球が温暖化の一途をたどる原因となっている温室効果ガスという遺産に牛は罪深い量のメタンを加えており、自動車や飛行機、発電所よりもたちが悪いと主張するだろう。しかしこの説はあまりにも多くの点で間違っている。第一にダイアナが説明しているとおり、環境保護庁は、こうした大ぼら吹きが使っている古く問題の多い統計結果に対す

＊商品やサービスのライフサイクルの過程で排出される温室効果ガスの量

る評価を大幅に下げている。第二に、彼らは工業的生産システムを悪役にすべきところ、動物を悪役と見なしている。工業型食肉生産がアメリカの温室効果ガス総排出量の数パーセントを占めており、おもにメタンが養豚や酪農、鶏卵産業および堆肥をつくるために糞尿をためるラグーンから大量に発生していることは事実である。肥料を使って閉じ込め型飼育の家畜用の飼料を量産したことや、2点間の輸送も温室効果ガスの排出に間違いなく貢献している（家畜に関連する放出量のうち、約半分は牛由来のものである）。しかし、このリストに牧草地で育った家畜を加えるのは不公平だ。シリコン・ランチの重役たちがうちの農場を見て回ったときに学んだように、牛の放牧が環境に与える影響は工業型の畜産や化石燃料の燃焼による影響とは比べものにならない。人間が地下から石油や石炭、ガスといった形で古代の炭素を取り出し、活動の動力を得るために燃やすと、本来であれば永久に埋もれていたはずの炭素を取り出し、温室効果ガスとして大気に放出することになる。現在わかっているところによれば、このガスは何億年も大気にとどまり、地球を温暖化するのだ。一方、ホリスティックな放牧で育てられた牛などの反芻動物はこれとは逆の影響を及ぼす。反芻動物たちは光合成によって大気から吸収され、植物の一部となった炭素（および水素、酸素、窒素）を食べ、それを別の形に変えて、大地の自然な炭素循環に送り込む。農場で炭素からできた植物を食べたあと、反芻動物たちは炭素の一部を炭素からできた肉体に変える（それを後日、私たちが食べ、私たち自身も炭素からできた肉体を養い、つくりあげる）。また炭素の一部は糞尿になり、土壌中の微生物が腐植土や有機物に変え、別の一部はゲップやおならなど（炭素分子と水素分子でできた）メタンとして大気中に放出される。その後、約10年かけてメタンは二酸化炭素と水に変わり、光合成を通じて植物の中に戻っていく。そして、何より重要なことに、植物の根には大量の炭素が蓄えられていて、その量は何百万キロにも上る。これは光合成と反芻動物の消化による発酵、微生物の魔法という奇跡のおかげだ。この炭素はとても長い間地下に閉じ込められ、ゆっくりと有機体に変わって土壌の生産性を飛躍的に高める。そのため健全な草原には炭素がたまっているのだ（生態系が機能していれば、糞は土地のあらゆるところに落ち、養豚場や養鶏場のラグーンのようにメタンを放出しない。フンコロガシが牛の糞に潜り込んで穴を開け、中に酸素を送り込むことで、メタンの発生量を削減できるからだ）。25年間にわたり土地の再生を行なってきた経験からいえるのは、牛は地球の敵だという嘘は小数の金持ち企業をさらに金持ちにするだけだということだ。真実は正反対で、工業型農業で劣化した土壌を修復するには動物による影響が**不可欠**なのだ。

私は反肉食主義者の過激派のことはよく知っている。怒ったヴィーガンの下位集団から事あるごとに非難されているからだ。そのため彼らが科学を曲解して、あらゆる植物由来の食事を支持していることも知っている。私は誰がどんな食事をとることを選ぼうともまったくかまわないが、食料品店の棚を独占し、レストランで提供される植物由来の食品はほとんどがリジェネラティブ農場でつくられたものではないことに気づいてほしいと思っている。こうした食品は条植え作物を生産する慣行農場から来たものだ。慣行農場は土壌に（地球温暖化を引き起こす大気中の亜酸化窒素のおもな発生源である）窒素系の肥料を大量に投与し、土壌を頻繁に耕し（隔離されていた炭素を大気中に放出し）、動物界（鳥類、齧歯《げっし》類、爬虫《はちゅう》類、昆虫類、両生類）全般に残酷な死をもたらす自然破壊を引き起こし、機械や運送といった工業型フードシステムのすべての段階で何トンもの炭素を大気中に放出している（そして、いうまでもなく農村コミュニティの貧困化も招いている）。慣行農業のシステムではうちの農場のように生物多様性と健全な野生生物が見られることはまれである。また、私はもうひとつ、過激派のヴィーガンたちに関して希望していることがある（ちなみに彼らは普通のヴィーガンではない。ヴィーガンとは肉を食べないという個人的選択をした人々のことだが、過激派のヴィーガンは**誰も**肉を食べてはならないという普遍的な選択をした人々を指す）。一瞬立ち止まって、私たちには共通の敵がいることに気づいてほしいのだ。その敵とはビッグ・ミートである。

クアンティスのＬＣＡにより、環境保護上のメリットについて、うちの農場のＥＯＶによって証明され、私が直感的に知っていたことが裏付けられた。炭素を土壌に循環させて閉じ込めることに関して、うちの農場は信じられないほどうまく機能しており、研究者たちがミシガン州立大学のジェイソン・ラウントリー博士率いる大学の専門家によるチームに依頼して、自分たちの調査結果を確認してもらったほどだった。調査結果は正しかった。私たちのリジェネラティブ農場は土壌中に十分な炭素を蓄えているため、牛の誕生から死までのライフサイクル全体と牛肉生産により放出される温室効果ガスの少なくとも１００％、そのほかの動物をすべて計算に入れた場合は総排出量の実に85％を相殺できることが証明された。ジェイソンは彼のチームのデータをもとに専門家による査読を受けた論文を発表し、肉嫌いの人々やフェイクミート支持者の鼻を明かした。この論文ではクアンティスの報告書にあったいくつかの驚くべき数字に注目していた。従来の牛肉生産では牛肉1キロあたり炭素が約33キロ、豚肉なら８・８キロ、鶏なら６キロ発生するのに対し、ホワイト・オーク牧場の１００％グラスフェッド・ビーフは、実のところ「貯蓄量が放出量を上回って」いた。うちの生産方法では生産される肉１キロ当たり３・３キロの炭素が**隔離**されていたのだ。食物由来の食品による独占と利害関係がある多くの人々を怒らせたのは、ジェイソンがこの数字をインポシブル・フーズ社のＬＣＡと比較した部分だった。同社は何百万ドルもの投資資金に支えられた巨大企業で、植物由来のインポシブル・バーガーを発売してタンパク質市場に波紋を呼んでいた。このフェイクミートは環境問題を解決するものであり、動物タンパク質よりもずっと優れていると喧伝していたのだ。ところが同社が行なったＬＣＡによると、工業的に栽培された遺伝子組み換え大豆とエンドウ豆から「バーガー」を生産する際、フェイクミート1キロにつき3・3キロの炭素が**放出**されるとのことだった。皮肉なことに、これは工業型のモノカルチャーで生産されたコモディティ作物からできた加工度の高いインポシブル・バーガーから放出された炭素を相殺するには、1キロにつきうちのグラスフェッド・ビーフをほぼ1キロ食べなければならないということになる。フェイクミートの支持者は私たちにそれを指摘されて、いい気持ちはしなかったのだろう。炭素量の測定に使った方法や最終的な数値について、さまざまな派閥の間で議論が巻き起こった。フェイクミート生産業者は、土壌中に蓄えられた炭素量を測定するにはどの科学的手法が適切か混乱させるために科学者を雇ったのだ。私にはどの方法も完ぺきではないように思えた。しかし、私の仕事は**炭素貯蔵量を測定すること**ではなく、**炭素を貯蔵すること**なのだ。LCAの報告を見た人なら、私たちがまさにそれを実行していることについてとやかく言うことはできないだろう。

　私はこの農場が有言実行していることを証明できて誇らしかった。現在は近視眼的に土壌中の炭素測定と炭素クレジットが注目されているが、これはあまりにも還元主義的だと思う。炭素がすべてではないのだから。確かに炭素は重要であり、簡単に測定できることから、うちのような農場がまだ認識されていない価値を築くあらゆる方法について、対話を始めるきっかけになることは確かだ。そして、新しいスコアカードの輪郭を描けるようにもなる。ひとつのサイクルが改善されたら、ほかのサイクルは無視してもいいというわけではなく、すべてを修復しなければならないのだ。

私たちが農場で生み出しているものの価値をすべてとらえる方法があるとしたら、私とはかけ離れた頭脳を持つ人にしか解明できないだろう。２０２１年、幸いなことにまさにそういう人物が現れた。若き金融アナリスト、コール・アレンだ。コールは健康状態を回復する方法を探し求めているときにホワイト・オーク牧場を見つけた。こういう人は少なくない。彼は医者には治せなかった病状を改善するために、よりよい食品を探し始めた。それからよりよい土壌のことや土壌が人々の健康や環境、社会全般に及ぼすさまざまな下流効果＊について調べるようになった。インスピレーションを得たコールはさらに掘り下げ、リジェネラティブ農業のことを知り、うちの農場の門までやってきたのだ。それから農場に24時間滞在し、気が重くなることだが、金融業界はうちの農場で行なっていることを正しく評価できていないと確信した。そこで彼の10年にわたる金融と査定の経験を生かし、私たちのビジネスをホリスティックに評価する仕事を買って出てくれたのだ。

正直なところ、私は普段、コンサルタントといえば、女性を満足させる方法を1万通りも知っているのに妻もいなければ恋人もいないような人々だと思っていた（それまでに何人もビッグ・アグのふてぶてしいコンサルタントを農場でもてなしたことがあったのだ）。ところ

＊ひとつの出来事や過程が次の段階の出来事や過程に及ぼす影響

が、コールはコンサルタントには珍しく、根っからの善人だった。彼はうちの農場のやり方のプラスの影響を理解するため、財政状況とＥＯＶ、ＬＣＡのすべてのデータを詳しく調べ始めた。これらはいずれも無形のもので、前述のリジェネラティブ農場を表す図でいうと、生態系的利益から社会的利益、動物福祉の改善などの、農場が生み出す有形で現金化できる商品と共に、自然の恵みを表す太い矢印の中におさまるものだ。その上でコールは最新の科学研究や調査結果に目を通し、これらの恵みを金額に換算した。これはユニークでトリッキーな試みだった。彼が提案した新しい経済モデルには、たとえばきれいな水や空気、健康的な食料といったプラスの副次的影響を生み出すことで得られる価値だけでなく、発がん性の化学物質や埋め立てられる大量の廃棄物といったマイナスの副次的影響を**生み出さない**ことで節約できる価値も考慮されていたからだ。これはヘタをしたら永遠に終わらないタイプのプロジェクトだったが、コールは科学研究に裏付けられた改善点の主要な分野に対象を絞り込んだ。

彼の初期分析の結果を見て、私は息をのんだ。コールはやる気にあふれている上に慎重なタイプでもあり、数字をいくつかの方法で計算し、広い範囲で可能な値を提示した。従来の評価方法を基準として、世間一般の金融業者がするようにキャッシュフローだけを見て私たちの農場を評価した上で、そこに既成概念の枠を超えない範囲で確実に計算できる、一般に認識されていないが議論の余地のない利益を加えていったのだ。たとえば、うちの土地はほとんどが非灌漑農地の扱いになっているが、保水力が高まり、土地のレジリエンスが向上したおかげで、より高く売れる灌漑農地に匹敵するものとなっている。この水に対する高いレジリエンスにより、土地の価格が控えめに見積もって１エーカー当たり４３９ドル上がるとすると農場全体の値段は１３０万ドル上がることになる。次にコールは農場から流出する窒素による健康被害が社会にもたらす高額なコストが節約できる点を考慮した。工業型農業に比べ、肥料を使っていない牧草地は環境中に放出する窒素がはるかに少ないため、下流のコミュニティや海洋生息環境を破壊するリスクのあるがんや呼吸器疾患の発生率が低下する（実際に、窒素の一部は放牧している家畜から水路に流入しているのだ）。これによって理論上、社会は年間１８０万ドル節約でき、私たちの農場の価値は１４００万ドル上がる。

コールはさらに生産、加工、マーケティング、販売、ホスピタリティという複数の層を持つ私たちの農場が、平均よりはるかに多くの従業員を雇うことで経済に与える価値にも目を向けた。うちの農場と同じ規模の農場や牧場で、小規模の食肉処理施設を併設していたら、通常、従業員数は60人程度と考えられるが、うちではるかに多い１８０人雇っていて、彼らはこの地域の平均よりもはるかに高い賃金を得ている（実際、この農村地帯の平均賃金のほぼ2倍に相当する）。雇用が創出されたことで、支払った賃金が流通するようになり、納税額も増え、地元経済に約３８０万ドル貢献している。コールはさらに炭素クレジットや廃棄物ゼロ、ここで働く人々の福利と目的意識の向上に関する控えめな評価などの利益も加えた。ちなみに炭素クレジットは、大いに話題になっているわりに農家はまだ経済的効果を得ていない。さらにコールは顧客がこの農場の商品を購入することで得られる幸福感にも目を向けている。顧客満足度は企業の価値を大幅に高めることもあれば、損なうこともあるからだ。コールはアンケートを行ない、顧客満足度と忠誠心を評価するネット・プロモーター・スコアがすべての大手食料品店チェーンよりもはるかに高いことを発見した（彼はまだ農場の生物多様性を修復した価値、栄養素密度の向上が消費者に与える影響、動物福祉の改善について計算中であり、いつかこれらの数字も加えられるだろう）。そういうわけで、こうした利益を考慮すると私たちの農場の価値は6倍になった。これは驚くべき数字だ。しかも少なく見積もった結果であり、想像力のない頭の固い人が相手でも十分に対抗できるとコールが判断した数字である。その一方で、コールは別の計算方法を使って高い見積もりも出している。この見積もりには、炭素クレジットを売って得た利益――炭素クレジット市場が最終的に専門家や研究者が予想しているとおり最大限に成長した場合に得られると思われる、黎明期よりもはるかに高い利益――も含まれ、工業型システムにおける化学物質流出の実際の深刻度も考慮されている。推論的だが示唆に富むこのモデルによると、リジェネラティブでホリスティックな私たちの農場は、現在、しみったれて覇気がなく、視野の狭い銀行役員が見積もる総額より10～30倍も価値が高いらしい。

このホリスティックな見積もりはまだ作業中であり、ＭＢＡを持った連中に高いほうの見積もりを受け入れさせるつもりはない。誰かを納得させるためのものではなく、可能性や新しい考え方を提示しているのだ。しかし、これを見れば、少なくとも私たちが小さいフードシステムを通じて物事を根本的に改善したことを認めざるを得ないだろう。私たちが**どれだけ**改善したかについては異論があるかもしれないが、改善したという事実については議論の余地がない。おそらく全体の最終的な数字を確定する以上に重要なのは、これらの測定基準がそれぞれ私たちのような農家に有利になるように形勢を変えられる可能性を示していることだ。土地のレジリエンスの高さが認められれば（干ばつに強くなるため）保険料を下げるきっかけになるだろう。炭素クレジットまたは今後認識されるようになるであろう、生態系にかかわる別の利益を通じて、長期的見返りと副収入源があることを証明できれば、子どもたちが家業を継ぎたくなるくらい魅力的で実行可能な農法があることを地元の郡のロータリークラブで工業型農家に伝えることができる。また、土壌と生物多様性に及ぼすメリットを証明し、下流に及ぼすマイナスの影響を回避することで社会が節約できる本当のコストを示すことができれば、まだまだニッチで資本不足のセクターに喉から手が出るほど必要としている資本が投入され、リジェネラティブ農業を始めたいと思っている農家に土地や家畜の購入費ほか、ローンでは賄いきれない膨大な額の開業資金を援助できるだろう。最近では主流の金融業者とは異なるオルタナティブな金融業者が登場し、すでにリジェネラティブ農業に有利なローンを提供するようになっている。新しいタイプの金融業者に進化し始めているのだ。こうした農業金融の分野で活躍する最先端の企業は、土壌の健全性を融資条件に結びつけ、リジェネラティブ農業がはるかに資金を得やすくしている。私たちはこうした企業のひとつと彼らが初めてのローンを組んだときから取引をしている。それまで私たちはお人好しなカウボーイ向けのローンに縛られ、毎月法外な額を返済していたが、この企業がずっと良心的な条件で借り換えさせてくれたおかげで、年間約50万ドル節約できるようになった。その代わり、私たちは生態系の改善を表すデータを提出するよう求められた。こうした新しい経済モデルが発展しているということは、私の直感が当たっていたということなのだろう。

ここで断っておきたいのは、この地域ではこうした革新的な考え方をもってしても、キャッシュフローをプラスに保つための日々の努力が楽になったわけではないということだ。最近気づいたのだが、この道を選ぶべきなのは、出口戦略は考えず、先の世代のことを見通しながら事業を行ないたいと思っている人だけだ。放牧用の設備という非流動性資産やさまざまな種類の家畜、長い時間を要する土地改良に何百万ドルも費やし、私は承知の上で自分たちを非常に融通の利かない立場に追いやっていた。これらの投資を回収するには何世代もかかるだろう。そのため簡単に辞めるわけにはいかない。後戻りしたいという誘惑に勝つためにそうしたのだ。初期の探検家たちが、現地に到着した時点で後戻りしたくならないよう船を燃やしたように。その一方で私は奇妙な自由を見つけた。出口がひとつしかない状況に身を置くと、将来的な意思決定について、もはや心配しなくてもよくなるのだ。それに勝利に対する考え方も変わる。ビジネスの世界では成功には必ず何らかのコストが伴う。ほかのすべてのビジネス同様、これはコモディティ農業にも当てはまる。私たちはゼロサムゲームをしているのであり、誰かの利益はほかの誰かの損益だ。たとえば私が１００ドル儲けるとどこかで誰かが１００ドル損をする。あるいは１００人が1ドルずつ損をする場合もあるだろう。私はかつてまさにこう考え、それを得意としていた。しかし、現在の私たちのやり方は違う。ブラフトン周辺の土地や動物、人間に関する限り、損することはずっと減っているのだ。強いていえば、ビッグ・テックとビッグ・アグ、ビッグ・フードは私が彼らのシステムから奪い取った土地を失ったが、彼らを除く人々は、ほぼ全員が勝利している。私も間違いなく勝者だ。私は資本支出が多く、リスクが低く、金銭的リターンが少なく、生活の質が低い農家から、資本支出が多く、リスクが高く、金銭的リターンが少ない代わりに生活の質が高い農家に変わった。もう二度と元に戻るつもりはない。

周りの人々は、シャベルを置いてしばらく掘るのをやめたほうが楽な人生が送れると言うかもしれない。しかし、それは私が神を恐れる数少ない理由のひとつなのだと答えるだろう。私は神に、怠け者だとか、自分が始めたことを成し遂げるだけの覚悟が足りないとか決め付けられたくないのだ。脱落者だと思われたくはない。危機に直面して立ち上がり、全力を尽くしたら、必ず次のステップが提示される。そうしたら選択するのは自分だ。身を粉にして働くか、怒りを買って次の何試合かに欠場するリスクを冒すか。だからこそ私は自分でも覚えられるくらい短い祈りの言葉を熱心によく口にしているのだ。「コーチ、試合に出させてください！」と。

第９章
１万頭のユニコーン

ある朝、急いで長靴を履いているとテレビからフードシステムは崩壊するという話が聞こえてきた。２０２０年５月のことで、タイソン・フーズ社のＣＥＯがＣＮＮのニュース番組に出演していた。タイソン・フーズは食肉加工業大手４社のひとつで、アメリカの食肉供給量の過半数を占める世界第２位の鶏肉、牛肉、豚肉加工業者だ。つまりこのＣＥＯは食肉業界において地球上で最も強い力を持つ４人のうちのひとりということになる。彼はアメリカ国内の集中化した巨大な食肉包装工場で起きているというボトルネックの問題を解説していた。従業員の

間で新型コロナウイルス感染症が流行し、工場の製造ラインを停止しているのが原因だった。当時はパンデミックによるパニックがピークを迎えていた時期で、ほかの業界の大企業同様、食品業界の経営陣も、世界全体を混乱に陥れようとしていたこの問題と格闘していた。食肉処理施設のボトルネックは予期せぬ恐ろしい影響をもたらした。農家は何百万頭もの豚や鶏を農場で安楽死させなければならなかったのだ。サプライチェーンにおいて農家の次に来る非常に重要な段階が無理やり閉鎖されてしまい、食肉処理施設に送られる予定だった動物たちは最大重量に達していたが、もはやどこにも行く場所はない。ある時点を過ぎたら、肥満で運動不足の動物たちを閉じ込めておくという選択肢はなくなる。ゆっくりと、むごたらしい死に向かっていくだけだからだ。

この作業停止に伴う損害は農家に壊滅的な経済的、感情的、環境的影響を及ぼした。大金を失っただけでなく、何万頭もの（あるいはずっと多くの）動物を殺し、恐ろしい量の亡きがらを廃棄しなければならなかった農家は、この動物たちを育てたのは無駄だったという残酷な事実に気づいた。すでに感染の恐怖にとらわれていた消費者に店頭での深刻な食料不足の可能性がのしかかった。それまでテレビ画面を写真に収めたことなどなかったが、このとき初めて撮った。

私は何度もフードシステムの危機を経験してきた。ハリケーンに大洪水、暴動、停電、家畜伝染病の大流行、工場での汚染によるリコールなど、あらゆる種類の自然災害と人災のせいで一時的に食料生産が滞り、その都度、私たちに食料を供給しているフードチェーンは決して見た目ほど強くないことが明らかになった。そのため、あの春の出来事は、私にとってもリジェネラティブ農業の世界にいるほとんどの人にとっても驚くことではなかった。しかし、新型コロナが食料供給に与えた衝撃は大きく、社会全体に新しい問題を突きつけた。自分たちが頼りにならない不可欠のサービスにどれだけ頼っているか思い知らされたのだ。「頼りにならない」という形容詞と「不可欠な」という形容動詞は同じ名詞を形容するのに使うべきではない。食にかかわる場合はなおさらだ。とはいえ直線的システムは一元管理され、巨大化し、膨大なスケールメリットを得て、生産性の名のもとに過剰に過剰を重ねていたため、一部でも崩れると影響を受けやすくなっていた。高い塔ほど圧力を受けると崩れやすいものだが、崩壊は不可避であり、塔が高ければ高いほど大惨事を招く。同じように食料サプライチェーンの一部が滞れば、システム全体がその重さの犠牲になって崩壊する可能性がある。つまり、大きい**からこそ**潰れてしまったのだ。

一方、循環型のうちの農場は一瞬たりとも停滞しなかった。といっても、自慢したいわけではない。ビッグ・フードのシステムと比べると私たちがパンデミックから受けた影響はずっと少なかったのだ。これは外部の資源に頼らなくても必要な作業を行なうことができ、ほかの組織の手を借りなくても商品を売ることができたおかげだ。生産と加工と販売を自分たちで管理するシステムをつくったことで、強引な方向転換がしやすかったのだ。パンデミックにより食料品店とレストランの売り上げが激減するなか、私たちは消費者に直接商品を売り、玄関先まで届けるのに有利な立場にあり、それが奏功した。大手の工場が閉鎖されると私たちの売り上げは一夜にして3倍に跳ね上がった。新しい顧客がホワイト・オーク牧場を見つけ、さらに食料供給の停滞が続いた場合に備えてなんとか冷凍庫に食料品をストックしたいと考えた。そして状況は激変した。売り上げが飛躍的に伸び、総動員体制になったのだ。日が落ちるとカウボーイも一緒になって注文品を梱包し、フルフィルメントセンターのスタッフは夜遅くまで残業した。こうして世界中が悪戦苦闘していたこの年、私たちは過去最高の売り上げを記録した。正直にいうと私は、自分たちに日が当たる時が来たのだと思った。

ほかの農家に起こったことは気の毒で見ていられなかった。そんななかでうちの農場は大惨事を免れたことを知り、ありがたく思った。もちろん、さらに際どい状況になっていてもおかしくはなかった。FedExが閉鎖したら宅配もできなかっただろうし、従業員が感染したらうちの施設も閉鎖していただろう。しかし、それでも私たちは一頭たりとも動物を安楽死させる必要はなかったはずだ。牛も豚も鶏も牧草地に残り、何か月分か成長し、体重が何ポンドか増え、最終的に豚の切り身や鶏の胸肉が普段よりも大きくなっただろうが、そうなれば大きさに見合った値段をつけるだけの話だ。何週間もキャッシュフローが滞ったら痛手だっただろうが、工業型システムではおぞましいほどの無駄が生じたのに対し、この農場では命も食料もまったく無駄にはならなかった。

全国的なパニックは最悪な状況になる前に落ち着いた。食肉包装業界の製造ラインは再稼働し、食料品店の棚に食品が戻ってきた。加工施設の閉鎖のせいで、アメリカの消費者が飢えに苦しんだという話も聞かない。ほとんどの人は、ゴムでできたヘビのおもちゃを見て震え上がったようなものだったのだ。怖い思いはしたが、誰も噛まれることはなく、食料安全保障＊（フードセキュリティ）のことなどすぐに忘れ去られてしまった。しかし、アメリカ人の何パーセントかは**確かに**メモを取っていた。一部の人々は、この国の食料安全保障はそれまで思っていたほど磐石ではないことを、おそらく初めて理解し始めた。非常に効率的で一元管理されていた食料サプライチェーンの輪がひとつでも機能しなくなったら、壊滅的な影響がシステム全体およびお腹を空かせた子どもたちの胃袋まで、場合によっては一瞬にして、及びうることがわかったのだ。あと一回衝撃が襲ったら、あるいはひとつのウイルス、ハリケーン、送電網の事故、サイバーアタックが発生したり、または誰かがボタンを一回押したりしただけで、食料が手に入らなくなることを彼らは悟った。そして、これまでとは違った方法でこの脆弱性について語り始めた。私は以前から、神にこっぴどく平手打ちでもされないかぎり、人類は行動を変

＊食料の生産、流通、備蓄を確保し、全国民に安定的に食料を供給できるようにすること

えなければならないことに気づかないだろうと思っていた。悲観的だが、一人ひとりが直接痛みを感じないかぎり、変化は起こらないと考えていたのだ。私の知るかぎり、大きな変化には痛みが付きものだからだ。しかし、2020年当時の出来事に加え、その後、たとえば肥料不足や農地の干ばつ、主要食料生産国の参入、作付けの失敗、養鶏業界を襲う壊滅的な鳥インフルエンザ、急激なインフレ、燃料価格の高騰といったさまざまな脅威が激しい動揺をもたらし、私は少し考え方を変えた。こうしたさまざまな変化は次々に真実を私たちに突きつけ、かつてない割合の人々がレジリエントなフードシステムの重要性に目覚めている。痛みに耐えられなくなる前に状況を改善するチャンスが、まだ残されているのかもしれない。

私の予想に反して、この変化は、津波が古いものをすべてなぎ倒し、新しく再建するように急速に圧倒的な勢いで起きてはいない。人々が求めるかぎり、工業型食品はなくならないだろう。法的に禁止されることも、望ましくないという理由で姿を消すこともない。しかし、食料供給を支配する工業型のコモディティ化した集中的システムの比重が減ることはありうる。たとえ私のように生まれつき疑い深い人間でも、フードシステムが75年間も今の方向性を維持してきたからといって、永遠にこのまま続くとは限らないという事実を認めないわけにはいかない。振り子は揺れ、その後、戻ってくるものだ。

とはいえ、私は現実的な変化のペースと折り合いをつけなければならなかった。フードシステムが一夜で逆転することを当てにしていては自滅する。大型船は簡単には方向転換できない。環境や経済、健康、資源など、私たちの生活のあらゆる部分に組み込まれているフードシステムは非常に大きな船であり、膨大な額の資金を動力源としている。この船が今の航路を進む後押しをしている強力な勢力が一体いくつあることか！　それを考えれば（中心都市に住む見識のある人々を除く）中流の平均的なアメリカ人の考え方がわかるだろう！　昔から親しんできた食料品ブランドやいつも買い物をしている店は物事を「ちゃんと」行なっており、そうでなければ食料品を売ることはできないはずだと信じているのだ（母の世代は薬や大手製薬会社を過度に信頼し、医者なら誰よりもよくわかっているはずだと思い込んで、処方されるがままにあらゆる薬を飲んでいたが、同様に人々は食品業界を信頼しすぎている。これを乗り越えられるのは、おそらく私たちより少なくともひとつ先の世代だろう。**一部の**消費者がこのことを見抜いたからといって、**ほとんどの**消費者が見抜けるわけではないのだ）。しかし、ご存じのように食品系および農業系企業の古株たちは新しい世代のリーダーにまだ道を譲っておらず、こうした老人たちは自分たちが長年行なってきた経営方法が間違っていた可能性を決して認めようとはしない。それにほとんどの政治家はどれだけ悪影響が大きくとも、安価な食料品の本当のコストの問題に取り組む勇気がないこと、そして、企業の利益のために活動しているロビイストたちが、あふれんばかりの資金を武器に現状を維持する法律を成立させていることもわかっている。それに加えて、食肉に反対する活動家やフェイクミート業者もいる。彼らは健全な生物群系には管理の行き届いた草食動物が必要不可欠であることを認めるわけにはいかないのだ。これも大衆の理解をゆがめる一因となっている。

その上、実際のところ現役の農家は現在おいそれとは「別のシステムを選択」できない状況にある。彼らは現行のシステムに投資し、それを教わり、信じているため、たとえリジェネラティブな土地管理モデルに変えたいと思っても、やすやすとは変えられないのだ。直線型のシステムなら、新たな製造ラインを加えれば、需要の増加に合わせてすぐに製造モデルを拡大できる。ところが私たちにはこれができない。自然に逆らうのではなく、自然の複合的なサイクルと共に働くホリスティックで自律的なフードシステムを確立するのは、自然の時間に合わせて働くことを意味する。そのため普通よりも時間がかかるのだ。

ある時点で、重要なのは**彼ら**のシステムを変えることではないと理解する必要がある。自分たちのシステムを強化し、成長させることこそ重要なのだ。今でも農場のディレクターたちと一緒に思い出してはクスクス笑っているのだが、ファストフード・チェーン、チックフィレイ社の経営幹部がうちの農場にやってきたときには、この2つのシステムがさまざまな点で衝突した。ジョージア州に拠点を置く同社のビジネスは、基本的に工業型の養鶏場から仕入れた鶏肉でつくったフライドチキン・サンドイッチで成り立っていた。その日、シャツのボタンをあごまで留めた中年の白人男性が６人、熱心なミレニアル世代の女性に連れられて、アトランタのオフィスから見学に訪れた。彼女の仕事は同社の持続可能性イニシアチブを立ち上げることだった。この若い女性は非常に善意に満ちていて、幹部たちにアンチ工場型農場の可能性を知り、新しくよりよい目標へ向かってこの大型船の舵を切ってもらいたいと思っていた。私は彼らの訪問を歓迎したが、気まずい空気になることは最初からわかっていた。うちの農場は生産コストが高く、生産量は少ないため、同社とは規模的に釣り合わないことは明らかだった。私が無理やり32インチのＧパンを履こうとするようなものだ。幹部たちはこれに気づいていた。彼らはひどく緊張していて、ちょっとでも触れたら回転する駒のようにはじき飛ばされてしまいそうだった。そこでテーブルを囲んで世間話をしながら、彼らの緊張をほぐすことにした。

「ご心配は要りません。鶏肉を売りつけるつもりはありませんから。実際、買って**いただきたい**と思っているわけではないのです。みなさんには割高すぎるでしょうし、うちも必要とされる量を供給できないことは重々承知しています。それにファストフード・チェーンに売っていることがばれたら、うちのお客さんがショックを受けて身投げしてしまうでしょうからね」と言って急いでわざとらしく咳払いをすると、部屋に漂っていたピリピリした空気は消え、重役たちはネクタイを緩めて一息ついた。その後、私たちは農場を回りながら楽しい時間を過ごした。ファストフード・チェーンの重役たちにうちのやり方がどれだけ違うか見てもらったのだ。

そして一日が終わるころには、彼らはあれこれ計算して、せめて牧場育ちの鶏の背肉を出汁に使って顧客にリジェネラティブ農業の話が伝えられないか検討していた（しかしその方法は見つからなかった。費用と量の方程式が同社の規模に見合わなかったからだ）。

私は、有意義な変化は津波ではなく「泡」から生じることがわかってきた。ここでいう泡とは、この国の農村地帯に点在する個々の独立したレジリエントなフードシステムのことだ。現在、私はこうした泡がどういう人々なのか大体知っている。私たちの農場に加え、ノースダコタ州のナリッシュトゥ・バイ・ネイチャーという農場では私のよい友人のゲイブ・ブラウンが穀物と家畜を育て、インディアナ州のガンソープ・ファームズではグレッグ・ガンソープが子羊肉と豚肉を、カリフォルニア州のリチャーズ・ランチではキャリー・リチャーズがグラスフェッド・ビーフを、北カリフォルニアのアレクサンダー・ファミリーファームではブレイク・アレクサンダーが牛乳と卵を生産している（こうした農場はほかにもあるが、とても少なく、ごくまれである）。彼らはいずれもリジェネラティブでレジリエントな農場を立ち上げて成功させ、ますますアメリカの標準的な食事となっているカロリーの高い人工的な食品に代わる栄養価の高い自然食品を提供している。これらの農家はそれぞれ規模も違えば販売経路も違うが、いずれも工業化したシステムの外側で、あるいはこうしたシステムを避けて主体的に経営する方法を見つけた。それぞれ目標や生産物はかなり異なるが、私たちはみな長い間このやり方を続け、成功している。「富と名声に恵まれたライフスタイル」には程遠いが、十分な収益と知名度と顧客の支持を得たおかげで、事業を成功させ、継続できている。

独立したレジリエントなフードシステムには、独自の条件に従って運営されている加工業者も含まれる。食肉処理業者だけでなく、肉屋やパン屋、乳製品製造業者ほか、ビール醸造所や蒸留酒製造所、農場直送の食材を使ったレストランといった、あらゆる種類の小規模食品生産者やクラフトフード＊1の取り組みと共同のフードハブ＊2が一体となって、オルタナティブなネットワークが構築されつつあるのだ。私は畜産業に夢中で、この運動に貢献してくれている大勢の「泡」、つまり小規模事業者のことをいつも忘れがちだ。おそらく私はまだ幼少期の記憶の影響を受けているのだろう。当時はベルヴィータ＊3に勝るチーズはないと思っていたし、クラフトといえば「craft」ではなく「Kraft」とつづると思っていた。当初私は自分のしていることと、地ビールやサワードウのドーナツ、ザワークラウト、キムチなどをつくっている人々がしていることの類似性に気づいていなかった。しかし今ならはっきりわかる。そして、こうしたほかの革命家たちに心から感謝している。

レジリエント農家の誰一人として達成していないのは規模を巨大化することだ。それには程遠い。ご存じのように、泡は直線的成長という考え方に沿って活動しているわけではなく、循環型であり、際限なく大きくなるようにはできていない。おそらく、うちの農場はすでに私が

＊1 伝統的な方法や材料にこだわって手作業でつくられた食品
＊2 地元で生産された食品の集積、保管、加工、流通、販売を促進する事業
＊3 クラフトフーズ(Kraft Foods)が所有するチーズ類似品のブランド

望む最大のビジネス規模に達している。循環型の農場を経営する場合、優先事項はループを閉じ、自分たちのシステムの中を健全で豊かにしていくことであり、半永久的に成長し続けることではない（そのため、真にリジェネラティブで人道的で公正な農場は**決して**全国規模にならないといって間違いないだろう。ましてや世界規模になることはあり得ない）。こうした農場のよい点は、結果として本質的にレジリエントになることだ。誕生、成長、死、腐敗という自然の命のサイクルにずっと従っている農場は破壊と再建に慣れている。困難への適応力がもともと備わっているのだ。

現在、アメリカに存在する数十の泡――家族とそのほか数人だけでなく相当数の従業員を雇い、相当な規模で食料を生産している私たちのようなリジェネラティブ農家――はユニコーンのようなもので、なかなか見つからない珍しい存在だ（アメリカ北西部にあるワシントン州の人がユニコーンを見たいと思ったら、一番近いのは南東部のジョージア州ブラフトンにいる私たちかもしれない。ユニコーンはそれくらいまばらに分布しているのだ）。しかし、循環型システムの面白いところは、規模を拡張したり、フランチャイズにしたりして儲けやすくできていない代わり、複製しやすい点だ。優秀なリーダーたちが循環型システムを構築する方法をすでに解明している。私たちは10年あるいは20年、私の場合は25年に及ぶ試行錯誤を通じ、重労働をしてこのシステムが機能するようにしたので、ほかの人にもその方法を教えることができる。私たちが最終的に手にしたテンプレートはほかのコンテクストや市場、ほかの食用作物や繊維作物の生産にも応用できる。生態系も経済もそれぞれ異なるため、農場は個々の環境に適応するように進化する必要がある。うちの農場だけでも過去10年間で数十人のインターンにリジェネラティブ農法を教えてきた。そして、彼らの一部は次の泡になろうとしている。ヴァージニア州のヴァーダント・エーカーズ・ファームのジョン・ピーダーソンとメアリー・ピーダーソンもその好例だ。彼らはホワイト・オーク牧場でインターンをしたときに知り合って結婚し、その後、シェナンドー渓谷にある自分たちの農場で牛と豚、家禽類と卵、野菜の生産を始めた。もっと多くの泡が地図上に姿を現す手助けをすることが、今私たちが目指すべき目標なのだろう。規模ではなく、数の面で、こういう農場が増えればいいと思う。隣の町や村を探せば、本物の生きたユニコーンを見つけられるようにしたいのだ。以前よりずっと距離が近くなる。問題は20世紀後半にほとんどのユニコーンを絶滅させてしまったことだ。その１００年前にバッファロー（アメリカバイソン）を絶滅の危機に追いやったように。

私は近所にリジェネラティブの生産者がいても不安にはならないし、競争相手だとも思わないだろう。それどころか、それぞれの地域でフードハブの役割を果たす農家が増えれば、より狭い範囲の顧客にだけ対応すればよくなるので、長距離の宅配に頼らなくて済むようになり、カーボンフットプリントも減り、コミュニティとその地域の農家との絆を強くすることができる。私は現在の規模の経営を続けるのに必要な地元周辺の世帯数を計算してみたことがある。アメリカの1人当たりのタンパク質消費量の公表された数値に基づき、こうした家族が肉類と卵をすべてうちの農場から購入すると仮定すると、1万6000世帯必要だということがわかった。ここから一番近い大都市はアトランタで人口は500万人だ。もちろんこれは、特定の収入と食習慣を想定したおおよその数字にすぎないが、この数字を見れば何ができるかわかる。

全国各地にレジリエント農場ができたとしても、フードシステムの脆弱性という難しい問題を解決するのに必要なすべての解決策が得られるとはいえない。しかし重要な解決策のひとつではある——これに気づいたのは一生ものの功績だ。国内のすべての農業コミュニティにホワイト・オーク牧場のような農場が1つでも2つでも3つでも、あるいはもっとたくさん存在すれば、少なくとも3つの利点が得られると断言できる。まず、半ば忘れ去られた過去の人間の行ないによって、かつて原野がたどったのと同じ道をたどらないよう、農村を守ることができるだろう。農業地帯の村や町にお金が入るようになり、ビジネスが戻ってきて、若い人々も帰ってくる。そうすることで自動化とデジタル化で失われた職場に有意義な仕事をもたらせるはずだ。そして、第二次世界大戦後に起きたのと逆の現象が起きるだろう（農業は複合的だが難解ではない。学位も要らなければ、何年も机に座って勉強しなくてもマスターできる）。正確にいえば、無数の動物たちの福祉はほとんどユートピアのような状態まで改善されるだろう。

地球は浄化され、温室効果ガスは大気中から土壌中に戻される。温室効果ガスは大気中にあると有害だが、土壌中にあれば有益だ（テクノクラートたちはどうやったら機械を使ってこれを実現できるか、頭を悩ませているようだが）。みなさんがどんな政治信条を持っていようと、筋金入りの肉好きだろうと、ベジタリアンだろうとかまわない。いずれにしても、これはよい結果だと認めざるを得ないはずだからだ。

また、地図に載る泡が増えたらレジリエントなネットワークを開発しやすくなり、大惨事が起きても私たちのようなホリスティックな農場が経営を続けられるよう助け合えるだろう。リジェネラティブ農家が逆境に対してあらゆる備えをしたとしても、大惨事は避けられないこともある。たとえば２０１８年にはハリケーン・マイケルがうちの農場を襲った。直撃した時点でカテゴリー４だったマイケルは農場の真上を通っていった。風速１８５キロ毎時の風が容赦なく吹きつけ、何キロにもわたって柵を引きはがし、巨大なオークの木を何本もなぎ倒した。そして、家禽類の半数に加え、豚数十頭と妊娠中の牛数頭を失った（小型動物ほどハリケーンに弱いのだ）。そんなこんなでマイケルは１００万ドル以上の被害を残していった（ちなみに保険ではカバーされなかった。保険は気まぐれな獣のようなものなのだ）。ホワイト・オーク牧場は生き延び、立ち直ったが、多くのコストがかかった。このときわかったのは、将来的にひとつの農場に母なる自然あるいはほかの予見不可能な出来事が大惨事をもたらしても、近くのほかの農場が食料生産を続けられるようにしておくことは非常に重要だということだ。これも自然を見習うことになる。自然のシステムはもともと必要以上のものを備えていて、システムの一部が損なわれたら、別の部分が穴埋めをするからだ。私たちはどうやったら自分たちの小さなフードシステムを自然と同じように運用できるか考える必要がある。

かなりの期間、前述の泡たちと接してきて知ったのだが、彼らはみな経済的にも知性的にも恵まれた出自ではない。これは希望の持てる情報のはずだ。泡をつくる方法を解明した一握りの人間である私たちは、フルブライト奨学金をもらったわけでも、政府のシンクタンクの職員でもない。ほとんどの人はすでに農地をいくらか所有していて有利だったことは間違いないが、かなり平均的な人間だ。私についていえば、国内で一番貧しい郡で泡をつくったため、人件費が、たとえばコネチカットやカリフォルニアなどより安かったのは事実だ。しかし、これは長所でもあり短所でもあった。スキルを持った人材の層が薄く、このあたりには在庫管理や機械メンテナンスの経験が豊富な人はあまりいなかった。その上、もっと進んだ州と違って高収入の消費者が住む地域からかなり離れている。あらゆる生態系と同じく、どんな経済にも利点と欠点があり、主流から外れて農業を行ないたいと考えている農家は自分で進路を決めなければならない。しかし、これは決して不可能ではない。好奇心と情熱と労働力があれば、ほかの同じような農場も5年以内に軌道に乗って、貢献できるようになるはずだ。成功する人もいればしない人もいるが、成功すればそれに触発された人々が新たな泡となり、この運動は発展していくだろう。できれば、私たちの存在によって、ほかの人々が25年も実験しなくて済むようになり、彼らがゴールに向かってフィールドのずっと先まで突き進めるように手助けできればと思う。

　私の予想では、社会として現行のシステムを放棄することにこだわるのではなく、着実にリジェネラティブ農場を複製する手伝いができたら、レジリエントな農業が定着できるような活動の場をつくれるだろう。工業化され、コモディティ化され、集中化されたシステムを崩壊させることにこだわる必要はない。すでに壊れ始めているし、崩壊へと向かうさまざまなシナリオが日々明らかになっている。工業型農業を行なうのに必要な採掘産物が底を突くこともあるだろう。たとえば肥料をつくるためにカリウムやリン酸塩を地下から掘り出し、天然ガスから窒素をつくっている。農場にエネルギーを供給するのに必要な石油や植物が育つ表土が失われることもありうる（これは避けられないことであり、実のところすでに始まっている）。私たちは大量の有毒物質を土壌に流し込み、生命力を根こそぎ奪い取ってしまうかもしれないし、遺伝子組み換え作物を多用しすぎて、農薬では駆除できないスーパー雑草に乗っ取られる可能性もある。また地表を流れる雨水によって海洋生物を絶滅させ、過度に使用される抗生物質の上を行く病原菌によって、閉じ込められた家畜の間で疫病が蔓延し、お手上げになるかもしれない。人間が自然の秩序を破綻させるシナリオはいくらでもある。というわけで工業型のシステムは壊れるに任せよう。その一方で、代わりになるものを築き上げるのだ。今すぐ始めよう。

ここで残念なニュースがある。この運動の発展を助けるには多大なる努力を要するということだ。これは2つの大きな障害が立ちはだかっているからだ。ひとつは教育不足で、今のところ農家がこの方法を速やかに直接学べる場所は十分とはいえない。しかし、リジェネラティブ農業の第一波だった私たちはこの問題を解決する手伝いができるはずだ。ゲイブ・ブラウンや農業の専門家ではないジェイソン・ラウントリー博士のような第一人者は一流の教育者となった。そんな彼らの活躍のおかげで、学習曲線を最初に登った人々が経験したような多大な苦労に耐える必要もなくなり、何百もの農家がリジェネラティブな土地管理を始めている。また、ビジネスのニーズに応じて、食用作物や繊維作物を大量に購入している人々も教育しなければならない。彼らはリジェネラティブな生産者がなぜ重要なのか理解する必要がある。ホワイト・オーク牧場では、センター・フォー・アグリカルチュラル・レジリエンス（CFAR）という指導組織を立ち上げた。そして、農家とビジネス界や非営利団体の思想的指導者、政策立案者が共同で数日間のセッションを行ない、この農場が25年間やってこられた理由を学び、この知識を広く伝える方法を話し合っている。言ってみれば、善良な男女によるダボス会議のようなものだ。目標はベテランのリジェネラティブ農家が現実の世界で経験したことをできるだけ広く早く伝えることである。私はこのリーダーたちなら、学んだことを伝える方法を見つけだせると信じている。

しかしながら、第二の障害はさらに大きい。資金不足だ。教育のための資金は情熱を持った個人や団体が提供できたとしても（すでに土地を持っている人なら）自分たちの土地を慣行システムからこのシステムへ転換する資金が、（土地を持っていない人なら）土地を買うための資金が必要だ。家族の農場を引き継ぐ若者は法外な額の相続税を支払わなければならない。保険料も大幅に増えている。また、この種の生産のための助成金や支援はあったとしてもごくわずかだ。アメリカの土地のほとんどは、所有者がそこに住んでもいなければ、その土地のことを理解しておらず、管理する方法もわかっていない。しかし、いくつかイノベーションを行ない、賢く資金を工面できれば、熱意を持った聡明な人々を連れてきて、その土地に住み、土地を理解し、うまく管理してもらえるだろう。それには投資家や政府機関が広い視野でものを考える必要がある。また、企業がこれまで慣れ親しんできた、価値や成功を評価する従来の直線的な方法を改めなければならないだろう。幸い、ホワイト・オーク牧場で私たちが経験したように、これに気づき始めた個人や投資家たちがいる。しかし、新しい時代の負の面として、広い視野でものを考え、このことを理解した人々のなかには私たちの味方でない人もいる。農地を所有することに深い関心を持つ人々のなかには、とてつもない金持ちで、広大な農地を購入し、ほかの人には手が出せないほど地価をつり上げる人もいるのだ。彼らは私が長い間信じてきたあることに気づいたのではないかと思う。農村部の土地の市場評価額は歴史的に低いが、真実はまったく違うのだ。何度も話したり書いたりしていることだが、1エーカー（約4000平方メートル）の土地が金《きん》1オンスと同じ価値しかないと知ったとき、これは非常にばかげていると思った。金も土地も減価償却しない資産であり、資金を貯めておく場所だ。金は靴下の引き出しにしまっておいて、現金が必要になったり、義理の母に見せて、彼女が思っているよりもいい生活をしていると伝えたくなったりしたときに出してくるのに便利だ。一方、土地は改良して何かを育てて収入を得たり、そこで狩猟や釣りをしたり、地下水を汲んだりするのに使える。確かに土地は金より現金化しにくいが、誰も盗んでどこかに持ち去ることはできない。とてつもなく裕福な人々や企業もこれに気づき、土地を買いあさっている。彼らは私たちがしたように土地を変える計画を持っていないことはほぼ間違いないだろう。テクノロジーに裏打ちされた彼らは土地を別のことに使おうと計画している。次に起こることについて、彼らが私たちの知らない何かを知っていることは、特別な知識がなくてもわかる。

　レジリエントなフードシステムを成長させるには数々のパーツを動かさなければならない。それがどう展開するか、正確に知っていると言うつもりはない。しかし、変化が及ぼす最悪の痛みを回避するのに必要なペースでこれを行なう原動力が、単純なものだということは知っている。この原動力とはレジリエントなフードシステムを求める消費者だ。効率的なシステムよりもレジリエントなシステムを求める人が一定数に達し、まったく味気ない、カロリー過多で退屈なほど均一な、どこから来たかもわからない食べ物に飽きたり、うんざりしたりして、どこから来たかわかる食べ物――産地名がわかり、その話をしたり、産地を訪れたりできて、味と栄養があり、その物語にワクワクできるような食べ物――を食べてみたいと思う人も一定数に達し、土地と動物と農村の労働者を正しく扱うことは、消費活動を通じて投資する価値のあることだと考える人も一定数に達したら、最初の泡たちが新しい泡を産み、こうした泡たちがまた次の泡を産むようになる。

これは単純化しすぎているように聞こえるだろうし、決して完ぺきな解決策ではない。しかし、消費者が何を求めているかわかれば、農家はそれに応えてイノベーションをする。彼らは基本的に起業家であり、ビジネスを維持しなければならないからだ。ホワイト・オーク牧場に火をつけたのは、消費者のサポートという火花だった。消費者が商品に興味を持って評価し、買ってくれなければ、私は今でも工業型モノカルチャーの牛飼いのままだっただろうし、ブラフトンはゴーストタウンで、このあたり一帯の生態系は改善されていなかったはずだ。レジリエントでリジェネラティブな食料の運動は概して非常にニッチだ。消費者の求めるものが変われば、最低限の条件を満たすのではなく、最高の商品をつくることを競い合うように変わらざるを得なくなる。そして、ビッグ・フードが——単なるリップサービスとして形ばかりのプロジェクトを行なうのではなく——実際に彼らのシステムを有意義な方向に進化させることを願っている（これほど大きな転換を図るのは難しいかもしれないが、それはいずれわかるだろう）。みなさんがどれだけレジリエントでリジェネラティブな食物に飢えているか、どれだけこうした食品を求め、必要としているかによっては、公共政策レベルの変化さえ起こせるのだ。

問題はどんな条件がそろえば、私のような農家がつくった食物を購入するみなさんのような人々が、効率的につくられた食物よりもレジリエントな食物を選び、後退させて劣化させるシステムではなく、活気を取り戻して再生させるシステムの成長をサポートするようになるかということだ。最初の一歩は、自分たちの口にする食品が生産される過程で何らかの影響が生じていることを理解すること。そして、次なる一歩は、こうした影響がみなさんのような消費者の目に触れないようにあの手この手で隠されているという事実に気づくことだ。その上でひとつの選択をする。みなさんはカーテンを開けて、自分が特定の食品を選んだことによる影響を知りたいだろうか。それを見た上でもまだその食品の破壊的影響に加担し続けられるだろうか。

知りたくない、あるいは多分知りたくないというなら、自分の食べているものについて、どこで誰がどうやってつくったのか調べてみよう。肉類を食べ、乳製品や卵を消費しているなら、正しく生産するよりもずっと安い価格で、こうした食品を全国各地の店舗の冷蔵庫に詰め込むと、生産した農家にどんなことが起こるか自分で学ぼう。そして、動物たちが農場からどこに向かい、みなさんのお皿の上に届くまでの一つひとつの段階でどのような波及効果を生んでいるか知ろう。この本を読んだのだから、この探索はもう始まったようなものだ。もしかしたら、この本を手に取るずっと前から始まっていたのかもしれない。そうだとすると、みなさんはこの探索は自宅でくつろぎながらできるものではなく、実際に足を動かす必要があることも知っているだろう。というのも、残念ながら、パッケージを見ればひと目でその食品がよりよい方法で育てられた動植物からつくられたかどうかわかるような、信頼できる言葉や認定証やスタンプがあるわけではないからだ。私はよく、適切に生産された食品を簡単に買えるように現在使われているマーケティング用語を噛み砕いて説明してほしいと言われる。グラスフェッド、パスチャード、フリーレンジ、フリーローミング、ヒューメインな〇〇、サステナブルな〇〇など、こうした用語を解読できれば、事は足りるというのだ。だが、私は説明しない。なぜなら、善良な農家の人々が自分たちの行なっている、よりよい方法を伝えるために何年もかけて思いついた言葉やフレーズはすべて、より大きな組織によって、利益のために乗っ取られたり、悪用されたり、最悪なことに意味をゆがめられたりしてしまったからだ。私の農場は生産した牛肉を「グラスフェッド」と呼び始めた最初期の農場のひとつであり、この言葉はすぐにビッグ・ミートやビッグ・グロサリーに吸収されて希釈されてしまった。私たちはほかに先駆けて

「パスチャード（放牧された）」という言葉を使いだしたが、この言葉も同じ運命をたどった。「リジェネラティブ」という言葉が奪い取られるのも時間の問題だろう（これは私たちの農法について、最近「レジリエント〈回復力がある〉」という言葉を一番よく使うようになった理由のひとつだ。この言葉はグリーンウォッシングしにくい――圧力に負けるか回復するかの違いは明白で、事実をゆがめにくい――しかし、「レジリエント」という言葉が消費者の間に定着したら、そのうちビッグ・アグやビッグ・フードに乗っ取られることは間違いない）。

同様に私は、農法が特定の基準を満たしていることを証明する認定証や証印も疑問視している。私は認定業界が誕生するのをこの目で見てきた。ホワイト・オーク牧場はアメリカン・グラスフェッド・アソシエーションから0001番の認証番号をもらったし、私たちの農場はミシシッピ川の東側で初めて「人道的と認定」された。また、2000年代前半にはグローバル・アニマル・パートナーシップ（GAP）という生産者の最初の会議にも出席している。これはホールフーズ・マーケット社がつくった団体で、農家が人道的動物福祉の5つのレベルのどれに該当するか、店舗を訪れた消費者がひと目で確認できるようにするためのものだった。GAPは動物福祉を改善できることを消費者に知らせることで、農家がそれぞれの福祉の水準を「比較的残酷ではない」から「いくらか適性」「とてもよい」「よりよい」「最もよい」へと向上させるように促すという立派な目標を持っていた。段階に幅を持たせたのは、工業型農家でも参入しやすくして、改善に向けて歩み出せるようにするためだろう。ところがレベルアップを目指す動きは見られなかった。忙しい買い物客に最低点の商品と最高点の商品を見分ける余裕はなく、ラベルに書かれた「ＧＡＰ認定」という文字だけ見て買っていたからだ。その結果、売り場にはステップ１とステップ２の商品があふれ、二十数年たった今でもステップ４やステップ５の商品はなかなか手に入らない。この制度全体の効果が薄まってしまったのだ。認証制度によっては、とてもよいものもあれば、よくないものもある。問題は消費者を混乱させ、違いがわからなくなっていることだ。私はだいぶ前から、ほかのどの基準よりも自分たちの絶対的基準を守ることのほうが意味があると考えるようになった。世界に向けて実際に自分たちが行なっていることを示し、ほかの農家や生産者には同じ基準を目指して努力してもらうだけだ。

　というわけで、これから物事がどこへ向かっていくのか、政治的に正しいとは言い切れないが、私の持論を紹介しよう。今後私たちは、たとえば食料品店の棚で「優良な」動物性タンパク質を売りにした商品を見つけても、ラベルをざっと見たかぎりでは、それがみなさんの想像するような方法で生産されているとは限らないという状況に置かれるだろう。これは実体験から言っているのだ。ホールフーズ・マーケットが私たちをローカルな食料運動の手本として擁護してくれたおかげで、私たちはひとつの地域のとても小さい供給業者から、３つの地域をまたにかけた（少なくとも私たちとしては）とても大きな供給業者へと成長できた。ホールフーズ・マーケットが売り上げの半分以上を占めていた時期もあるくらいだ。ところが、グラスフェッドの分野に外国産の肉製品があふれ出すと、うちへの注文はどんどん減っていった。当初特別待遇を受け、農場の名前や農場にまつわる物語が宣伝の呼び物になっていた私たちの商品が、生産方法も加工方法も販売方法も変わっていないというのに、もはや目立った扱いはされず、名前さえ呼ばれなくなり、基本的に宣伝されず、棚のスペースも最小限にまで減ってしまうとはとても信じられなかった。断っておきたいのは、私たちと同じくらいの透明性を提供している別のアメリカの家族農場ではなく、産地も定かではないようなグリーンウォッシングされた「グラスフェッド・ビーフ」に取って代わられたということだ。ホールフーズ・マーケットが変わってしまったのは、仕入れ価格が高いうちの商品は輸入品ほど多くの利益を提供できなかったからに違いない。四半期ごとの収益率が何よりも重視された結果、意識が高く責任感のある数少ないブランドを追放することになったのだ。よりよい食品を市場に出す手助けをしてくれた、先見の明を持つホールフーズ・マーケットの第一波の人々にはこれからもずっと感謝し続けるだろう。この第一波を築いた人々が去った今、私なりにできるだけ分別を持ってこう言わせてもらいたい。御社の土台となる理念に立ち返る方法を、現在の経営陣にぜひお見せしたい、と。

私はすべての食料品店が同じ考え方をしていると言っているわけではなく、ほかの食料品店は同じ道を歩まないでほしいと思っている。うちのような農場は生産物の販路がどうしても必要なのだが、企業が所有している競合相手のブランドはスケールメリットによる効率性と低価格を実現できる上に、巧妙なマーケティングで意図的に消費者を惑わせられるため、このシステム内の私たちの居場所は年々少なくなってきているように感じる。これは私が生涯をかけて行なってきた運動全般において最も残念なことのひとつだ。

これはつまり、消費者であるみなさんは私たちと一緒に革新的になる必要があるかもしれないということだ。よりよい食料生産システムを支援するにはビッグ・グロサリーに頼るのをやめなければならないかもしれない。ビッグ・フードとビッグ・アグと密接に結びつきすぎているからだ。この三者はずっと前から三頭制を形成し、私たちや同様の農法を行なっている農家とのかかわりがますます薄れていた。大手スーパーや会員制の大型小売店といった工業型システムの小売販路を通じて人道的でリジェネラティブな商品を求めても、私たちが必要としている変化に十分貢献したことにはならない（あまり細かいことを言うつもりはないが、これは正しい方法を行なっている農家や生産者の競争相手である工業型の生産者を養うことになるからだ）。大手小売店が売っている商品はいずれも、私たちが売っている商品の劣悪な代用品にすぎない。たとえばグラスフェッドだがまったくリジェネラティブではない食品や、オーガニックだがまったく人道的ではない食品など、中途半端ながら改善されたものもある一方で、まったく改善されていない、工業型のブランドと大差ない、高度にグリーンウォッシングされた肉類のブランドもある。こうしたブランドのなかには敷地の前庭を牧場風にして写真が撮れるようにしておいて、写真が撮れない裏のほうに工業型の施設が建っているところまである。

私はこうした施設の名前をすべて列挙することもできる。ただし、分別がなく、訴訟も恐れなければの話だが（名前をあげないのは訴えられるのが怖いからだ。分別についてはかなぐり捨てることもできる）。しかし、私は工業型の養鶏場の壁に穴を開けて、鶏たちが外に出られるようにしただけで「牧場育ち」の卵と称している採卵農家を見たことがある。ちなみにこのようなやり方では、鶏たちはあまり外に出ようとしない。それに外に出たとしてもそこは人工的な囲いの中で、糞が1か所に山になっていて、流出物が近くの水路や土壌を汚染していた。これまで見たなかで最悪の動物福祉は農務省認定のオーガニック畜牛フィードロットで、最悪の土地は認定を受けたオーガニック菜園だった（こうした農場を経営している農家が苦労して利益を上げていることも、彼らは私と違って、今でも収穫高や利益、四半期報告書などの物差しで業績を評価していることもわかっている。しかし、私に言わせれば、工業型オーガニック農業は「耕作が死をもたらす」。ばからしいほど集中的なモノカルチャー農法は土壌微生物を破壊し、厳しい自然の力に対して無防備になるからだ）。考えなければならないのは生肉や牛乳、卵のことだけではない。現在ではこれらを使った加工食品が絶え間なくつくられているからだ。こうした加工食品も、実際に生産された場所とはかけ離れた場所から来たようなふりをしている。○○牧場とか農場直送の新鮮な○○とか、緑の草原を思わせるブランド名で、仕上げに「健康的な」印象を加えられている。食料品店ではどこを見ても、こうした詐欺まがいのブランド名が目に飛び込んでくる。少し調べれば、どの巨大企業がこうした牧歌的な名前のブランドを実際に有しているか知るのは難しくない。広告業界の言葉巧みなコピーライターたちは真実とみなさんの間にベールをかけるという巧妙な仕事をした。今日のビッグ・フードは1960年代の大手タバコ《ビッグ・タバコ》会社を思い出させる。ビッグ・タバコは周到に投資をして、タバコは有害で体に悪いという確固とした証拠があるにもかかわらず真実を隠し続けた。

　最近、ジェニーとジョディと私は、うまく新しいカテゴリーをつくってグラスフェッド・ビーフ市場に参入しようとする動きを注視している。おそらくどこかのブランド戦略シンクタンクの切れ者が名付けたのだと思うが、このカテゴリーは「パスチャーフェッド」と呼ばれている。うちのグラスフェッド・ビーフとよく似た響きではないだろうか？　ただし、パスチャーフェッドの牛たちは草原にいる間、モノカルチャーで育てられたトウモロコシや大豆をベースにした飼料を与えられて太らされる。環境を守るリジェネラティブ・システムを支援し、自分や子どもの食事に工業型の投入材や化学物質が混ざるのを避けたいという思いからパスチャーフェッド・ビーフを購入する人は、一生懸命ボートをこいで、間違った川をさかのぼっているようなものだ。もっとも、「パスチャーフェッド・ビーフ」の生産者にけんかを売るつもりはない。人それぞれ、考え方は異なるものだ。パスチャーフェッド・ビーフとして牛を出荷している生産者の一部は、知り合ったら好きになれそうな人々で、私と同じように成功を確信して小規模なカーフ・カウ牧場*を経営しているのだろう。私はただ、販売業者はこうした牛肉を「フィードロット不使用」と呼んだほうがフェアなのではないかと思っているだけだ。

また、私たちは膨大な規模のモノカルチャーで工業的に栽培された野菜と穀物からつくられた肉もどきを提供する、いわゆる植物性タンパク質市場の広がりも注視している。この市場にも地球および人類の未来のためのサステナブルで健康的な代替品であるかのような道徳的な言葉があふれている。もっとも、私の仕事は巨大企業を引きずり下ろすことではない。私たちの顧客は彼らの顧客ではないからだ。それにグラスフェッドで牧場育ちの肉類を求める人々は、化学的に栽培された大豆やエンドウ豆、ジャガイモからつくられた加工度の高い食品を求めてはいない。とはいえ、彼らのオファーに抗いにくい理由もわかる。動物不使用のハンバーガーやホットドッグは環境に優しく、慈悲深い響きがあり、本物の肉よりずっといいように聞こえる。だが、みなさんはどうか賢明な判断をしてくれるよう心から願っている。地球を劣化させ、資源を奪い、生物多様性を抑圧し、肉に類似する加工食品の名の下に原野を切り開くのは、食

＊雌牛に子牛を産ませて売る牧場

料供給を何十年にもわたりゆがめてきたパラドックスを繰り返すことである。テクノロジーが引き起こした問題を別のテクノロジーで解決しようとするのは、同じ店で弾丸と包帯を売るようなもので、すべての利益を得た上で、また一連の問題を引き起こす。こうして巧みに売られている食品は、生産地にとっても、その土地に棲む野生動物や土壌微生物も含めた生物にとっても利益にはならない。そのほとんどは農村の経済にはまったく関係のない団体に利益をもたらしているのだ。このような食物に類似した商品に特徴的なシステムの中心にはテクノロジーがあり、このシステムが現代のフードシステムの脆弱性という問題に対する回答になるとはとても思えない。質問に別の質問で答えているようなもので、回答は存在しないのだ。

多少面倒かもしれないが、よりよいフードシステムに参加したければ、自分で進んでいくしかない。みなさんの最も大切にしている高い価値観に合う生産者を見つけよう。その価値観は私たちやみなさんの近所の人の価値観とは違うかもしれない。徹底してオーガニックな食品にこだわるよりも、可能なかぎり高いレベルの動物福祉を実行している生産者をサポートすることを個人的に優先している人もいるだろう（ちなみにうちの顧客の多くは、高いレベルの動物福祉と厳しいオーガニックの基準は同じものであり、常にセットになっていると考えていたようだが、両者は同じものでもなければセットでもない）。動物が本能的に行動でき、農場内の処理施設で農場主に見守られながら屠殺されることよりも、飼料に関する（農場で遺伝子組み換えでない飼料をひと口なめた程度でも許されないほど）徹底した基準にこだわる人もいるかもしれない。農家はどんな状況で働いているか、現実問題として物理的、金銭的にやっていける方法はどれかによって、それぞれに家畜の飼育法や作物の栽培法を選んでいる。彼らの選択の背景にある考えを理解しないかぎり、みなさんの希望に合った選択はできないだろう。

ほかにも方法はあるはずだが、私が思いつく一番よい方法は、祖先がしていたように、あらためて農家と知り合いになることだ。それには農家を知る運動も含まれている。悲しいことにこの運動も、農業のほかのあらゆる分野と同じように独占的な力に取り込まれてしまった。家族農場やアメリカの牧場に関するブランドのウェブサイトに掲載されたすべての物語は、よりよい食品を購入するたびに農家とのつながりを**感じさせて**くれる。しかし、長靴を履いて農地に立ち、土に手を突っ込んで働く人々と実際に接しないかぎり——これにはさまざまな方法があって、直接訪問できなければソーシャルメディアで農家をフォローするという手もあるが——みなさんは、おそらく農家とつながってはいない。たとえばベンチャーキャピタルが投資しているグラスフェッド・ビーフのための会員制サービスがその好例だ。アメリカの牧場をサポートしているような印象を受けるが、実際にはほとんどの肉を海外から輸入しているのだ。

実のところ私たちは重大な転換点に来ている。年々、少しずつ農家がフードシステムから閉め出されていて、コモディティ農家にはそれだけでも十分に大変だ。（高額な助成金に頼っている）彼らのシステムでは、農家は独占企業から小売価格で投入材を買い……独占企業に安価なコモディティ生産物を供給し……高度に加工され、利益を付加されたブランド名の商品をつくって消費者に売り……そのすべてが独占企業の利益となり、こうした企業はさらなる利益を求め続ける。抜け道を利用しなかった農家は利益を生む能力をすべて奪われるまでプレッシャーをかけられ、搾取される。私は正しい農法を行なっている農家でも、役に立たなくなったら方程式から外されかねないし、おそらくそうなるだろうと危惧している。

これはすでに始まっている。ジョージア州の私たちの農場から大都会のアトランタ方面へ車で数時間走ったところに1億2000万ドルの室内農場がオープンするのだ。土も日光も使わず、その上、地面に根を張らずに植物を栽培するという。この農場は「好天に恵まれる」かどうか気をもむ必要もなく、人間が不便な「力仕事」をする必要もない（ロボットがやるからだ）。一般の農場、つまり投入材を大量に使っているモノカルチャー農場よりも97％少ない水で、300倍以上の収穫が得られるのだとか。遺伝子組み換えとゲノム編集によって、自然が生み出したどんなものよりも優れた特性を持つ、特許取得済みの種子を使用することは間違いないだろう。もちろん施設には人間が常駐しているはずだが、彼らの仕事はこのシステムから最大限に収穫を上げることに「集中」することだ。しかし、このいわゆる農場の農業従事者についてはまったく語られていない。それはここが農場ではなく、テクノロジーが自然に取って代わったように、技術者が農家の代わりに働く工場だからだ。室内農場があるのはジョージアだけではない。この農場の経営を始めたテクノロジー業界と農業界のエリートたちは、さらに食料供給をコントロールしようとしている。しかし私は、逆のアプローチをしたら何が可能か考えずにいられない。同じだけの資金を投じて、減価償却しない土地を２００平方キロ購入したらどうなるか想像してみてほしい。この土地を農場にすれば、生物多様性とレジリエンスを持つ自然の中で働き、その管理法を学びたい多くの人を雇い、近郊に住む人たちがすぐに手にできる栄養が豊富で新鮮な食物を生産し、子どもたちが遊びに来て土いじりできる場所を提供できる。室内農場はこれ以上にすばらしい未来を実現できるだろうか。人類は、科学とテクノロジーは自然を改善でき、またそうすべきだと信じ、過剰な自信が引き起こした過去の失敗を繰り返すことになるかもしれない（失敗しなかったとしても、本物の農村からシリコンバレーやウォール街へお金が流れていくことになるだろう）。私たちは巨大企業とその約束に圧倒され、気候や農村経済、消費者の健康がこのゲームの犠牲になるのを傍観することもできる。しかし、立ち上がり、注意を向けて、これまでとは違う行動を取ることもできる。何か革新的《ラディカリー》に伝統的《トラディショナル》なことをするのだ。

　私と同じくみなさんも、アメリカの農村地帯がロボットの力を借りて食料を生産する工場で埋め尽くされるのは感心しないと思うなら、今こそそれを阻止するために力を注ごう。相手チームとの闘いに参加するのだ。自分の食物と絆を持とう、その産地についてご両親の世代よりも詳しくなろう。家を買うときには必ず自分で内覧するのだから、同じように自分や家族の健康の基礎となるものも自分の目で確かめよう。食料を生産している人々を知るのだ。農家が近所の市場や生協、フードハブに来るようなら、絆をつくるいい機会だ。この問題に関心がある友人がいたら、どこでいい食品を買っているか聞くことから始めよう。本書の参考資料のリストにあるウェブサイトを使って、みなさんの近くでよりよい農法を実践している農家を見つけてもいいだろう。またはオンラインでリジェネラティブ農家と知り合いになることもできるし、ソーシャルメディアで彼らをフォローすることもできる。

一番おすすめしたいのは自分で行ってみることだ。食品を購入したいと思う農家を訪れ、交流してみてほしい。見学者を受け入れている農場を見つけるようにしよう。受け入れていない農場は避けること。ホワイト・オーク牧場における生産方法に関する私のモットーは、どんな時でも「人に言えないようなことはしないこと」だ。みなさんも地元の農家を訪ね、聞きたいことはすべて聞こう。そして、閉ざされた門の中に入り、閉ざされたドアの向こうを見せてもらおう。私たちほど急なツアーの依頼に慣れていないかもしれないが——うちの農場では訪問したいと連絡があれば受け入れることにしているのだ——隠し事のない農場なら、みなさんが心から興味を持っていれば、中に入れてくれるはずだ。ホワイト・オーク牧場では、動物の倫理的扱いを求める人々の会（PETA）だろうと私たちとは相容れない強い意見を持ったライターだろうと、誰一人として拒否したことはない。私たちはインポシブル・フーズ社のCEO、パット・ブラウンやビル・ゲイツも招待し、イーロン・マスクも炭素を回収する方法を見に来るようにインスタグラムで誘った。まだ誰も来てくれないが、パットでもビルでもイーロンでも、来る気になったらいつでも歓迎だ。

ここで、必要な情報を集める簡単な方法を紹介しよう。農場において、誕生、成長、死、腐敗というそれぞれの段階で何が起こるか発見するというタスクを自分に課すのだ。この4つの段階について考え、生産者から何をしているか聞くだけでも、必要な情報の多くが得られる。恥ずかしがることはない。消費者が興味を持って積極的にかかわってくれると、農家をサポートできるだけでなく、農家は自分の責任を果たそうという気になる。現地に直接行けなくても、すぐあきらめないでほしい。私たちは全国から訪問者を受け入れているので、誰かほかの人の努力に便乗するという手もある。ソーシャルメディアで、うちの農場の名前がついたハッシュタグを探してみよう。ほかの人々が、彼らが気づいたことについてすでに投稿しているだろう。ほぼ一年中訪問者がやってきて、それぞれにうちの農場の適性を評価し、牧草地や施設を見て回り、屠殺室や解体室も見学しているからだ。または電話やメールで質問してもいいだろう。農家も生産者もデスクであまり長い時間を過ごしているイメージはないかもしれないが、顧客と交流し、返信したいと思っている人は多い。

システムを変え始めたとき、わざわざこんなことをするのは大変だと感じた。父の世代を魅了した華やかさと利便性を手放し、循環型システムに戻るのは、現状に甘んじたり、「必要なだけ」改善したりするよりずっと大変だった。しかも確実にコストが増える。それでも究極的には、中途半端に何かをするよりずっと満足感が得られた。そうすることで私の遺産や土地、家畜、そのほかの人々との切れた糸を結び直すことができた。もしみなさんも「ガッツ」があり、利便性を多少犠牲にして、より良い食品を得るために少しがんばることをいとわなければ、こうしたつながりを取り戻せるのではないかと思う。

みなさんが農家や生産者で、リジェネラティブ農法に変えたいと思っているなら、実際のところ、自分で方法を見つけ出す必要がある。最近よく耳にするように、新しいことをする「余裕」がないと言っていてはいけない。率直に言って、プロジェクトを実行に移すには３つのものがいる。資金と経営能力と時間だ。３つのうち２つあればいいという話ではない。３つとも必要なのだ。つまり、おそらく人々が話しているのはこの３つの余裕のことなのだろう。だが、最近はみな余裕がないという話をしすぎる気がする。余裕がないというのは「熱意がない」または「億劫だ」「かかわりたくない」と言っているようなものだと思う。これはよくない。なんとかして始めさえすればいいのだ。危機に陥ってからこれらすべてに対処し始めるようでは遅すぎる。戦いに行くときに持っていくのは、手に入れたいものではなく、すでに手に入れたものだ。大問題が起こる何シーズンも前、あるいは何年も前から経験的知恵をつけておく必要がある（これは自宅に小さな菜園をつくる場合も、れっきとした農場を始める場合も同じだ）。始めるに当たっては、すでに経験していて、学んだことをみなさんと共有してくれそうな人々を見つけよう。ホワイト・オーク牧場の教育部門であるCFARもひとつの入口となるだろう。みなさんがそれぞれの土地や生態系で「何をすべきか」順を追って詳しく教えることはできない。しかし、新しい方法で「考え」、科学者のように試行錯誤を通じて自分の土地や農場が本当に求めているのは何なのか、経験的に発見する方法なら教えられる。

ここまで来たら、必然的に次のことが気になるだろう。私のような農家の生産する食料が割高なのはなぜなのか。私自身もこの質問には簡単に答えられない。投入材や慣行農法をやめたことで、それまで削減されていた生産コストが上がった分は、商品の価格に上乗せするほかない。レジリエントなシステムでつくられた食料は効率的なシステムでつくられた食料よりもコストが高いという現実を回避する方法はないのだ。よい動物福祉に則って育てたグラスフェッド・ビーフは、工業型の牛肉よりも30％割高になる。現在、正しい方法で飼育した鶏肉と工業的に飼育した鶏肉との差はさらに大きい。うちのようにリジェネラティブで高い水準の動物福祉に従って飼育した伝統的銘柄の豚は、劣悪で人工的な環境で育てられ、平均的な食料品店でまとめ売りされているナチュラル・ポークと呼ばれる豚肉に比べて30％以上割高で、希少部位やベーコン、肉加工品を購入する場合、さらに割高となる。毎週、買い物の際にどちらのタイプの食品を優先するか、野菜や果物、穀物と共にどれだけ高品質のタンパク質を日々の食事に加えたいか決められるのはみなさんだけだ。長期的、集団的観点から見れば、農薬や汚染による高額な医療費や気象災害による壊滅的な復旧費用を払わずに済み、環境破壊に対する浄化費用を節約し、土壌の生産性低下を防ぐことで、このお金は回収できる。これは理にかなっていると思えるが、今の懐には優しくない。私には価格の差をなくすことはできないが、食料生産の問題の一部は解明した。この2つの途方もない問題を解決するにはとても異なる知識や技量が必要だ。わかっているのは、消費者が悪いシステムを無分別に支持するのをやめ、よりよいシステムを求めるように教育できれば、大型船の航路を変えられるということだ。それにはまず消費者が決断しなければならない。

これと並行して、一般の人々でも小規模なフードシステムを支援する方法が見つかることを周知させよう。私たちは決してエリート向けのサービスを提供しているわけではない。私たちはうちの食品を買いに来てくれるお母さんやお父さん、スポーツ選手や警察官、教師、学生、看護師といった人々とよく会っている。また、彼らがうちの農場の中を見て回るように、私たちもソーシャルメディアで**彼らの**キッチンの中を見ることがある。そして、彼らの食生活や家族についていくつか共通点があることに気づいた。第一に彼らは栄養豊富な食物を生活の本質的価値として優先し、健康のためにならない表面的な生活費を節約している。ほとんど全員が一から食事をつくり、外食やテイクアウト、加工食品を控えてたくさんのお金を節約している。また、ときどき伝統を取り入れ、シチューや蒸し煮、ブロスやスープなど、私の母や祖父母がつくっていたような昔ながらの料理をし、安い部位の肉を加えてタンパク質を摂取している。彼らの食べ方はバランスがとれていて、鼻からしっぽまで食べる。かなり手頃なクズ肉や野菜と米がたっぷり入ったチキンスープが食卓に上ることもあれば、時にはぜいたくをして高価なステーキや鴨肉を食べることもある。

費用対効果を高くして、自分の知っている農家の生産物を食べる方法はほかにもある。一頭の何分の一かをまとめ買いして、カットされたものを冷凍した状態で届けてもらうのだ。私たちは「カウキッツ（牛肉セット）」と呼ぶ商品を大量に売っていて、1頭の8分の1と4分の1と2分の1が選べる。これは在庫をバランスよく売りさばくのに役立っていて、顧客にとっても部位ごとに買うより安く、さまざまな部位を楽しめる。ちなみにこのサービスは全国の多くの農家が提供している。

よいフードシステムへの支持を表明するには、自分の中に戦いの才能を見つけなければならない場合もある。抵抗せずにすぐに自動操縦に切り替えるほうがずっと楽であり、提示された条件に従いたいという誘惑に駆られる。こうして食料を生産するのは、毎週買い出しに行くよりもずっと、時間と努力とコミットメントが必要なのだ。しかし、前にも言ったとおり、人生に悪戦苦闘は付きものである。多少苦労しないと人間は弱くなってしまう。チャレンジしなければ、生きていくための励みが足りなくなる。そして人類は先細ってしまうだろう。ということで、ハリス家に伝わる最高の売り言葉を出陣の合図にしよう。「いつも同じことをしていたら、いつも同じものしか手に入らない」。変化を起こしたい、あるいは違いを理解したり、違いを感じたりしたかったら、これまでと同じ方法を続ける意味などあるだろうか。新しい方法を試してみよう。ひじ掛け椅子から立ち上がり、農地に向かい、土に触れ、つながるのだ。

これからどの方向に進むのかは私にもわからない。どちらに転ぶかもわからないまま、テクノロジーと工業のほうに大きく揺れている振り子が戻ってくるか考えている。それともさらにテクノロジーが発達し、集中化が進み、より多くの土地がその使い方を知っている家族の手から、どう考えても使い方をわかっていない億万長者の手にわたってしまうのだろうか。この2つの選択肢のうち、私たちは後者にはならないほうにすべてを賭けた。ホワイト・オーク牧場が究極的にリジェネラティブでレジリエントなモデルになったといっているわけではない。私たちはまだ進化している。非常に工業化していた状態から現在の状態に大きく変化したわけだが、いいスタートが切れた。私が去ったあとも、子どもたちが私の始めたことを引き継いでさらに進化させ、より自然な方法に戻してくれたらと願っている。

私は耳にたこができるほど「あなたのリジェネラティブなシステムでは世界中の人に食料を供給することはできない」と言われてきたが、このロジックには欠陥がある。まず、私たちは全世界に食料を供給するつもりなどない。自分たちのコミュニティに供給し、そうすることで搾取的モデルに代わるシステムが存在しうることを証明しようとしているのだ。このシステムは人々が参加することによってのみ、存在し、複製し、成長することができる。私は世界を救おうとしているわけではないが、ホワイト・オーク牧場を救おうとしていることは確かだ。世界を救おうとしている人々はヒントか糸口を見つけられるかもしれない。

いつかブラフトンに来るとしたら、いくつか知っておいたほうがいいことがある。たとえば爬虫類とか齧歯類とか昆虫類とか容赦のない湿度とか信じがたいほどの土砂降りとか、予想外のものに遭遇するかもしれないので、自然を受け入れる覚悟をしておくべきだ。また、私たち地元の人間と円滑にコミュニケーションが取れるように、いくつか書き留めておいたほうがいいフレーズもある。たとえば「Hey, y'all」というのは「ようこそいらっしゃいました」という意味で「How y'all?」というのは「ここでお会いできてうれしいです」、「Help y'all?」は「滞在中、お手伝いできることはありますか?」、そして「Who y'all」は「今すぐここから立ち去れ」という意味だ。みなさんが友好的で腰が低く、暑さや湿気、ゆっくりしたペースの生活について文句を言わなければ、使われるのは最初の３つのフレーズだけのはずだ。

農場を訪問したみなさんに経験してもらいたいのは、みなさんの農家である私やホワイト・オーク牧場をホリスティックな組織として運営している人々と知り合うことだけではない。もしかしたらみなさんが失いかけていた、みなさん自身の一部についても知ってほしいのだ。自然のサイクルが心を揺さぶり、フル回転している場所に身を置くことで、計り知れない影響を受ける。みなさんの少しワイルドで「隔世遺伝的」な部分にスイッチが入るのだ。私はこの「隔世遺伝的」という言葉が好きでよく使っているのだが、ほとんど誰もその意味を知らないことに気づいていなかった。辞書で調べると「世代の離れた先祖が有していて、その間の世代に見られていなかった特徴がある個人に再び現れること」と定義されている。周囲の環境とつながっているという感覚を使っていた、頭でっかちではない人物に先祖返りすると言い換えてもいいだろう。私は生まれつき、そういうたちなのだ。農場のカウボーイたちに、どうして私はほかの人より何時間あるいは何日も早く牧草地の問題に気づけるのか聞かれることがある。これは第六感のような特別な能力ではなく、草原や森で長い時間を過ごしてきたため、普通の状態に深くなじんでいるからだ。そのため少しでも変化があると、ファッションモデルの顔についた10セント硬貨大のマスタードのように、見落としようのないほどはっきりと目立って見えるのだ。この感受性を持っている、あるいは身に付けた人々は学者より野生に近いタイプで、いつかこの混乱から私たちを救い出してくれるに違いないと考えている。私やゲイブあるいはほかの人々が、自然と闘うのではなく協力し合いながら経営している農場を訪れたら、みなさんの野生的な面がもっと表に出てくることだろう。これはとてもよいことだ。そうすればよい食料生産がどういうものか認識する能力がすぐに発達して、魅力を感じるようになり、有害な農法には嫌悪感を抱くようになるからだ。また、みなさんの祖先から受け継いだ部分が、農村を保護することが重要である理由を思い出すかもしれない。私たちは原野を破壊するという過ちを犯したが、農村にはまだ時間が残されている。

「よい人にはよいことが起きる」という古いことわざがある。私自身、このことわざを信じているかはわからないが、自分の農場のためによいことをするとよいことが起こるとは思っている。というのも、私は顧客にとても感謝しているが、実のところ彼らのために農場を経営しているわけではないからだ。また、リジェネラティブ農業運動がますます盛んになっているのをうれしく思っているが、この運動のためでもない。私が農場を経営しているのは、人々が音楽や美術を愛するように土地と動物を愛しているからだ。私は土地と動物に情熱を傾け、損得勘定抜きで世話をしている。これは好都合だ。この農場はなにもかもが進行中で、まだまだできることがいくらでもあるのだから。To Doリストにはすばらしい予定がいっぱいで、ときどきこう自分に言い聞かせなければならないことがある。「うちは157年もこうしてやってきたのだから、今日できなくても、きっと明日にはできるだろう」と。

謝辞

この本をつくるというアイデアを思いついてくれたヨーロッパ・コンテント社のテス・キャレロとマーク・ジェラルドに感謝している。ジョージア南部に住む大酒飲みで、声が大きく、負けず嫌いで、無遠慮で粗野な一家についての本を出版するなどという夢のような話、一体誰が思いつくだろう？　それを思いついたのがテスとマークだ。

この本の執筆に当たり、エーメリー・グリーヴンにも感謝している。彼女は聖人のような忍耐力で私のとりとめのない回想や意見や考察を何時間も聞いてくれた。延々と続く循環型のランダムな考えを、直線的で物語らしい体裁に整えるには、驚くべき組織力を要した。イギリスで育ち、カリフォルニアに住む40代の女性にとって、根っからの南部育ちの60代のカウボーイの言葉を学び、理解することがどれほど大変だったかわからない。

この本がゴールのテープを切るまで、エミリー・ウンダーリヒにお世話になった。大衆の多くが還元主義の科学を信奉する時代に、経験的知恵に基づく本を売る方法を見つけられる編集者は多くないだろう。

多すぎて列挙できないが、私のそのほかの欠点を大目に見てくれているホワイト・オーク牧場のカウボーイや、食肉処理施設と農場のスタッフにも感謝している。友人であるみんなと一生懸命働き、大きなリスクを負いながら、ここにユニークなものを築き上げることができた。今のところ、ほかにこのようなものは存在しないだろう。これは間違いない。みんなも私と同じくらい誇りに思ってくれているはずだ。これから同じような場所がもっと増えていってくれることを願っている。

参考資料

この本を読んで、うちのような農場や牧場でつくられた食品を見つけたくなったなら、始める方法はたくさんある。

私たちの農場について

みなさんがアメリカ大陸の現在私たちが配達を承っている範囲に住んでいるなら、うちの農場の食品を購入できる。詳しくはウェブサイトを見てほしい（https://whiteoakpastures.com）。また、ぜひブラフトンを訪れ、店でも直接購入してもらえたらと思う。ファームステイ用の小屋がたくさんあるので、農場に1～3泊することも可能だ。ニュースレターに登録してもらえれば、特別な商品やセールのお知らせをお届けしよう。またSNSでフォローしてもらえれば、いつでもブラフトンのあらゆる最新ニュースを知ることができる。

友人たちについて

私たちはうちの農場と同じような方法で家畜を育てている生産者たちとの関係を誇りに思

っている。彼らの生産システムはそれぞれの環境と生態系を反映しているため、私たちのシステムとは異なるだろう。しかし、私たちは彼らの農場を訪れ、それぞれの生産システムにどのような心配りをしているかこの目で見てきた。こうした善良な人々はたくさんいるので、ここで全員の名前をあげることはできないが、ゲイブズ・ランチ（https://brownsranch.us）のゲイブ・ブラウンとガンソープ・ファームズ（https://gunthorpfarms.com）のグレッグ・ガンソープ、リチャーズ・グラスフェッド・ビーフ（https://richardsgrassfedbeef.com）のキャリー・リチャーズ、アレクサンダー・ファミリーファーム（https://alexandrefamilyfarm.com）のアレクサンダー一家のことは知っておくといいだろう。彼らはみな家畜を育てて肉を売るだけでなく、非常にたくさんの教育活動も行なっていて、顧客やフォロワーに情報を提供している。

食料品店について

たとえそれが高級店だったとしても、地元の食料品店やオンラインショップで目にする包装は、必ずしもみなさんを正しく誘導しているとは限らない。最もよく使われている宣伝文句の多くは、明確な基準も検証プロセスも独立した監視機関もないため、生産者によって農場の状態は大きく異なる。たとえば「グラスフェッド」という言葉については、かつて農務省が定めた定義があったが、法的な効力がないため、現在、生産者はどんな農法をしているか誰にもチェックされずに自分たちの肉をグラスフェッドと呼ぶことができる。

ほかの動物由来の食品についても、宣伝文句はまったく役に立たない場合もあれば、意図的に誤解を招くようにしてある場合さえある。卵についていえば、「ケージ・フリー」は何もいことを意味していない。鶏たちは依然として屋内の混み合った飼育場で育てられているからだ。「フリーレンジ」と聞くと消費者は牧草地で育てたのだと想像するだろうが、実際は小さなドアから外に出て、コンクリートを打った一画に行けるというだけの意味かもしれない。しかもこのドアはめったに使われない。さらには「パスチャー・レイズド」とうたっていても、規定があるわけではないので、本当に牧場で飼育されたかはわからない。豚肉製品についても「ナチュラル」「ベジタリアン・フェッド」「ヒューメイン／ヒューメインリー・レイズド」「ノー・アンチバイオティクス」と書かれていてもほとんど意味はないことが多い。これらの言葉には規定がなく、いずれにしても豚と鶏の飼育のための抗生物質の使用は連邦規制により禁じられているため、豚肉製品にこうした言葉を使うのは、道徳的な印象を与えるようにハロー効果*を加えているだけだ。

また「ＵＳＤＡオーガニック」というマークを、高い水準の福祉や自然のサイクルを修復するリジェネラティブ農法と同一視してはならない。有機農法をとてもよく実践している農家も

＊一部の特徴的な印象が全体の評価に影響すること

あるが、農務省認定の有機農産物の大多数は工業型の有機農業システムにより生産されており、工業型に変わりはない。たとえば有機牛乳の場合、母牛は残酷にも子牛を奪われ、一生のほとんどの時間を屋内に閉じ込められて過ごすのが一般的だ。「グラスフェッド牛乳」であれば、悪天候により屋内に入れられる場合を除いて、牛たちはずっと屋外で過ごしていると考えられる。消費者が買おうとしている商品を理解しやすくするための新しい認証マークもある。「リジェネラティブ」という言葉も最近広く使われるようになってきているが、この言葉についても法的基準はない。

よりよい肉類を扱う大手のオンラインショップについては、たとえどんなに華やかなウェブサイトや目を引くブランドであっても、冷静に評価すべきだ。グリーンウォッシングがはびこり、商品について不正確な説明をしても罰則はないのだから。

認証制度について

認証シールを参考に買い物をするのが大好きな人もいる。みなさんもそうだとしたら、アメリカン・グラスフェッド・アソシエーション（ＡＧＡ）(https://www.americangrassfed.org) の友人たちが、より高い基準を満たす反芻動物、豚、乳製品の生産者を対象とした優れた認証プログラムを行っている。ＡＧＡは15か月ごとに監査を行ない、認証を与えた農家が申告通りの農法を行なっているか確認している。ア・グリーナー・ワールド（https://agreenerworld.org）が提供している動物福祉認定ラベルなどのさまざまな認証制度も農場作業の検査を義務づけている。また、サーティファイド・ヒューメインの認証にも同様に、現地で実践されている福祉の検査が含まれている（https://certifiedhumane.org）。グローバル・アニマル・パートナーシップ（GAP）も同じように検査しているが、このサイトでは、ステップ４かステップ５あるいはそれ以上の農場だけ見ることをおすすめする（https://globalanimalpartnership.org）。セイボリー・インスティテュートのLand to Market Verification Initiative（農地から市場までの検証取り組み）ラベルは、供給業者がリジェネラティブな農業プロセスの科学的検証結果を提示するよう求めている（https://www.landtomarket.com）。

これらのサイトのいくつかに目を通して、基準や認証について学ぼう。だが、認証が究極の目標ではないことを覚えておいてほしい。一部の分野（たとえば動物福祉など）をよく実践していても、すべての分野（たとえば土地管理など）で優れているという意味ではないので、やはり自分で慎重に判断する必要がある。また、費用などの理由から認証プロジェクトを活用しないという選択をする優良農家もとても多く、ある年は認証を受けても、農場の状況や経済状態が変わったために次の年は認証を取得しない場合もある。

農家の探し方

用語も基準も常に進化している。認証は一部の生産者には役立っても、ほかの生産者の役には立たない。私たちの考えでは、自分の食べているものをつくっている農家を知るのが何よりも重要だ。人と人とのつながりの代わりになるものはない。では、そのつながりをつくるにはどうしたらいいか。これには少し時間と労力を要する。

自分がサポートしたいと思える農法を実践している地元の農家や牧場、食料生産者を見つけるには、少し調べてみる必要があるかもしれない——なんといっても、こうした農家は集中型システムとは対極に位置しているのだから。農家の場所を調べるのは、楽しみの始まりにすぎないことを覚えておこう。次にみなさんは農家がどんな方法を実践しているか見たくなるはずだ。農家と直接話すと、よいスタートになる。彼らの農法や土地の扱い方、動物や従業員のことを質問して、彼らの価値観が自分の価値観と合っているか判断しよう（完ぺきを求めるのではなく、自分が一番重視していることと合っているかが大事だ）。

まずはわかりやすいところから始めよう。地元の直売所だ。野菜農家や果物農家は畜産、養鶏、乳製品の生産者よりもずっと数が多いが、あらゆる種類の食料生産業者の代表が来ている可能性が高い。Local Harvest（ローカル・ハーベスト）のウェブサイト（https://localharvest.org）を検索して、近くの直売所を探そう。ほかにも会員登録すれば地元の農家の旬の生産物が買えるＣＳＡプログラムなどの選択肢もある。生産物を買うことで農家が経営を続けられるようにサポートできる。National Farmers Market Directory（全国農産物直売所案内）（https://nfmd.org）＊もみなさんの近くにある選択肢を見つけるのに役立つだろう。直売所のブースで働いているのが農家の人とは限らないが、質問をするだけでもたくさんのことを知れるはずだ。

友人たちにも、よい農法を実践している地元の生産者との接点がないか聞いてみよう。オンラインのコミュニティフォーラムや子育てサークルなどで質問してもいいだろう。地元の生協や独立系の食料品店、健康食品店、健康志向のカフェやレストランにどこから仕入れているか聞くという手もある。おそらく地元の生産者から商品を仕入れていて、彼らのことをよく知っていることだろう。棚に並べる商品を決める責任者に声をかけてみよう。

消費者と本当に牧場で家畜を育てている自営農家や特産品を扱う精肉店などを結びつけるオンラインのデータベースやプラットフォームは増えつつある。しかし、注意してほしいのは、こうしたウェブサイトは通常農家や生産者の話が真実かどうか**チェックしていない**ということだ。あらゆる種類の農家を扱っていて、それぞれ異なる農法を実践しているため、みなさんが

＊安全上の理由でブロックされる可能性がある

サポートしたくない農家も含まれているかもしれない。農家は自分たちのことを好きなように紹介できる。こうしたウェブサイトは自分で調べるための資料と考え、地元にどんな農家がいるか知るために使おう。その上で、本書で学んだことを参考にしながらさらに深く調べ、生産者が実践している方法について質問し、理解しよう。

Eatwild (https://eatwild.com)
American Grassfed Association（アメリカン・グラスフェッド・アソシエーション）認定生産者データベース（https://www.americangrassfed.org/agamem bership/producer-members)
Organic Consumers Association（オーガニック・コンシューマーズ・アソシエーション）(https://organicconsumers.org/regenerative-farm-map/)
Good Meat Breakdown（グッド・ミート・ブレイクダウン）(https://www.goodmeatbreakdown.org）にはGood Meat Project（グッド・ミート・プロジェクト）が運営するスイッチボードというサービスがあり、消費者と小規模農家や精肉店をつなぎ、求人案内を掲載したり、生産活動への協力を求めたりしている。このウェブサイトでは消費者が工業型システムの外で肉類を購入するさまざまな方法を紹介していて、自分で検索するのに便利なオンラインのデータベースを集めている。これは出発地点として使い、その後は自分の好奇心と知りたいことに従って掘り下げていくことを忘れないでほしい。同サイトに掲載されていたリストの中からデータベースをいくつか紹介しよう。

Near Home by Ground Work
（https://nearhome.groundworkcollective.com）
Get Real Chicken
（https://www.getrealchicken.com/find-a-farmer）
Niche Meat Processor Assistance Network
（https://www.nichemeatprocessing.org/consumer-resources）
Local Catch Network（魚介類）
（https://localcatch.org）
American Indian Foods
（https://www.indianagfoods.org/producers）

Food Animal Concerns Trust（FACT）
(https://www.foodanimalconcernstrust.org)
American Society for the Prevention of Cruelty to Animals（ASPCA）
(https://www.aspca.org/shopwithyourheart/consumer-resources/certified-farms-state)
SoilCentric
(https://www.soilcentric.org)

リジェネラティブ農業に関するその他の資料

The Savory Institute
(https://savory.global)
American Council on Rural Special Education（ACRES）
(https://www.acresusa.com)
Farmer’s Footprint
(https://farmersfootprint.us)

ウィル・ハリス　Will Harris
ジョージア州の亜熱帯沿岸平野にある統合的（ホリスティック）に管理された環境再生型（リジェネラティブ）牧場と農場を所有している。牧草を与え人道的に育てた肉を主流にした最初の人々のひとりであり、リジェネラティブでレジリエントな農業の分野で最もよく知られているリーダーのひとりでもある。ホワイト・オーク牧場は『ニューヨーク・タイムズ』紙、『フォーブス』誌、『ワシントン・ポスト』紙、NPR、BBC、NBCなどでも取り上げられている。また、2023年のサンダンス映画祭で公開された映画『Food and Country（食と国）』にも、ホワイト・オーク牧場と共に登場している。パブリックスやホールフーズ・マーケット、クローガーでグラスフェッドの肉を買ったことのある人なら、ハリスの牧場の肉を食べたことがあるかもしれない。

プレシ南日子　Nabiko Plessy
東京外国語大学外国語学部英米語学科卒業。ロンドン大学バークベックカレッジにて修士号（映画史）取得。主な訳書に『悪意の科学：意地悪な行動はなぜ進化し社会を動かしているのか?』『保護猫の育て方：子猫を捕まえてから、新しい家族の元へ届けるまで』『猫の精神生活がわかる本』（共訳）『ジャクソン・ギャラクシーの猫を幸せにする飼い方』『狂気の科学者たち』『理想の村マリナレダ』『3.11震災は日本を変えたのか』（共訳）『写真が語る：地球激変』『自然災害の恐怖：地球温暖化』などがある。

環境再生型《リジェネラティブ》農業の未来

2024年10月10日　初版第1刷発行

著　者　ウィル・ハリス
翻　訳　プレシ南日子
発行人　川崎深雪
発行所　株式会社山と溪谷社
〒101-0051 東京都千代田区神田神保町1丁目105番地
https://www.yamakei.co.jp/
●乱丁・落丁、及び内容に関するお問合せ先
山と溪谷社自動応答サービスTEL.03-6744-1900
受付時間／11:00～16:00（土日、祝日を除く）
メールもご利用ください。
【乱丁・落丁】service@yamakei.co.jp
【内容】info@yamakei.co.jp
●書店・取次様からのご注文先　山と溪谷社受注センター
Tel.048-458-3455　Fax.048-421-0513
●書店・取次様からのご注文以外のお問合せ先
eigyo@yamakei.co.jp
印刷・製本　株式会社光邦

ミックス
紙｜責任ある森林管理を支えています
FSC® C022575
VEGETABLE OIL INK

企画編集　岡山泰史
デザイン　松澤政昭
イラスト　北村公司
校　正　中井しのぶ

ISBN978-4-635-31051-2